普通高等院校电子电气基础课程创新型系列教材

数字系统设计实验教程

屈民军　唐　奕　编著

李哲英　主审

科学出版社

北　京

内 容 简 介

本书基于浙江大学电子电气基础课程改革的成果编写而成，通过实例与实验详细介绍数字系统设计的原理与方法。全书共7章，第1～3章主要讲解FPGA的结构与原理、数字系统的结构化设计方法、设计验证和设计实现；第4～7章以培养综合设计和创新能力为原则，通过精选的28个实验来训练ModelSim、ISE和ChipScope Pro等专用开发工具的使用，以及各类典型数字单元、接口和系统的设计。

本书内容紧密联系教学与科研生产实践，实验内容强调基础性、实用性、系统性和趣味性，实验环境基于Xilinx公司的XUP Virtex-II Pro开发平台，并提供部分Verilog HDL程序和丰富的教学资源。

本书可作为普通高等院校电子电气相关专业的数字电路与系统实验课教材，也可作为工程技术人员的参考书。

图书在版编目(CIP)数据

数字系统设计实验教程/屈民军，唐奕编著. —北京：科学出版社，2011.2

（普通高等院校电子电气基础课程创新型系列教材）

ISBN 978-7-03-030185-7

Ⅰ. ①数…　Ⅱ. ①屈…②唐…　Ⅲ. ①数字系统－系统设计－高等学校－教材　Ⅳ. ①TP271

中国版本图书馆CIP数据核字(2011)第017953号

丛书策划：张　濮　匡　敏/责任编辑：张　濮　张丽花/责任校对：张怡君
责任印制：徐晓晨 /封面设计：耕者设计工作室

科学出版社出版
北京东黄城根北街16号
邮政编码：100717
http://www.sciencep.com

北京厚诚则铭印刷科技有限公司 印刷
科学出版社发行　各地新华书店经销

*

2011年2月第　一　版　开本：787×1092 1/16
2017年2月第四次印刷　印张：16 1/2
字数：385 000

定价：49.00元（含光盘）

（如有印装质量问题，我社负责调换）

丛书评审委员会

丛 书 序

纵观近代人类科学技术的发展历史，特别自20世纪50年代以来，电子与信息科学技术出现了从分立器件到集成电路、从模拟电路到数字电路、从数字集成电路到片上系统集成及数模混合片上系统集成的变迁与发展。近年来，又实现了从固定参数系统向可编程系统设计的渐进，形成了从经典电路方程描述的系统向由状态机、离散事件等描述的动态系统研究的新发展趋势。通信技术同样发展迅猛，从时分多路的电话系统，实现了向卫星通信、光纤通信、移动通信的飞跃，并且伴随着互联网的大发展，呈现出数字化、智能化、宽带化的发展趋势，信息技术与通信技术日益融合，相关理论体系和工程应用互相推进。电子信息科学与技术的迅猛发展，对高等教育的教学理念、知识体系、课程设置和教学内容提出了巨大的挑战。目前，许多国际知名的大学正对此进行积极的探索与改革。我国的电子电气学科同样需要与时俱进、推陈出新。

浙江大学“信息与通信工程”专业的前身是浙江大学 1957 年成立的无线电专业，后在20 世纪 90 年代发展为通信工程、信息工程、电子信息工程等专业。为了进一步适应我国信息与通信产业人才的需要，体现信息技术与通信技术相互融合的发展趋势，浙江大学进行了专业改革。经过与企业和用人单位的充分研讨，在企业的参与下，整合了浙江大学原通信工程、信息工程、电子信息工程等三个相近的优势专业，于 2006 年经教育部批准成立浙江大学“信息与通信工程”专业。

为了应对科技发展现状下传统教学方法与经验所面临的冲击和挑战，浙江大学信息与电子工程学系在总结特色专业建设经验和课程教学改革成果的基础上，编写了“普通高等院校电子电气基础课程创新型系列教材”。本套丛书以教育部《关于加强“质量工程”本科特色专业建设的指导性意见》为指导，对照了国际知名大学电气电子与计算机专业的培养方案、课程体系和相关课程设计，同时参照了教育部高等学校电子信息科学与电气信息类基础课程教学指导分委员会起草的《电子信息科学与电气信息类基础课程教学基本要求》，以当代信息科学的成果审视和整合经典理论与经典的课程内容，提炼核心知识体系和知识内涵，并努力将最新科学技术引入到大学本科电子信息科学与电气信息类基础课程教学中,有效解决不断积累的新知识与有限的教学学时之间的矛盾，为培养未来科学家和卓越工程师奠定基础。

本套丛书的编写汇聚了浙江大学信息与电子工程学系的优势资源，凝结了一线教师多年的教学经验，突出了先进性与适应性、综合性与多样性、理论与实践的结合，相信会对推动我国电子电气学科基础课程的教学改革，提高教学质量和培养优秀人才起到积极的作用。

王志功

教育部高等学校电子电气基础课程教学指导分委员会主任委员

东南大学信息科学与工程学院教授

2011 年 1 月

总　前　言

自20世纪50年代以来，电子与信息科学技术经历了快速而持续的发展，新理论、新技术、新器件不断涌现。在科学技术迅猛发展的同时，新知识的急剧膨胀与学校有限学时之间的矛盾成为高等教育的瓶颈，这对大学的教学理念、教学内容、教学方法提出了巨大的挑战。为此，许多国际知名大学都开展了重大而深入的教学改革，进行了积极的探索。

在国内，虽然为了适应电子与信息科学技术的发展，几十年来高校不间断地进行了专业改革，但是总体上电类基础课程的体系还基本保留着20世纪80年代的模式。例如，电路课程体系仍然基本沿用旧的知识体系，将电路模型与实际器件、线性与非线性、放大作用与开关、模拟与数字、分立与集成等知识点分开来讲授，分置于电路分析、模拟电子技术、数字电子技术、高频（射频）通信电路和数字逻辑设计等多门课程中，没有将它们相互融合和提炼，以统一、系统的观点帮助学生建立核心的知识体系。并且，原有高频电子线路的应用领域，已从传统的射频扩展到微波频率范围，从原先以广播通信应用为主发展到现代移动通信、卫星通信等应用，早期的数字逻辑电路已演变到以处理器、控制器为基础的可编程和可控的复杂数字系统。但是，我们的电路课程体系和课程内容没有很好地、及时地反映出上述发展现状和趋势，这也是国内大学普遍存在的问题。

浙江大学信息与电子工程学系具有五十余年的发展历史。为了进一步适应我国信息与通信产业人才的需要，体现信息技术与通信技术相互融合的发展趋势，我们进行了专业改革，在企业的参与下，整合了浙江大学原通信工程、信息工程、电子信息工程等三个相近的优势专业，并于2006年经教育批准成立浙江大学“信息与通信工程”专业。同时，我们也进行了配套的课程改革和教材改革，并规划了“普通高等院校电子电气基础课程创新型系列教材”，涉及电学、磁学、电子学、信息科学和计算机科学等领域的电路类基础课程，包括电路分析、模拟电子技术、数字电子技术、高频（射频）通信电路和微电子学的初步知识。本套丛书力图将最新技术引入到大学本科电子信息科学与电气信息类基础课程教学中，以当代信息科学的成果审视和整合经典理论与经典课程内容，提炼核心知识体系和知识内涵并贯彻到基础课程的教学中，有效解决不断积累的新知识与有限的教学学时之间的矛盾，这也是编写本套丛书的主要指导思想。

本套丛书在编写过程中重点考虑了以下几方面：

（1）体现特色专业建设经验和教学改革成果，贯彻专业规范和教学基本要求。浙江大学信息与电子工程学系依托国家首批第二类通信领域特色专业“信息与通信工程”和集成电路领域特色专业“电子信息工程”建设点，将特色专业建设的内容、国内外教学研究与改革的成果、高等学校电子信息科学与工程类本科指导性专业规范以及电子信息科学与电气信息类基础课程教学基本要求结合起来，并及时总结教学改革成果，形成本套丛书。教材内容围绕专业规范、基础课程教学基本要求，体现了核心知识体系和知识内涵，真正达到了培养“宽、专、交”人才的目的。

（2）厚基础、宽口径，构造专业核心知识体系与核心课程。“信息与通信工程”专业知识体系是由信息的获取、表达、传输、处理和系统实现与应用等方面的知识点构建起来的，许多知识点在以上各知识领域呈现相互渗透和交叉的现象与趋势，传统的知识领域的界限已经变得越来越模糊。

例如，D 类音频功放已是目前主流的音频功放技术之一，其电路是由信号处理（变换）电路、开关状态的功率放大管、输出滤波器构成，信号处理电路是将模拟或数字音频输入信号转换成脉宽调制信号。如果要系统地解释清楚 D 类音频功放的原理、应用和设计，就需要掌握模拟电子技术、数字电子技术、系统理论和信号处理等课程的知识和相关的新技术。问题是，在我们现有的课程体系中，很难有一门课程或设计一门课程来放置以上的内容。如果能将电路模型与实际器件、线性与非线性、放大作用与开关、模拟与数字、分立与集成等知识点糅合起来，整合在一门基础课程中，从一开始就帮助学生建立电路与电子技术核心的知识体系与基本概念，那么就能从晶体管的开关工作状态和相关信号的特性入手，讲清楚 D 类音频功放的基本工作原理。又如，软件无线电技术、信息处理系统和射频功放中的线性化技术，涉及了电路、信号处理和 DSP 等技术；现代视频技术涉及了信号处理算法、DSP 技术和网络传输技术。类似的例子不胜枚举。专业知识呈现网状结构，所以对专业知识点的梳理不宜区分过细，应以基础和核心知识点入手抓住知识体系的主线，提炼核心知识，以此整合现有的课程，并体现专业的特色。鉴于以上思路，我们首先从信号获取与表达、交换与传输、处理与分析和系统实现等方面所包含的知识点与相互关系着手，将专业主要知识领域分为 3 个较为宏观的知识领域（不包括数理、计算机技术等通识知识领域）：

① 电子系统，研究系统实现技术与工程问题；

② 信号处理与系统，研究信号处理与系统理论；

③ 通信与网络，研究信号传播、通信技术、网络理论与技术。

这些知识领域的主干是比较明确清晰的，其枝干之间存在相互渗透和交叉，这种现象普遍存在于课程中。例如，“射频通信电路”课程与这三个知识领域都有关联，其应用是无线通信，但它可归属于电子系统领域；“DSP 技术”课程也可以归属于电子系统领域，但它的应用是信号处理，需要信号处理和系统的专门知识；“多媒体通信”课程的应用是针对多媒体信息领域，音视频压缩技术是其主要内容，它可以归属于信号处理与系统领域，也可以归属于通信与网络领域；“通信信号处理”课程同样可以属于信号处理与系统领域，也可以属于通信与网络领域，它的应用是通信，需要信号处理、信号调制技术和通信信道模型等知识。电子电路、场、信号处理、系统理论的相关知识点构成了这三个知识领域的基本元素，它们不是独立的，而是相互关联地分布在以上三个知识领域。这样的思路告诉我们，可以从电子电路、场、信号处理、系统理论等四个方面确立专业的基础知识和核心课程，如图 a 所示。

在上述知识框架下，我们确立了电子系统知识体系与核心课程，如图 b 所示。本套丛书的编写遵循了这一新的知识体系。电子系统领域侧重于信息处理和通信系统的物理实现技术和工程问题，应重点学习的基础知识是电路、电子学和数字系统，包括计算机应用技术，其核心课程是“电子电路基础”和“数字系统设计”两门课。其中，“电子电路基础”课程整合了电路分析、模拟电子技术、数字电子技术、高频电子线路等课程内容；“数字系统设计”课程整合了现有的数字电路、FPGA 设计基础、现代逻辑设计等课程，全面引入基于处理器的数字系统设计技术。在电子系统知识体系中，尽管“射频通信电路”是一门重点讲述通信电路的课程，但它的知识内涵覆盖了射频电路的设计原理、方法，具有一定的基础性，所以也将它纳入了本套丛书。信号处理与系统领域是关于信号与系统的理论，侧重于信号与信息处理、系统分析与设计理论，重点学习的核心课程是“信号与系统”和“数字信号处理”；通信与网络领域是关于电信号的传播、通信系统与技术、网络理论与技术，其基础核心课程是“电磁场与电磁波”和“通信原理”等。作为专业的基础，“电子电路基础”、“数字系统设计”、“信号与系统”和“电磁场与电磁波”等四门课程应是重点学习的专业基础核心课程，它们构建电子电路、场、信号处理、系统理论等四个方面的基础知识，是所有其他专业课程学习的基础。例如，“通信原理”是通信与网络知识领域的一门核心专业课程，但它的许多基础知识来自于以上四门课程。

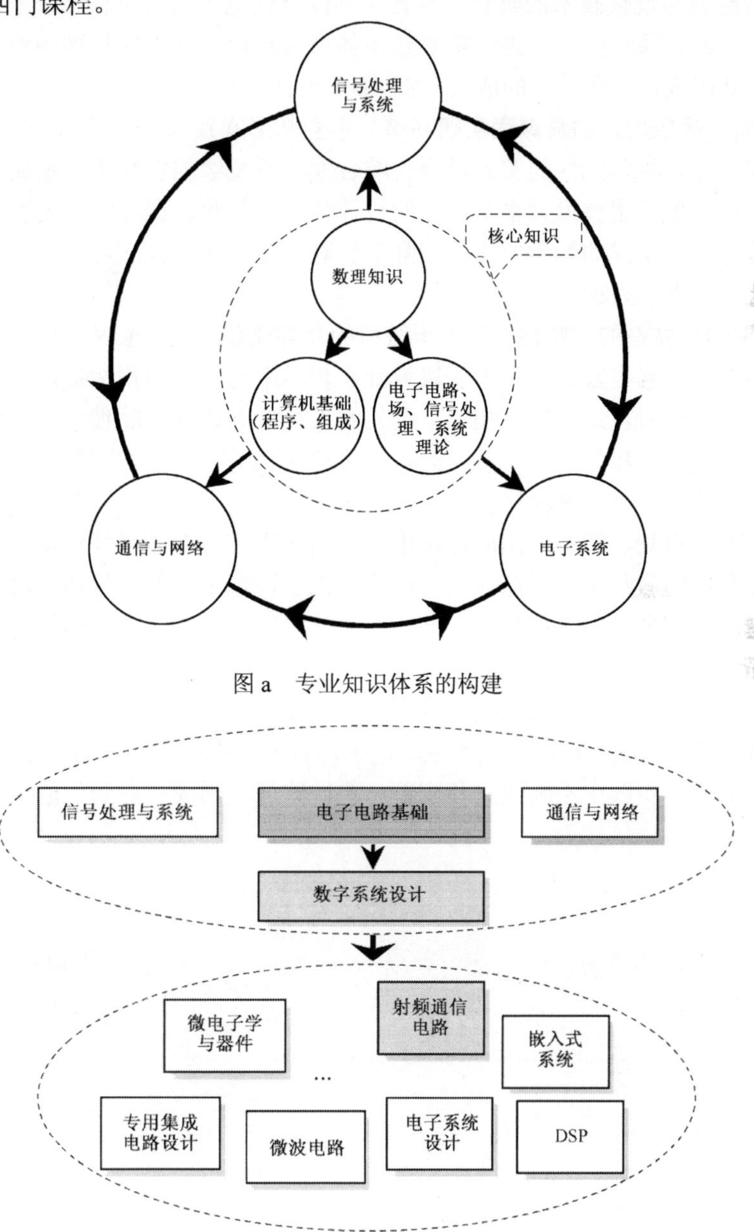

图 a　专业知识体系的构建

图 b　电子系统知识体系

（3）借鉴现代教育理论成果，指导教材内容的编排。根据布鲁斯的结构主义教学原理，在课程教学中，首先务必使学生理解该课程的基本结构、工程应用背景以及在专业课程体系中所处的地位，使学生了解这门课的发展水平，与其他专业课程的关系，以及学什么、有什么用等等。因此，在教材的第 1 章中，首先给出一个尽量覆盖课程主要内容的系统实例或系统框架原理，从知识体系、技术发展和应用等方面帮助学生建立起课程的宏观认识，尽量给出日常生活中已获得应用的典型系统实例，让学生对课程所要讲述的内容有直观的认识和体验。这种安排可以使学生比较容易接受课程内容的学习，理解课程知识的工程应用价值，有助于引导学生进行主动性的学习。

（4）注重经典与现代技术的融合。本套丛书以当代电子与信息科学技术最新成果审视和整合经典理论与经典课程内容，提炼核心知识体系与知识内涵，并贯彻到教材的编写中。教材的编写充分利用现代信息技术的成果，将 EDA 设计工具全面引入教材和课堂教学。

（5）面向工程应用，加强课程实践环节。本套丛书实践部分包括综合性、设计性、系统性实验和课程设计，将单元性的实验融合在综合性、系统级的实验中，增加实验的趣味性、设计性和应用性，使学生获得完整系统级的设计体验和经验。课程实践内容的设计要求引入探究式、开放式、讨论式的教学方法，加强学生对所学知识工程应用能力的培养，切实提高学生的设计能力和学习兴趣。

（6）注重知识体系的完整性，着力于教材的立体化建设。本套丛书的每本教材都有自己完整的知识体系，内容丰富，有利于任课教师在教学中与相关课程衔接，有利于学生的课前预习和课后复习，同时也适合广大相关工程技术人员的阅读和实际使用。本套丛书还将逐步提供配套的多媒体课件和学习辅导书等辅助教学材料，为任课教师提供丰富的配套教学资源，帮助学生自学和课后复习，使教材更加易教易学。

在本套丛书的策划、编写、出版过程中，东南大学王志功教授仔细审阅了编写大纲，并与本套丛书编写组的教师进行了深入的研讨，提供了许多宝贵的意见和建设性的建议，在此表示衷心的感谢。浙江大学本科生院、浙江大学信息学部、浙江大学信息与工程学系、相关高校专家和科学出版社给予了大力支持与帮助，在此也表示衷心的感谢。

根据电子与信息科学技术的发展以及国内信息与通信产业的人才要求，我们将不断更新本套丛书，以保持教材的先进性和适用性。由于作者的水平所限，教材中存在一些不足之处，还需要在今后的教学实践中不断改进和完善，热忱欢迎全国同行对我们的工作提出宝贵意见和建议！

于慧敏

2010 年 12 月　于求是园

前　言

随着计算机技术和微电子技术的迅速发展，ASIC（Application Specific Integrated Circuit）设计和片上系统（System on Chip，SoC）设计已成为当前电路设计的主要方向。这就意味着由中、小规模集成电路构成的数字系统和用原理图描述数字系统的设计方法不再顺应当前的技术潮流。数字系统设计必须推向一个新的台阶，即单片数字系统和用 HDL 语言描述数字系统的设计方法。为了适应这种新技术的发展，适应新一代信息、通信人才培养的需要，本书作者在总结多年教学经验的基础上，查阅了大量国内外相关资料，并根据教育部的《电子信息科学与电气信息类基础课程教学基本要求》，编写了这本设计性的实验教材。本书以 Xilinx 公司的 XUP Virtex-II Pro 开发系统为硬件平台，从系统角度出发，介绍了利用 EDA 技术自顶而下地设计数字系统的基本方法和技巧。作者精心挑选了大量不同层次的实验内容，以培养学生综合设计和创新能力为原则，强调基础性、实用性、系统性和趣味性。希望通过由浅入深的实验进程来加强学生实验基本技能的综合训练，培养和提高学生的工程设计能力与实际动手能力。

全书共 7 章：第 1 章介绍 FPGA 器件的结构和工作原理，并在此基础上讨论了基于 FPGA 的数字系统设计流程和数字系统的调试方法；第 2 章介绍自顶而下的数字系统设计方法；第 3 章介绍仿真中非常重要的环节——测试平台（testbench）；第 4 章通过 6 个实验介绍 ModelSim、ISE、ChipScope Pro 等软件和 XUP Virtex-II Pro 开发系统的使用方法，并介绍仿真技巧和调试技术；第 5 章为数字系统设计的基础实验，主要包括运算电路和输入/输出设备的接口电路等相关实验；第 6 章为数字系统综合设计实验，设置的实验强调知识的综合应用，实验项目有机地综合了电子线路、电子测量、数字信号处理、通信和数字系统等相关学科知识；第 7 章设置了 32 位多周期的 MIPS 微处理器和 32 位 5 级流水线架构的 MIPS 微处理器的两个设计实验。本书内容丰富，要求较高，实验设置符合由易到难、循序渐进的教学规律，又能引起学生对数字系统设计的兴趣。

本书可作为电子电气相关专业（电子信息、通信工程、自动化、计算机、测控技术与仪器等）的数字电路与系统实验课教材，也可供电子设计领域的工程技术人员参考。由于本书内容较多，教师可选取一部分进行教学。本书建议授课学时为 54～96 学时。

本书第 3 章由唐奕编写，其余各章由屈民军编写。在本书编写过程中我们参考了较多的书籍、论文和网络文献，在此向其作者表示深深的谢意。

浙江大学的于慧敏教授、郑伟博士和陈智德博士给予我们很多良好的建议和帮助，在此表示感谢。此外，还特别感谢 Xilinx 公司中国区大学计划经理谢凯年博士为本书的编写提供了良好的实验环境。

本书由北京联合大学的李哲英教授担任主审工作，他在百忙中认真审阅了全书，提出了中肯、详细的修改意见，在此表示衷心的感谢。同时，也向热心支持和关心作者的科学出版社的领导、编辑及工作人员表示感谢。

由于作者水平有限，书中难免会有疏漏之处，敬请广大读者批评指正。欢迎读者与本书作者联系（quminjun@126.com）。

编　者

2010 年 11 月

目　录

第1章 FPGA与数字系统设计

1.1 概述

随着集成电路深亚微米工艺技术的发展，FPGA 器件及其应用获得了长足的发展，FPGA 器件的单片规模大大扩展，系统运行速度不断提高，功耗不断下降，价格大幅度调低。因此，与传统电路设计方法相比，利用 FPGA/CPLD 进行数字系统的开发具有功能强大、开发过程投资小、周期短、便于修改及开发工具智能化等特点。并且随着电子工艺不断改进，低成本高性能的 FPGA/CPLD 器件推陈出新，促使了 FPGA/CPLD 成为当今硬件设计的首选方式之一。熟练掌握 FPGA/CPLD 设计技术已经是电子设计工程师的基本要求。

电子设计自动化（Electronic Design Automation，EDA）技术是以计算机为工作平台，融合了应用电子技术、计算机技术、智能化技术最新成果而开发出来的一套先进的电子系统设计的软件工具。集成电路设计技术的进步也对 EDA 技术提出了更高的要求，大大地促进了 EDA 技术的发展。以高级语言描述、系统仿真和综合技术为特征的 EDA 技术，代表了当今电子设计技术的最新发展方向。EDA 设计技术的基本流程是设计者按照"自顶而下"的设计方法，对整个系统进行方案设计和功能划分。电子系统的关键电路一般用一片或几片专用集成电路（ASIC）实现，采用硬件描述语言（HDL）完成系统行为级设计，最后通过综合器和适配器生成最终的目标器件。这种被称为高层次的电子设计方法，不仅极大地提高了系统的设计效率，而且使设计者摆脱了大量的辅助性工作，将精力集中于创造性的方案与概念的构思上。近年来的 EDA 技术主要有以下特点：

（1）采用行为级综合工具，设计层次由 RTL 级上升到了系统级；

（2）采用硬件描述语言描述大规模系统，使数字系统的描述进入抽象层次；

（3）采用布局规划（floor planning）技术，即在布局布线前对设计进行平面规划，使得复杂 IC 的描述规范化，做到在逻辑综合早期设计阶段就考虑到物理设计的影响。

从某种意义上来讲，FPGA 和 EDA 技术的发展，将会进一步引起数字系统设计思想和方法的革命。正是在这样的技术发展背景下，为了配合数字系统设计课程教学，本书主要讨论基于 FPGA 器件来实现数字系统，所有设计实验课题在 Xilinx 公司的 XUP Virtex-II Pro 开发平台上实现，不过少量实验课题还需要读者自己制作扩展板。

1.2 可编程逻辑器件基础

1.2.1 可编程逻辑器件的发展历史

可编程逻辑器件（Programmable Logic Device，PLD）是 20 世纪 70 年代发展起来的一种新型逻辑器件，是当今数字系统设计的主要硬件平台。PLD 的应用和发展简化了电路设计，缩短了系统设计的周期，提高了系统的可靠性并降低了成本，因此获得了广大硬件工程师的青睐，形成了巨大的PLD产业规模。

20世纪70年代初到70年代中期为PLD的第1阶段，这个阶段只有简单的可编程只读存储器（PROM）、紫外线可擦除只读存储器（EPROM）和电可擦除只读存储器（EEPROM）3种。由于结构的限制，它们只能完成简单的数字逻辑功能。

20世纪70年代中期到80年代中期为PLD的第2阶段，这个阶段出现了结构上稍微复杂的可编程阵列逻辑（PAL）和通用阵列逻辑（GAL）器件，正式被称为PLD，能够完成各种逻辑运算功能。典型的PLD由"与"、"或"阵列组成，用"与或"表达式来实现任意组合逻辑，所以PLD能以乘积和形式完成大量的逻辑组合。

20世纪80年代中期到90年代末为PLD的第3阶段，这个阶段Xilinx和Altera分别推出了与标准门阵列类似的FPGA和类似于PAL结构的扩展型CPLD，提高了逻辑运算的速度，具有体系结构和逻辑单元灵活、集成度高和适用范围宽等特点，兼容了PLD和通用门阵列的优点，能够实现超大规模的电路，编程方式也很灵活，成为产品原型设计和中小规模（一般小于10 000门）产品生产的首选。在这个阶段，CPLD、FPGA器件在制造工艺和产品性能上都获得长足的发展，达到了0.18μm工艺和百万门的规模。

20世纪90年代末到目前为PLD的第4阶段，这个阶段出现了SoPC和SoC技术，是PLD和ASIC技术融合的结果，涵盖了实时化数字信号处理技术、高速数据收发器、复杂计算和嵌入式系统设计技术的全部内容。Xilinx和Altera也推出了相应的SoC FPGA产品，制造工艺达到45nm水平，系统门数也超过千万门。并且，这一阶段的逻辑器件内嵌了硬核高速乘法器、吉比特差分高速串行接口、时钟频率高达500MHz的PowerPC微处理器、软核MicroBlaze、PicoBlaze、Nios和Nios II等，不仅实现了软件需求和硬件设计的完美结合，还实现了高速与灵活性的完美结合。它已超越了ASIC器件的性能和规模，也超越了传统意义上FPGA的概念，使PLD的应用范围从单片扩展到系统级。目前，基于PLD片上可编程的概念仍在进一步向前发展。

1.2.2 FPGA芯片的结构

如前所述，FPGA是在PAL、GAL、CPLD等可编程器件的基础上进一步发展的产物。它是作为ASIC领域中的一种半定制电路而出现的，既解决了定制电路的不足，又克服了原有可编程器件门电路的缺点。

目前主流的FPGA仍是基于查找表（LUT）技术，并且整合了常用功能（如DRAM、时钟管理和DSP等）的硬核模块，其内部结构示意如图1.1所示。FPGA芯片主要由6部分组成，分别为可编程输入输出单元（IOB）、基本可编程逻辑单元（CLB）、完整的时钟管理模块（DCM）、嵌入块式存储器模块（DRAM）、丰富的布线资源、内嵌的底层功能单元和内嵌专用硬件模块。

1. 基本可编程逻辑单元（CLB）

CLB是FPGA内的基本逻辑单元，CLB的实际数量和特性依器件的不同而不同。在Xilinx公司的FPGA器件中，CLB是基于查找表结构的，每个CLB由多个（一般为4个或2个）相同的Slice和附加逻辑构成，如图1.2所示。

Slice是Xilinx公司定义的基本逻辑单元，其内部结构如图1.3所示，一个Slice由两个4输入的函数发生器、进位逻辑、算术逻辑、存储逻辑和函数复用器组成。

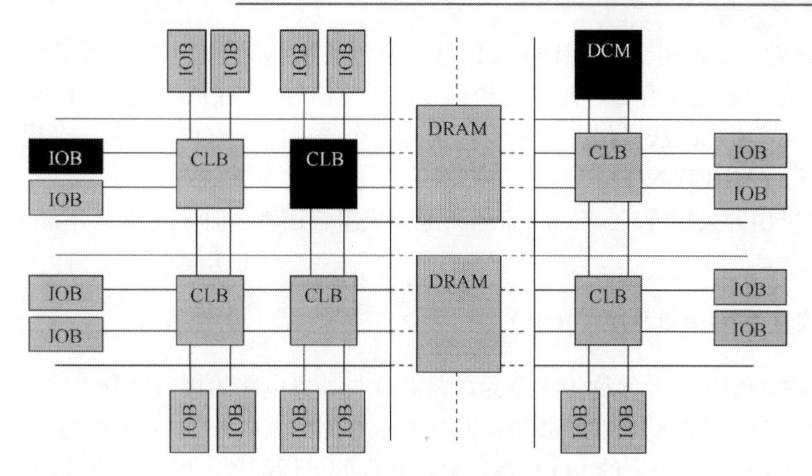

图 1.1　FPGA 芯片的内部结构

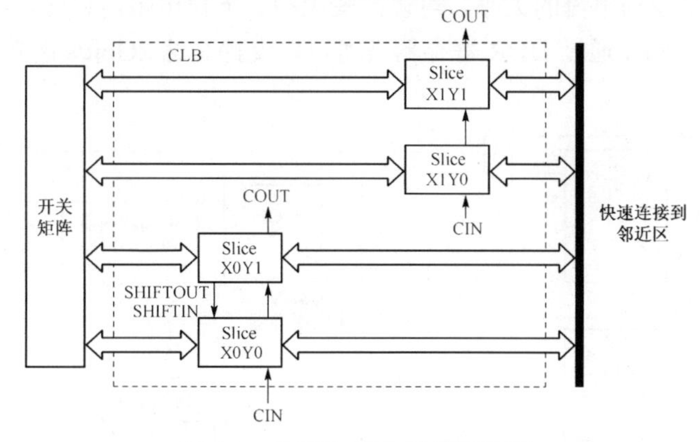

图 1.2　典型的 CLB 结构示意图

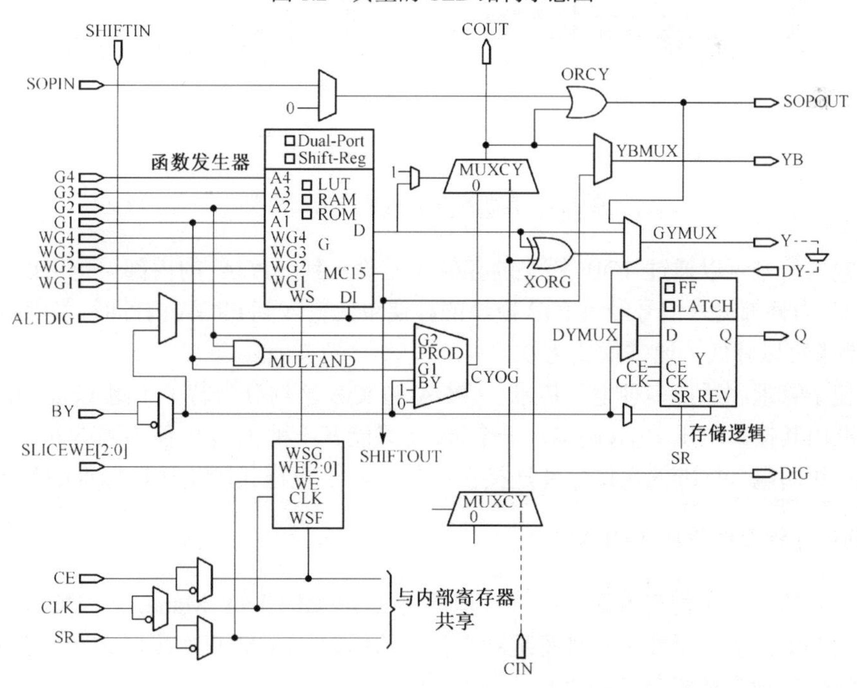

图 1.3　典型的 4 输入 Slice 结构示意图

4 输入函数发生器用于实现 4 输入 LUT、分布式 RAM 或 16 比特移位寄存器；存储逻辑可配置为 D 触发器或锁存器；进位逻辑由专用进位信号和函数复用器（MUXCY）组成，用于实现快速的算术加减法操作；算术逻辑包括一个异或门（XORG）和一个用于提高乘法运算的专用与门（MULTAND）。

CLB 可以由开关矩阵（switch matrix）配置成组合逻辑、时序逻辑、分布式 RAM 和分布式 ROM。

2. 可编程输入/输出单元（IOB）

可编程输入/输出单元简称 I/O 单元，是芯片与外界电路的接口部分，完成不同电气特性下对输入/输出信号的驱动与匹配要求，其结构示意如图 1.4 所示。FPGA 内的 I/O 按组分类，每组都能够独立地支持不同的 I/O 标准。通过软件的灵活配置，可适配不同的电气标准与 I/O 物理特性，可以调整驱动电流的大小，可以改变上拉、下拉电阻。目前，I/O 口的频率也越来越高，一些高端的 FPGA 通过 DDR 寄存器技术可以支持高达 2Gbit/s 的数据速率。

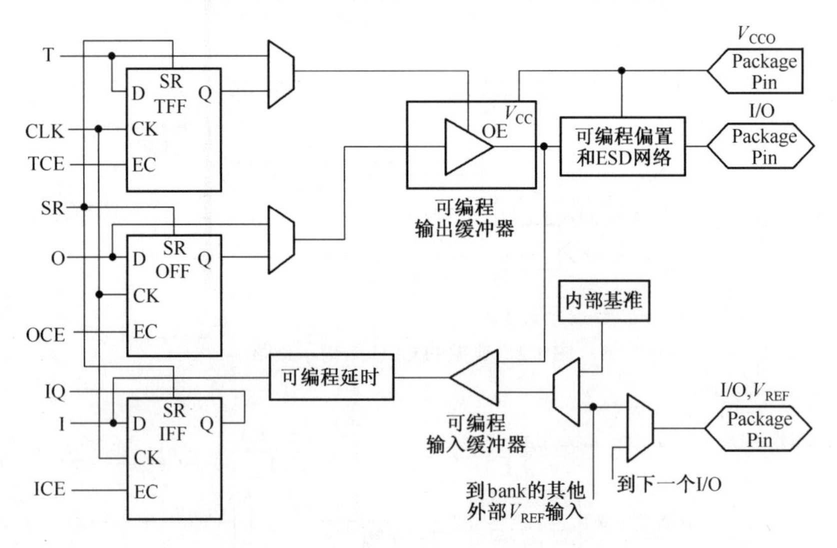

图 1.4　典型的 IOB 内部结构示意图

外部输入信号可以通过 IOB 模块的存储单元输入到 FPGA 的内部，也可以直接输入至 FPGA 内部。当外部输入信号经过 IOB 模块的存储单元输入到 FPGA 内部时，其保持时间(hold time）的要求可以降低，通常默认为 0。

为了便于管理和适应多种电气标准，FPGA 的 IOB 被划分为若干个组（bank），每个 bank 的接口标准由其接口电压 V_{CCO} 决定，一个 bank 只能有一种 V_{CCO}，但不同 bank 的 V_{CCO} 可以不同。只有相同电气标准的端口才能连接在一起，V_{CCO} 电压相同是接口标准的基本条件。

3. 数字时钟管理模块（DCM）

业内大多数 FPGA 均提供数字时钟管理模块（Digital Clock Manager，DCM），Xilinx 公司最先进的 FPGA 提供了数字时钟管理和相位环路锁定。DCM 可实现时钟频率合成、时钟相位调整和消除时钟信号畸变三大功能。

4. 嵌入式块 RAM（BRAM）

大多数 FPGA 都具有内嵌的块 RAM，这大大拓展了 FPGA 的应用范围和灵活性。块 RAM 可被配置为单端口 RAM、双端口 RAM、内容地址存储器（CAM）FIFO 等常用存储结构。RAM、FIFO 是比较普及的概念，不再赘述。CAM 在其内部的每个存储单元中都有一个比较逻辑，写入 CAM 的数据会和内部的每一个数据进行比较，并返回与端口数据相同的所有数据的地址，因而在路由的地址交换器中有广泛的应用。除了块 RAM，还可以将 FPGA 中的 LUT 灵活地配置成 RAM、ROM 和 FIFO 等结构。

单片块 RAM 的容量为 18Kbit，即位宽为 18 位、深度为 1024。可以根据需要改变其位宽和深度，但要满足两个原则：首先，修改后的容量（位宽×深度）不能大于 18Kbit；其次，位宽最大不能超过 36 位。当然，可以将多片块 RAM 级联起来形成更大的 RAM，此时只受限于芯片内块 RAM 的数量，而不再受上面两条原则的约束。

5. 丰富的布线资源

布线资源连通 FPGA 内部的所有单元，而连线的长度和工艺决定着信号在连线上的驱动能力和传输速度。FPGA 芯片内部有着丰富的布线资源，根据工艺、长度、宽度和分布位置的不同而划分为 4 个类别。第一类是全局布线资源，用于芯片内部全局时钟和全局复位/置位的布线；第二类是长线资源，用以完成芯片 bank 间的高速信号和第二全局时钟信号的布线；第三类是短线资源，用于完成基本逻辑单元之间的逻辑互连和布线；第四类是分布式的布线资源，用于专有时钟、复位等控制信号线。

在实际中设计者不需要直接选择布线资源，布局布线器可自动地根据输入逻辑网表的拓扑结构和约束条件选择布线资源来连通各个模块单元。从本质上讲，布线资源的使用方法和设计的结果有密切、直接的关系。

6. 底层内嵌功能单元和内嵌专用硬核

内嵌功能模块主要指 DLL（Delay Locked Loop）、PLL（Phase Locked Loop）、DSP 和 CPU 等软处理核（soft core）。现在越来越丰富的内嵌功能单元使得单片 FPGA 成为了系统级的设计工具，并具备了软硬件联合设计的能力，逐步向 SoC 平台过渡。

内嵌专用硬核是相对底层嵌入的软核而言的，指 FPGA 处理能力强大的硬核（hard core），等效于 ASIC 电路。为了提高 FPGA 性能，芯片生产商在芯片内部集成了一些专用的硬核。例如，为了提高 FPGA 的乘法速度，主流的 FPGA 中都集成了专用乘法器；为了适用通信总线与接口标准，很多高端的 FPGA 内部都集成了串并收发器（SERDES），可以达到数 10Gbit/s 的收发速度。

Xilinx 公司的高端产品不仅集成了 PowerPC 系列 CPU，还内嵌了 DSP Core 模块，其相应的系统级设计工具是 EDK 和 Platform Studio，并依此提出了片上系统（System on Chip，SoC）的概念。通过 PowerPC、MicroBlaze、PicoBlaze 等平台，能够开发标准的 DSP 处理器及其相关应用，达到 SoC 的开发目的。

1.3　基于 FPGA 的数字系统设计流程

数字系统设计发展至今天，需要利用多种 EDA 工具进行设计，了解并熟悉其设计流程应成为当今电子工程师的必备知识。FPGA 开发的一般流程如图1.5所示，包括电路设计、设计

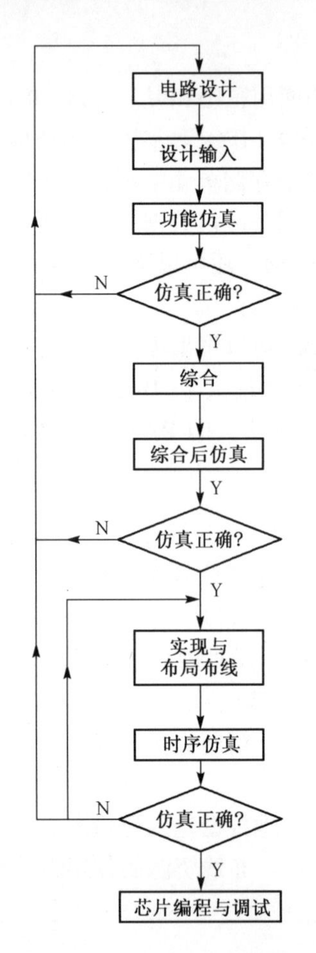

图 1.5　FPGA 开发的一般流程

输入、功能仿真、综合、综合后仿真、实现与布局布线、时序仿真、芯片编程与调试等主要步骤。

1. 电路设计

在系统设计之前，首先要进行方案论证、系统设计和FPGA芯片选择等准备工作。系统设计工程师根据任务要求，如系统的指标和复杂度，对工作速度和芯片本身各种资源、成本等方面的要求进行权衡，选择合理的设计方案和合适的器件类型。一般都采用自顶而下的设计方法，把系统分成若干个子系统，再把每个子系统划分为若干个功能模块，一直这样做下去，直至分成基本模块单元电路为止。

2. 设计输入

设计输入是将所设计的系统或电路以开发软件要求的某种形式表示出来，并输入给 EDA 工具的过程。常用的方法有硬件描述语言（HDL）与原理图输入等。

原理图输入方式是一种最直接的描述方式，这种方法虽然直观并易于仿真，但效率很低，且不易维护，不利于模块构造和重用。更主要的缺点是可移植性差，当芯片升级后，所有的原理图都需要作一定的改动。

HDL 设计方式是目前设计大规模数字系统的最好形式，其主流语言有 IEEE 标准中的 VHDL 与 Verilog HDL。HDL 语言在描述状态机、控制逻辑、总线功能方面较强，用其描述的电路能在特定综合器作用下以具体硬件单元较好地实现。HDL 主要特点有：语言与芯片工艺无关，利于自顶向下设计，便于模块的划分与移植，可移植性好，具有很强的逻辑描述和仿真功能，而且输入效率很高。

近年来出现的图形化 HDL 设计工具，可以接收逻辑结构图、状态转换图、数据流图、控制流程图及真值表等输入方式，并通过配置的翻译器将这些图形格式转化为 HDL 文件，如 Mentor Graphics 公司的 Renoir，Xilinx 公司的 Foundation Series 都带有将状态转换图翻译成 HDL 文本的设计工具。

另外，FPGA 厂商软件与第三方软件设有接口，可以把第三方设计文件导入进行处理。如 Foundation 与 Quartus 都可以把 EDIF 网表作为输入网表而直接进行布局布线，布局布线后，可再将生成的相应文件交给第三方进行后续处理。

3. 功能仿真

功能仿真也称为前仿真，是在编译之前对用户所设计的电路进行逻辑功能验证，此时的仿真没有延迟信息，仅对初步的功能进行检测。仿真前，要先利用波形编辑器或 HDL 等工具建立波形文件和测试向量（即将所关心的输入信号组合成序列），仿真结果将会生成报告文件和输出信号波形，从中便可以观察各个节点信号的变化。如果发现错误，则返回设计修改逻辑设计。常用的工具有 ModelTech 公司的 ModelSim、Sysnopsys 公司的 VCS 和 Cadence 公司的 NC-Verilog、NC-VHDL 等软件。

4. 综合

综合（synthesis）就是针对给定的电路实现功能和实现此电路的约束条件，如速度、功耗、成本及电路类型等，通过计算机进行优化处理，获得一个能满足上述要求的电路设计方案。也就是说，综合的依据是逻辑设计的描述和各种约束条件，综合的结果则是一个硬件电路的实现方案：将设计输入编译成由门电路、RAM、触发器等基本逻辑单元组成的逻辑连接网表。对于综合来说，满足要求的方案可能有多个，综合器将产生一个最优的或接近最优的结果。因此，综合的过程也就是设计目标的优化过程，最后获得的结构与综合器的工作性能有关。

常用的综合工具有 Synplicity 公司的 Synplify、Synplify Pro 软件和各个 FPGA 厂家自己推出的综合开发工具。

5. 综合后仿真

综合后仿真检查综合结果是否与原设计一致。在仿真时，把综合生成的标准延时文件反标注到综合仿真模型中去，可估计门延时带来的影响。但这一步骤不能估计线延时，因此和布线后的实际情况还有一定的差距，并不十分准确。

目前的综合工具较为成熟，对于一般的设计可以省略这一步，但如果在布局布线后发现电路结构和设计意图不符，则需要回溯到综合后仿真来确认问题的来源。在功能仿真中介绍的软件工具一般都支持综合后仿真。

6. 实现与布局布线

实现是将综合生成的逻辑网表配置到具体的 FPGA 芯片上。实现主要分为 3 个步骤：翻译（translate）逻辑网表，映射（map）到器件单元，布局布线（place & route）。其中，布局布线是最重要的过程。布局将逻辑网表中的硬件原语和底层单元合理地配置到芯片内部的固有硬件结构上，并且往往需要在速度最优和面积最优之间作出选择。布线根据布局的拓扑结构，利用芯片内部的各种连线资源，合理正确地连接各个元件。目前，FPGA 的结构非常复杂，特别是在有时序约束条件时，需要利用时序驱动的引擎进行布局布线。布线结束后，软件工具会自动生成报告，提供有关设计中各部分资源的使用情况。由于只有 FPGA 芯片生产商对芯片结构最为了解，所以布局布线必须选择芯片开发商提供的工具。

7. 时序仿真

时序仿真也称为后仿真，是指将布局布线的延时信息反标注到设计网表中来检测有无时序违规（即不满足时序约束条件或器件固有的时序规则，如建立时间、保持时间等）现象。时序仿真包含的延迟信息最全，也最精确，能较好地反映芯片的实际工作情况。由于不同芯片的内部延时不一样，不同的布局布线方案也给延时带来不同的影响。因此在布局布线后，通过对系统和各个模块进行时序仿真，分析其时序关系，估计系统性能，以及检查和消除竞争冒险是非常有必要的。

8. 芯片编程与调试

设计开发的最后步骤就是在线调试或者将生成的配置文件写入芯片中进行测试。芯片编程配置是在功能仿真与时序仿真正确的前提下，将实现与布局布线后形成的位流数据文件（bitstream generation）下载到具体的 FPGA 芯片中。FPGA 设计有两种配置形式：一种是直接由计算机经过专用下载电缆进行配置，另一种则是由外围配置芯片进行上电时自动配置。因为 FPGA 具有掉电信息丢失的性质，所以可在验证初期使用电缆直接下载位流文件，如有必要再将文件烧录配置于芯片中（如 Xilinx 的 XC18V 系列、Altera 的 EPC2 系列）。

将位流文件下载到 FPGA 器件内部后进行实际器件的物理测试即为电路验证，当得到正确的验证结果后就证明了设计的正确性。

1.4 基于 FPGA 的数字系统调试

1.4.1 数字系统的调试

从 1.3 节可知，FPGA开发流程包括设计阶段和调试阶段，设计阶段的任务是设计输入、设计实现、仿真，调试阶段的任务是在线验证检验设计，校正发现的任何漏洞。在设计阶段，仿真能够发现和排除显而易见的错误，缩短调试时间，但是仿真很难对实时的数据进行校验，很难发现仿真定时错误和异步事件。因此，仿真只是检验设计的第一步骤，调试是必须进行的第二步骤，不能只通过仿真来完成设计和调试。实际上，仿真只能覆盖低速、门数较少的 FPGA，而在高速、复杂的数字系统中，调试是不可或缺的。

设计人员有三种FPGA调试方法：逻辑分析仪调试、内嵌式逻辑分析仪调试和混合调试技术。

1. 逻辑分析仪调试

传统的逻辑分析仪只能分析 FPGA 外部引脚信号，因此设计时必须有意识地确定如何能够调试他们的设计。印制电路板（PCB）的设计人员要从 FPGA 中拉出一定数量的测试引脚，在综合、布线、实现时将感兴趣的内部节点信号输出至特定的测试引脚上，再将逻辑分析仪的 pods 连接到这些测试脚，设定触发条件，进行采集和分析信号。

传统逻辑分析仪提供状态和定时模式，因此可同步或异步捕获数据。在定时模式，设计工程师可以看到信号跃变间的关系。在状态模式，设计工程师可以观察相对于状态时钟的总线。当调试总线上至关重要的数据路径时，状态模式是特别有用的。

传统逻辑分析仪的缺点是只能观察到 FPGA 引脚的信号。在 PCB 制作完成后，测试引脚数就固定了，不能灵活地增加，当测试引脚不够时，会影响测试，从而延误项目的完成。 但另一方面，过多的测试引脚不但消耗 FPGA 宝贵的引脚资源，而且影响 PCB 布线。

在不减少分析 FPGA 内部节点数量的同时，减少测试引脚的一种方法是在设计中插入数据选择器。例如，当需要观察 128 个内部节点时，如图 1.6 所示，可在 FPGA 设计中插入数据选择器，通过数据选择器的控制线切换，在给定时间内选择输出 32 个节点的信号。注意，在设计阶段，必须仔细规划测试数据选择器的插入，否则可能止步于不能同时访问需要调试的节点。

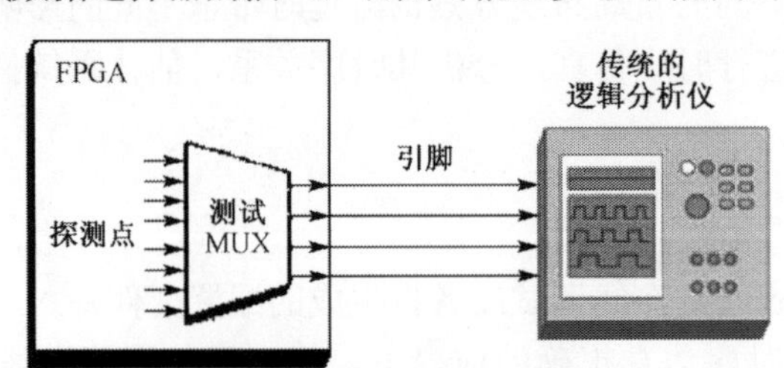

图 1.6 选择出内部信号子集的方法

减少调试专用引脚数的第二种方法是时分复用（TDM）。这项技术最适合用于处理速度较慢的内部电路。假定测试 50MHz 的 8 位总线数据，使用 100MHz 在第一个 10ns 期间采样低 4 位，在第二个 10ns 期间采样高 4 位。这样仅用 4 个引脚，就可在每个 20ns 周期内捕获到全部 8 位的调试信息。在捕获迹线后，组合相继的 4 位捕获就可重建 8 位迹线。TDM 也有一些缺点，如果用传统逻辑分析仪捕获数据，则触发就变得非常复杂且容易出错。

2. 逻辑分析内核

内嵌式调试方法相当于在 FPGA 内部插入集成逻辑分析仪的 IP 核。FPGA厂家提供多种内嵌的调试方法和软件工具，如 Xilinx 的 ChipScope Pro、Altera 的 SignalTap II、Actel 的 CLAM。

图 1.7 所示为 Xilinx 的 ChipScope Pro 测试方法示意图，相当于在 FPGA 内部插入集成逻辑分析仪的 IP 核，其基本原理是利用 FPGA 中尚未使用的逻辑资源和块 RAM（BRAM）资源，根据用户设定的触发条件，采集需要的内部信号并保存到 BRAM，然后通过 JTAG 口传送到计算机，最后在计算机屏幕上显示出时序波形。

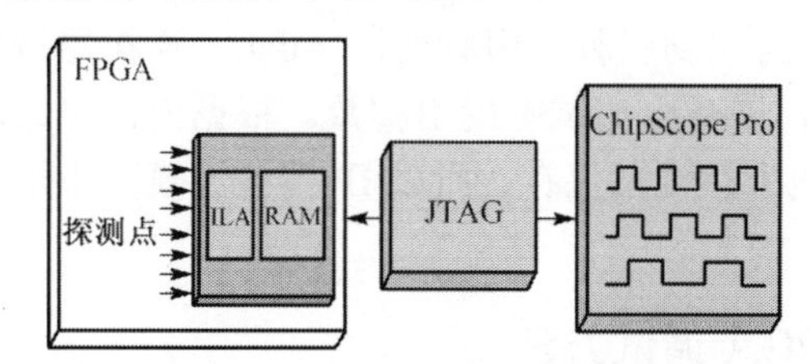

图 1.7　Xilinx 的 ChipScope Pro 测试方法示意图

值得说明的是，插入设计的逻辑分析内核会改变设计的定时，因此大多数设计工程师都把内核永久性地留在设计内。如果内核消耗不到 5%的可用资源，那么 FPGA 内核就能充分发挥作用。如果内核要消耗超过 10%的资源，那么设计工程师在使用这种方法时将会遇到很多问题。

逻辑分析内核有三项主要优点。

（1）它们的使用不增加引脚。可通过 FPGA 上已有的专用 JTAG 引脚访问。即使没有其他可用引脚，这种调试方法也能得到内部可视能力，且探测非常简单。探测包括把节点路由到内部逻辑分析仪的输入，因此不需要担心为得到有效信息应如何连接到电路板上，也不存在信号完整性问题。

（2）FPGA 不再是“黑箱”。利用 ChipScope Pro 可以十分方便地观测 FPGA 内部的所有信号，包括寄存器、网线型，甚至可以观测综合器产生的重命名的连接信号，对 FPGA 内部逻辑调试非常方便。

（3）成本低廉，只要有这套软件加上一根 JTAG 电缆就可以完成信号的分析。

使用内部逻辑分析仪内核也有两方面的影响。

（1）逻辑分析仪内核消耗 FPGA 的可用资源。

（2）内部逻辑分析仪仅支持状态分析方式，不能进行实时调试。它们捕获的数据与规定的时钟同步，因而不能提供信号定时关系。

3. 混合调试技术

综合上述两种方法的优缺点，测试测量行业的两大巨头泰克（Tektronix）与安捷伦

（Agilent）都推出第三种调试方法，即混合调试技术。该方法通过 JTAG 口自动映射 FPGA 内部节点，加速工程师FPGA调试过程，减少发现问题时返回设计阶段的步骤和时间。这种调试方法有泰克的FPGAView 解决方案和安捷伦的 FPGA 布线端口分析仪等多种技术。

图 1.8 所示为 Agilent 和 Xilinx 联合为 ChipScope Pro 开发的 2M 状态深存储器，通过 TDM 把引脚数减到最少。

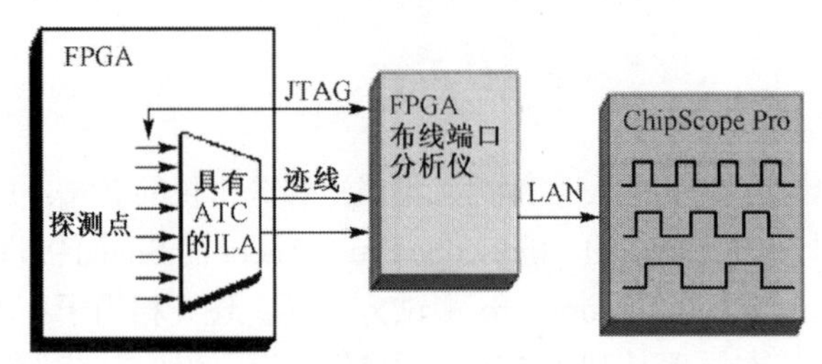

图 1.8 混合测试方法的示意图

这一解决方案把内部逻辑分析内核用于触发。在满足内核的触发条件时，逻辑分析内核把迹线信息传送到内核，再送到引脚。引脚通过 mictor 连接器接到一个小的外部跟踪盒。该解决方案融入了 TDM，以减少调试专用引脚数。根据内部电路的速度，复用压缩可能是 1:1、2:1 或 4:1。由于迹线未在内部保存，所以 IP 内核规模要小于带迹线存储器的逻辑分析 IP。

1.4.2 选择合适的 FPGA 调试方法

传统的逻辑分析仪和基于内核的逻辑分析技术都很有用。在选择最适合设计者调试需求的方案时，事先考虑一些因素将有助于设计者作出决定。下面这几个问题能帮助设计者确定哪种方案最为有效。

1. 预计会遇到哪种类型的调试问题

一般来说，用内部逻辑分析仪能找到较简单的问题，传统逻辑分析仪则能胜任处理复杂的故障。

如果设计者认为问题仅限于 FPGA 内部的功能性问题，那么嵌入式逻辑分析仪可以提供所需的所有调试功能。但是，如果预计有更多的调试问题，如要求检验定时余量、把内部 FPGA 活动与电路板上的其他活动关联起来，或者要求更强大的触发功能，那么使用外部逻辑分析仪更能满足调试需求。

另外，当 FPGA 芯片针脚包含超过 200MHz 的高速总线，如集成内存控制器的 DDR-I、DDR-II 内存总线，以及集成的高速串行 I/O 总线时，信号完整性测试是保证设计成功的基础，这种情况下必须使用逻辑分析仪。

2. 除状态数据外，是否需要考察快速定时信息

如果需要考察快速定时信息，那么外部逻辑分析仪能适应这一要求。外部逻辑分析仪允许以高达 125ps 的时间分辨率（8GS/s 采样）查看 FPGA 信号详细的定时关系，这有助于检验设计中实际发生的事件，检验设计的定时余量。嵌入式逻辑分析仪只能捕获与 FPGA 中已有的指定时钟同步的数据。

3. 需要捕获多深的数据

外部逻辑分析仪提供的采集内存更深。一般在嵌入式逻辑分析仪中，最大取样深度设为 128Kb，这一数字受到器件的限制。而在外部逻辑分析仪中，可以捕获最多 256Mb 采样点。这有助于查看和分析更多的问题及潜在原因，从而缩短调试时间。

4. 设计中更多地受限于针脚还是受限于资源

使用嵌入式逻辑分析仪不要求任何额外的输出针脚，但必须使用内部 FPGA 资源实现逻辑分析仪功能。使用外部逻辑分析仪要求使用额外的输出针脚，但使用内部 FPGA 资源的需求达到最小（或消除了这种需求）。因此，FPGA 的引脚数越少，使用内部逻辑分析仪就越适合。

5. 能否容忍对 FPGA 设计的冲击吗

嵌入式逻辑分析仪会消耗 FPGA 资源，并且会影响设计定时，因此嵌入式逻辑分析仪只能在大规模的 FPGA 上工作。而传统逻辑分析仪的路由信号输出对所有尺寸和类型的 FPGA 的设计和工作影响甚微。

1.5 实验平台开发的选择

1.5.1 实验硬件平台的选择

本书采用 Xilinx 公司的 XUP Virtex-II Pro 开发平台作为实验硬件平台。它基于高性能的 Virtex-II Pro FPGA 芯片，由 Xilinx 的合作伙伴 Digilent 设计，是一款用途广泛的 FPGA 技术学习与科研平台。该产品主板可以被用做数字设计训练器、微处理器开发系统、嵌入式处理器芯片或者复杂数字系统的开发平台，因此 XUP Virtex-II Pro 开发系统几乎可被用于从入门课程到高级研究项目的数字系统课程的各个阶段。

XUP Virtex-II Pro 开发平台组成框图如图 1.9 所示。

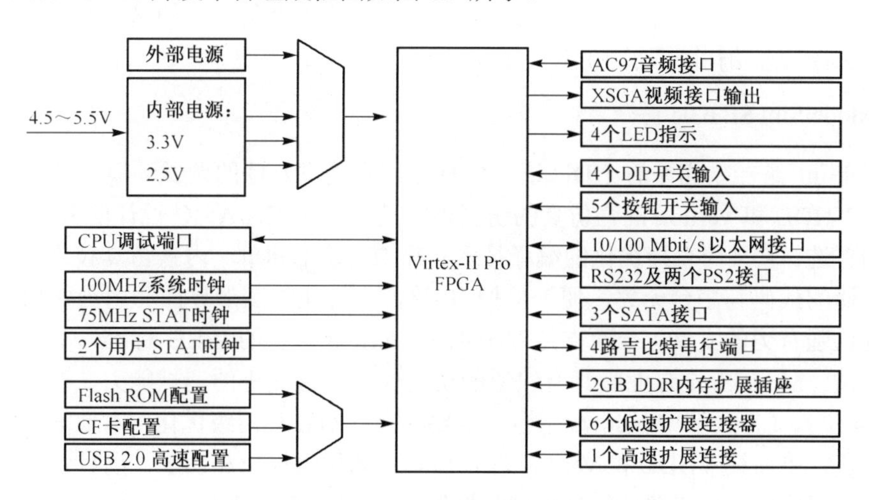

图 1.9　XUP Virtex-II Pro 开发平台组成框图

开发平台的关键特性有：

- 主芯片采用 Virtex-II Pro XC2VP30 FPGA，拥有 30816 个逻辑单元，136 个 18 位乘法器，2448Kb 块 RAM，两个 PowerPC 嵌入式处理器；
- DDR SDRAM DIMM 可以支持高达 2GB 的 RAM；
- 10/100 Mbit/s 以太网端口；
- USB2 配置端口；
- Compact Flash 卡（CF 卡）插槽；
- XSGA 视频输出端口；
- AC97 音频编解码，且有 4 个音频输入、输出端口：Line-in、Microphone-in、Line-out 和 AMP Out；
- 吉比特串行端口（SATA）；
- 1 个 RS232 端口、2 个 PS2 端口；
- 提供 4 个 DIP 开关，5 个按钮输入， 4 个 LED 指示灯；
- 高速和低速的扩展连接器，用以连接 Digilent 的大量扩展板。

1.5.2 EDA 软件的选择

本书选择 Xilinx 公司的集成开发工具 ISE 9.2i、Mentor Graphics 公司的仿真工具 ModelSim SE 6.0c 和 Xilinx 的公司的在线逻辑分析仪 ChipScope Pro 9.2i 作为数字系统的开发软件。

1. ISE 9.2i 简介

ISE 9.x 支持所有先进的 Xilinx 产品。ISE 软件是一整套工具的集成，其中的每一个工具都有强大的功能。随着工艺的发展，FPGA 设计软件也加入了很多新的元素。ISE 9.x 使用 SmartCompile 技术，可以更快、更轻松地实现时序收敛，因此设计性能比其他解决方案平均快 30%。最新版本的 ISE 软件基于 Fmax 技术开发，对于高密度、高性能设计，可以提供无可比拟的性能和时序收敛结果。ISE 9.x 集成的时序收敛流程整合了增强性物理综合优化，提供了最佳的时钟布局、更好的封装和时序收敛映射，从而获得更高的设计性能。先进的综合和实现算法将动态功耗降低了 10%。

2. ModelSim SE 6.0c 简介

ModelSim 是一款优秀的 HDL 语言仿真器，它提供友好的调试环境，是目前唯一的单内核支持 VHDL 和 Verilog 混合仿真的仿真器，是进行 FPGA/ASIC 设计的 RTL 级和门级电路仿真的首选。它采用直接优化的编译技术、Tcl/Tk 技术和单一内核仿真技术，编译仿真速度快，编译的代码与平台无关，便于保护 IP 核，个性化的图形界面和用户接口，为用户加快调试提供强有力的支持。全面支持 VHDL 和 Verilog 语言的 IEEE 标准，支持 C/C++功能调用和调试。ModelSim 专业版具有快速的仿真性能和最先进的调试能力，全面支持 UNIX（包括 64 位）、Linux 和 Windows 平台。主要特点：RTL 和门级优化，本地编译结构，编译仿真速度快；单内核 VHDL 和 Verilog 混合仿真；源代码模版和助手，项目管理；集成了性能分析、波形比较、代码覆盖等功能；数据流 ChaseX；Signal Spy；C 和 Tcl/Tk 接口，C 调试。

3. ChipScope Pro 9.2i 简介

ChipScope Pro 是Xilinx与Agilent合作开发的针对Xilinx的 FPGA 在线、片内信号分析的工具。它的主要功能是通过 JTAG 口，在线、实时地读出 FPGA 内部逻辑的任何信号。其基本原理是利用 FPGA 中未使用的 BRAM，将想要观察的信号（寄存器、网线型）实时地存储到这些 BRAM 中，然后根据用户设定的触发条件生成特定的地址选择数据读出，送到 JTAG 口，最后在计算机中根据这些数据动态地画出时序波形。

1.6 小结

FPGA 的内部结构和工作原理是开发人员必须掌握的知识，因此，本章首先介绍 FPGA 器件的基本概念和发展历史；然后介绍 FPGA 器件芯片的内部结构和组成部件，并在此基础上讨论了基于 FPGA 的数字系统设计流程和数字系统的调试手段；最后简单介绍本书基于 FPGA 的软、硬件平台。

思 考 题 1

1.1 采用 FPGA/CPLD 进行数字系统设计有什么特点？
1.2 Xilinx 公司的 FPGA 内部的核心部件有哪些？主要功能分别是什么？
1.3 为什么 Xilinx 器件中 BRAM 大小是 18Kbit?
1.4 简要描述 FPGA 开发数字系统的设计流程。
1.5 什么是综合？常用的综合工具有哪些？
1.6 FPGA 的调试方法有哪三种？它们各有什么特点？
1.7 使用 Xilinx 公司的 FPGA 完成一个数字系统的设计，需要用到哪些开发工具？

第2章 数字系统设计方法

2.1 数字系统的基本组成

数字系统的结构框图如图2.1所示，数字系统一般可划分为控制器子系统和数据通道子系统两大部分。数据通道子系统主要完成数据采集、存储、运算处理和数据传输等功能；控制器单元是执行算法的核心电路，根据外部控制输入和数据通道单元的响应信号，依照设计方案中的既定算法，按序控制系统内各模块进行工作。

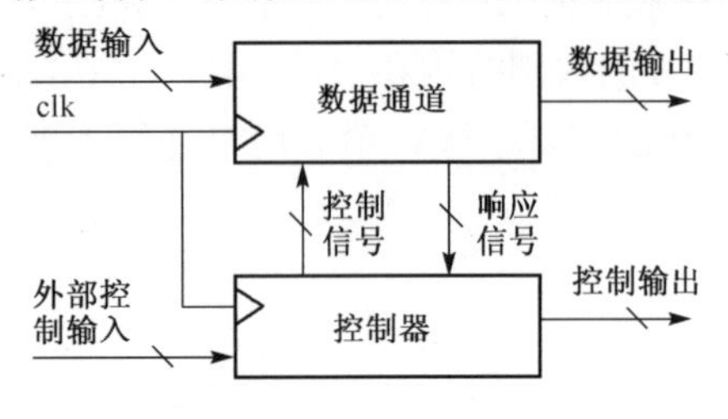

图2.1 数字系统的结构框图

数据通道通常为设计者所熟悉的各种功能电路，无论是取用现成模块或自行设计一般不会花很大精力。因此，系统设计的主要任务是设计控制器。控制器通常为一个有限状态机电路。

2.2 数字系统的结构化设计方法

2.2.1 自顶而下的设计方法

从理论上讲，任何数字系统都可以看成一个复杂的时序系统。自顶而下的设计方法是设计者从整个系统逻辑功能出发，先进行最顶层的系统设计，然后按照一定的原则将系统划分成若干子系统，逐级向下，再将每个子系统划分为若干功能模块，模块还可以继续划分为子模块，直至分成最基本模块实现。在自顶而下的划分过程中，最重要的是将系统或子系统划分为控制器单元和若干个数据通道单元。

自顶而下的数字系统设计方法可分为以下几个步骤：

（1）对设计任务进行分析，根据设计任务把所要设计的系统合理地划分成若干子系统，使其分别完成较小的任务；

（2）将系统或子系统划分为控制器单元和若干个数据通道单元；

（3）设计控制器，以控制和协调各数据通道的工作；

（4）对各子系统功能部件进行逻辑设计；

（5）对于复杂的数字系统，还要对各子系统间的连接关系及数据流的传送方式进行设计。

对整个设计要求和任务的良好理解是设计任务能否很好完成的关键。只有仔细分析和明确了总体设计任务后，才有可能合理地进行子系统的划分工作。系统的划分过程，实际上是把总体任务划分成若干个分任务的过程。这项工作完成的好坏可由下列原则进行初步衡量。

（1）对所要解决的总体任务是否已全部清楚地描述出来？

（2）是否有更清楚、更简单的描述可以概括所要解决的问题？

（3）各子系统所承担的分任务是否清楚、明确？是否有更清楚的划分方式？

（4）各子系统之间的相互关系是否明确？它们之间的控制关系是怎样的？

（5）控制部分与被控制部分是否清楚、明确？它们之间的控制关系是怎样的？

2.2.2　用 ASM 图设计控制器

控制器的设计是数字系统硬件设计的中心环节。控制器本身也是一个子系统，它的作用是解释所接收到的各个输入信号，根据输入信号和预定的算法流程图程序控制整个系统按指定的方式工作。

从本质上讲，由硬件直接实现的控制器设计与一般时序电路并无区别，仅仅由于设计着眼点不同而使得控制器的设计有其独特性。控制器设计的主要特点是：不必过分追求状态最简，触发器的数量也不必一味地追求最少。主要理由是，控制器的成本只占总成本中很小一部分，但控制器的性能对整个系统的工作有举足轻重的影响。有时，在控制时序中增加一些多余状态，往往会使数字系统工作更加直观，便于监视和检查故障。因此在状态化简时，应首先考虑工作性能的优劣，维修是否方便，工作是否可靠直观，而不必过分追求最简状态。这样虽然增加了一些硬件设备，却换得了设计简便、工作明确、维修方便等好处。

控制器的形式可以多种式样，但其基本设计方法有较强的规律性。目前，使用算法流程图（ASM）是设计数字系统的最好方法。ASM 图将控制器的控制过程用图形语言方式表达出来，类似于描述软件程序的流程图。ASM 图能和实现它的硬件很好地对应起来，显示了软件工程与硬件工程在理论上的相似性和可转换性。ASM 图是设计控制器的重要工具，主要由状态框、条件判断框、条件输出框、开始块和结束块等组成，如图 2.2 所示。下面先介绍 ASM 图的基本图形。

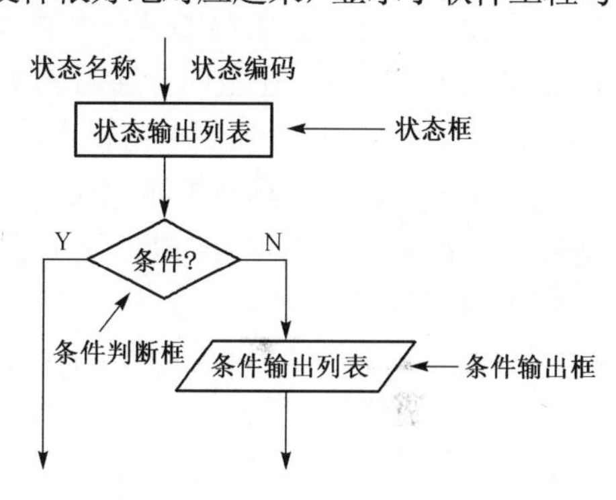

图 2.2　ASM 流程图的基本图形

状态框是一个具有进口和出口的矩形框，代表系统的一个状态。状态经历的时间称为状态时间，在同步系统中，状态时间为同步时钟周期的整数倍且至少为一个同步时钟周期。状态名称写在框外左上方，状态编码写在框外右上方，状态输出列表（操作内容）写在矩形框内。

注意：本书约定，输出列表中未列出的变量，表示在该状态下这些变量保持不变。同时为了使 ASM 图更为简洁，也允许条件输出变量在状态框中用表达式表示。

条件判断框简称分支框，用单入口双出口的菱形或单入口多出口的多边形（多个条件）表示。框内写检测条件，出口处注明各分支所满足的条件。

条件输出框由平行四边形组成。它的入口必须来自条件判断框的一分支，当分支条件满足时，给出指定的输出，输出的操作内容写在框内。注意，条件输出框不是控制器的一个状态，它经历的时间取决于状态时间。

算法流程图的开始块和结束块符号如图2.3所示，在算法流程图中使用开始块和结束块的目的是提高流程图的可读性。开始块和结束块不进行任何操作。

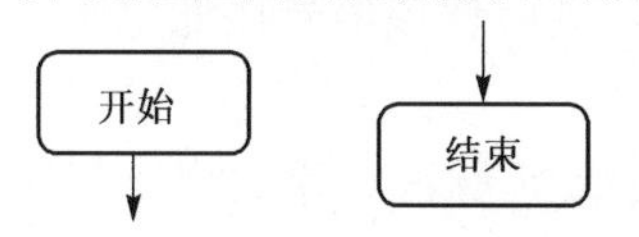

图 2.3　算法流程图的开始块和结束块

2.3 节将通过两个实例详细介绍数字系统的设计方法，重点介绍 ASM 图的画法。

2.3 数字系统设计实例

2.3.1 频率测量系统控制器的设计

1. 频率测量原理

频率是指周期性信号在单位时间（1s）内变化的次数。若在一定时间间隔 T（即闸门时间）内计得这个周期性信号的重复变化次数 N，则频率 $f=N/T$。根据这个公式可得如图2.4所示的数字频率测量系统（频率计）的原理框图。

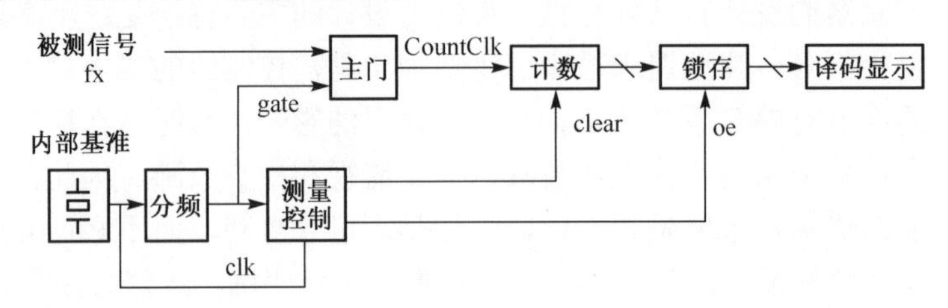

图 2.4 频率测量系统的原理框图

图 2.5 所示为频率测量系统的测量时序图，工作过程为：被测信号 fx 送入主门一个输入端，主门开通与否由主门的另一个输入端门控信号 gate 决定。在主门开通前，先由清零信号 clear 将计数器清零，在主门开通时间 T 内，被测信号 fx 通过主门送至十进制计数器进行计数。当主门时间 T 结束后，控制电路首先产生数据锁信号 oe 将计数值 N 送至寄存器中锁存并显示，完成一次测量，然后测量控制电路产生一个复位信号，将计数器清零，同时将分频电路复位，等待下一次测量。当 T=1s 时，显示值 N 即为频率，而当 T=1ms、10ms、100ms 时只需重新定位小数点即可。

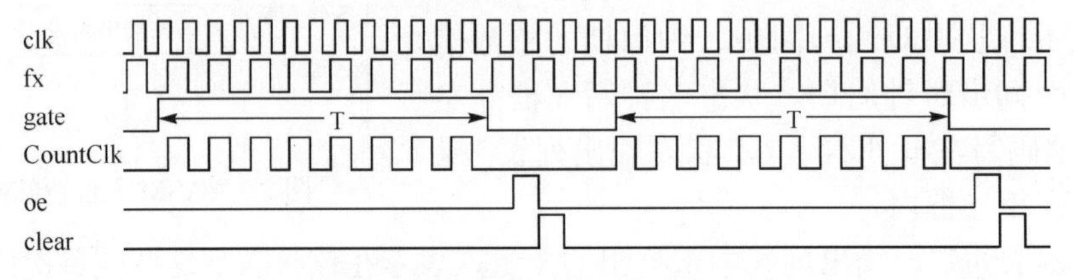

图 2.5 频率测量系统的测量时序图

2. 频率测量控制器的 ASM 图设计

从图2.4可看出，数字频率计的数据通道就是计数器、锁存器、显示译码器等较为简单的单元电路。系统设计的核心是控制器的设计，其输入信号、输出控制信号的含义如表 2.1 所示。注意，图2.4中没有 reset 复位信号，且本系统中也不需要该信号，但在控制器设计中，为了便于仿真和调试，复位信号是必不可缺的。因此，在设计时序模块时，一般要加入 reset 复位信号，但在使用该控制器模块实例时，若不需要 reset 复位信号，则可使该信号接低电平，即无效电平。

图 2.5 显示控制器有 4 个工作状态：计数器清零、等待 gate 正脉冲、计数测量和测量结果锁存。根据图 2.5 的频率测量系统的测量时序要求，可以画出控制器的 ASM 图，如 图 2.6 所示。

表 2.1　控制器输入信号、输出信号说明

引脚名称	方　向	引脚说明
clk	Input	系统的同步时钟
reset	Input	复位信号，高电平有效
gate	Input	输入信号
oe	Output	锁存信号，宽度为一个 clk 时钟周期的脉冲
clear	Output	计数器的清零状态，宽度为一个 clk 时钟周期的脉冲

从图 2.5 所示的时序图和图 2.6 所示的 ASM 图可看出，频率测量是连续测量，并且在输入信号改变后的第一次测量结果是不可信的。

3. 频率测量控制器的 Verilog HDL 描述

控制器的一般电路形式如图 2.7 所示，由下一个状态和输出的组合电路与 D 触发器组成。

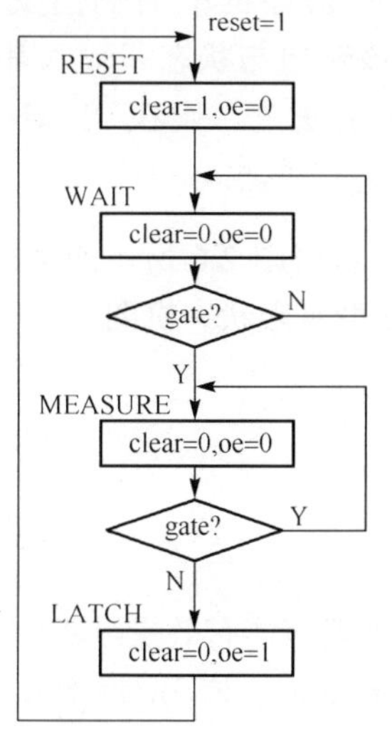

图 2.6　频率测量控制器的 ASM

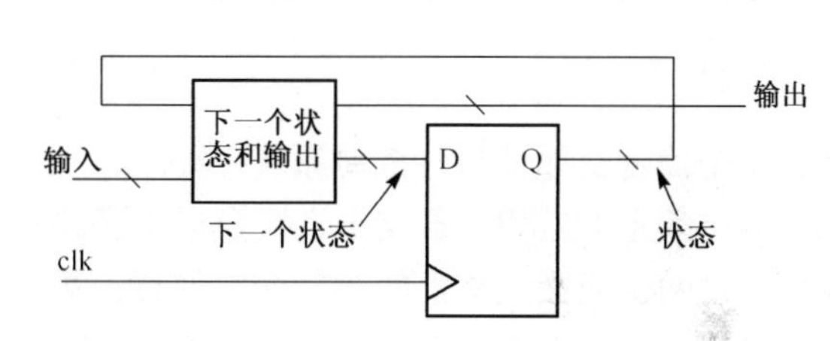

图 2.7　频率测量控制器的电路结构 1

ASM 图特别适合用 Verilog HDL 的行为级建模，可用 case 语句描述控制器，代码如下：

```
module control(clk,reset,gate,oe,clear);
    input  clk,reset,gate;
    output oe,clear;
    parameter RESET=2'B00,WAIT=2'B01,MEASURE=2'B10,LATCH=2'B11; //状态编码
    reg oe,clear;
    reg [1:0] state,nextstate;
    //D 触发器
    always @(posedge clk)
        if (reset) state<=RESET; else state<=nextstate;
    //下一状态和输出电路
    always @(*)
    begin
        oe<=0;
        clear<=0;
        case(state)
            RESET:   begin nextstate<=WAIT; clear<=1; end
            WAIT:    if(gate) nextstate<=MEASURE; else nextstate<=WAIT;
```

```
                MEASURE: if(gate) nextstate<=MEASURE;
                         else nextstate<=LATCH;
                LATCH:   begin nextstate<=RESET; oe<=1; end
            endcase
        end
    endmodule
```

4. ASM 图与状态机图的转换

有些读者比较熟悉使用有限状态机（FSM）描述时序电路，也可将 ASM 图转换为 FSM 图，转换规则为：

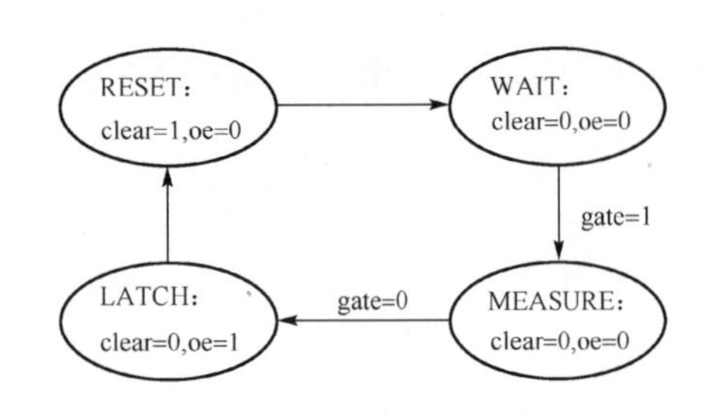

图 2.8 频率测量控制器的有限状态机图

- ASM 图中的状态框对应着 FSM 图中的一个状态；
- ASM 图中的条件框构成 FSM 图的分支；
- 对于 ASM 图中条件框中的输出变量，在 FSM 图中表示该输出与状态和输入都有关，而状态框中的输出变量，则在 FSM 图中表示该输出只与状态有关。

根据上述转换规则，可将图 2.6 所示的 ASM 图转换为图 2.8 所示的 Moore 型有限状态机图。

2.3.2 简易交通信号灯控制系统的设计

1. 设计任务

设计一个简易交通信号灯控制系统，要求：

（1）由一条主干道和一条支干道汇合成十字路口，交通管理器应能有效操纵路口两组红、黄、绿灯，使两条交叉道路上的车辆交替通行，主干道每次放行 60s，支干道每次放行 45s，且每次由绿灯变为红灯的转换过程中需亮 5s 黄灯作为过渡；

（2）用数码显示器显示各状态所剩的时间；

（3）该系统还可设置为深夜工作状态，即当深夜车辆较少时，信号灯只以黄灯闪烁（亮 1s 灭 1s）提醒。

2. 确定系统方案

这是任务较为明确的数字系统，可较容易划分成如下子系统：

- 一个控制器，主要完成交通灯的工作状态转换和协调各数据子系统的工作；
- 主、支干道设置一个剩余时间倒计时计数器；
- 四个方向各有一套译码、显示和驱动电路；
- 秒脉冲产生电路。

系统的基本框图如图 2.9 所示。这里强调一下，本系统为低速系统，系统时钟可工作在 1Hz，但基于 FPGA 设计数字系统要求系统尽量工作在同步状态，所以秒脉冲只能作为控制电路和定时器的输入。本例假定晶体振荡器输出频率为 4MHz。

控制器是系统核心，其输入信号、对数据子系统的控制信号和数据子系统的响应信号的含义如表 2.2 所示。

在图 2.9 中，虚框内的电路是可用 FPGA 实现的数字系统部分，下面将用 Verilog HDL 设计控制器和各数据子系统。

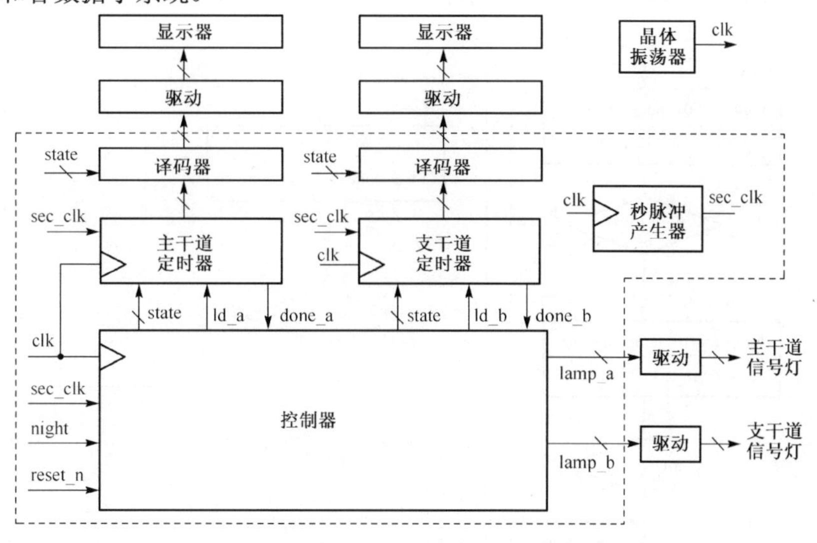

图 2.9　交通信号灯控制系统的基本框图 1

表 2.2　控制器输入信号、输出信号说明

引脚名称	方　向	引脚说明
clk	Input	4MHz 的信号系统的主时钟
reset_n	Input	复位信号，低电平有效
sec_clk	Input	秒脉冲信号，频率 1Hz，脉冲宽度为一个 clk 时钟周期
night	Input	高电平表示工作在“深夜”工作状态
done_a、done_b	Input	定时器的响应信号，宽度为一个 clk 时钟周期的脉冲
ld_a、ld_b	Output	给定时器的控制信号，宽度为一个 clk 时钟周期的脉冲，启动定时器
state	Output	控制器的状态，该信号可决定倒计时计数器的起始时间
lamp_a[2:0]、lamp_b[2:0]	Output	主、支干道的信号灯控制信号从高到低分别表示红灯、黄灯和绿灯

3. 交通信号灯控制器的设计

为了便于理解，先用文字描述交通信号灯的工作流程，如图 2.10 所示。特别需要指出的是，当系统转入深夜工作状态时，即 night 信号从 0 变为 1，由于转换没有迫切性，为了使电路更简单，这里只在信号灯一个周期运行结束时采样 night 信号。

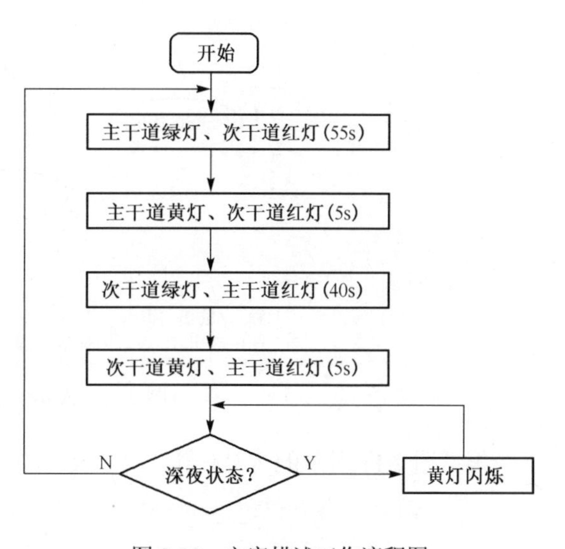

图 2.10　文字描述工作流程图

结合图 2.9 所示的系统框图可画出图 2.11 所示的系统 ASM 图。图 2.11 中的 blink 变量为周期为 2s 的方波信号，用来控制黄灯的闪烁。

实际上，图 2.11 所示的控制器输出均为条件输出变量，本应该用条件输出框给出输出变量列表，但为了简化状态，将条件输出变量用含有变量的表达式形式在状态框里给出。图 2.11 所示控制器为 Mealy 型电路，其有限状态机图如图 2.12 所示。

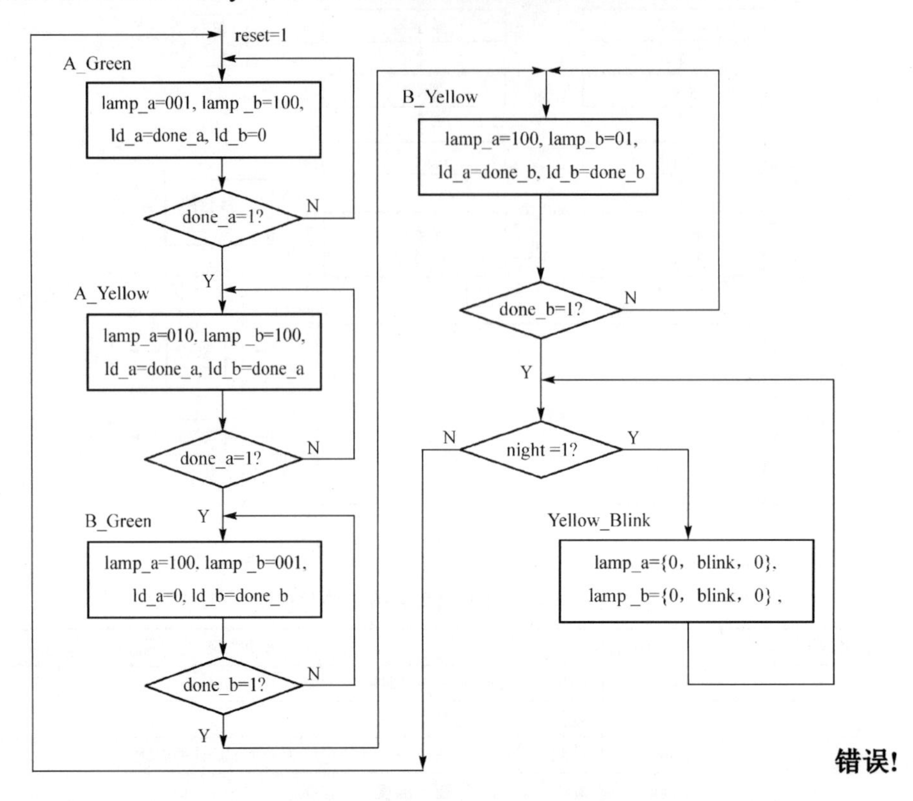

错误!

图 2.11　交通灯系统 ASM 图

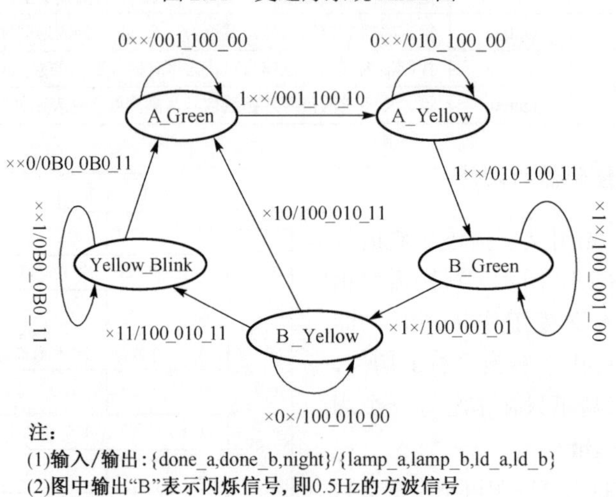

图 2.12　ASM 图的等效 FSM 图

根据图 2.11 所示的 ASM 图，用 case 语句描述控制器的 Verilog HDL 代码如下：

```
module traffic_controller(clk,reset,sec_clk,night,done_a,done_b,
                          ld_a,ld_b,lamp_a,lamp_b,state);
    input   clk,reset,sec_clk,night,done_a,done_b;
```

```
output ld_a,ld_b;
output [2:0] lamp_a,lamp_b,state;
reg [2:0] lamp_a,lamp_b;
reg ld_a,ld_b;
reg [7:0] data_a,data_b;
//闪烁信号（blink）产生
reg blink;
always @(posedge clk)
    if(reset) blink<=0; else if(sec_clk) blink<=~blink;
//状态机
parameter A_Green=0,A_Yellow=1, B_Green=2,B_Yellow=3,Yellow_Blink=4;
reg [2:0] current_state,next_state;
assign state=current_state;
//状态寄存器
always @(posedge clk)
    if(reset) current_state<= A_Green; else current_state<=next_state;
//下一状态电路和输出电路
always @(*)
begin
   ld_a<=1'b0;ld_b<=1'b0;
   case (current_state)
      A_Green:  //主干绿灯，支干红灯
        begin
         lamp_a<=3'b001; lamp_b<=3'b100;
         if(done_a) begin next_state<=A_Yellow; ld_a<=1'b1; end
         else next_state<=A_Green;
        end
      A_Yellow: //主干黄灯，支干红灯
        begin
         lamp_a<=3'b010; lamp_b<=3'b100;
         if(done_a) begin next_state<=B_Green; ld_a<=1'b1; ld_b<=1'b1; end
         else next_state<=A_Yellow;
        end
      B_Green:  //支干绿灯，主干红灯
        begin
         lamp_a<=3'b100;   lamp_b<=3'b001;
         if(done_b) begin next_state<=B_Yellow; ld_b<=1'b1; end
         else next_state<=B_Green;
        end
      B_Yellow: //支干黄灯，主干红灯
        begin
         lamp_a<=3'b100; lamp_b<=3'b010;
         if(done_b)
           begin
             ld_a<=1'b1;ld_b<=1'b1;
             if(night) next_state<=Yellow_Blink;
             else next_state<=A_Green;
           end
         else next_state<=B_Yellow;
```

```
            end
          Yellow_Blink:  //黄灯闪烁
            begin
             lamp_a<={1'b0,blink,1'b0};
             lamp_b<={1'b0,blink,1'b0};
             if(night) next_state<=Yellow_Blink;
             else begin next_state<=A_Green; ld_a<=1'b1; ld_b<=1'b1; end
            end
          default:
            begin
             next_state<=A_Green;
             lamp_a<=3'b100; lamp_b<=3'b100;
             ld_a<=1'b1; ld_b<=1'b1;
            end
       endcase
    end
endmodule
```

4. 定时器的设计

1）定时器的功能

本例中主干道、支干道各有一个倒计时定时器，结构功能相同，功能如表 2.3 所示。置数的数据由控制器状态决定，各状态下置数的数据 data 如表 2.4 所示。

表 2.3 定时器功能表

reset	ld	en	clk	功 能
1	×	×	↑	复位（A_Green 起始状态）
0	1	×		置数
0	0	1		BCD 减法计数
0	0	0		保持

表 2.4 各状态置数数据

state	data（主干道定时器）	data（支干道定时器）
A_Green	8'h05	8'h××
A_Yellow	8'h45	8'h40
B_Green	8'h××	8'h05
B_Yellow	8'h55	8'h45
Yellow_Blink	8'h55	8'h45

2）定时器的 Verilog HDL 代码

（1）主干道定时器的 Verilog HDL 代码。

```
module timer_a(clk,reset,ld,en,state,q,done);
  input  clk,reset,ld,en;
  input  [2:0] state;
  output [7:0] q;
  output done;
  reg [7:0] q;
  parameter red_a=8'h44,green_a=8'h54,yellow_a=8'h04;
  parameter A_Green=0,A_Yellow=1,B_Green=2,B_Yellow=3,Yellow_Blink=4;
```

```
  assign done=~(|q)&&en;
  always @(posedge clk)
    if(reset) q<=green_a;
    else if(ld)
      case(state)
        A_Green:        q<=yellow_a;
        A_Yellow:       q<=red_a;
        B_Green:        q<=8'h00;
        B_Yellow:       q<=green_a;
        Yellow_Blink:   q<=green_a;
        default:        q<=8'h00;
      endcase
    else if(en)
      begin
        if(q[3:0]==0)
          begin q[3:0]<=9; q[7:4]<=q[7:4]-1; end
        else q<=q-1;
      end
endmodule
```

（2）支干道定时器的 Verilog HDL 代码。

```
module timer_b(clk,reset,ld,en,state,q,done);
  parameter red_b=8'h59,green_b=8'h39,yellow_b=8'h04;
  parameter A_Green=0,A_Yellow=1,B_Green=2,B_Yellow=3,Yellow_Blink=4;
  input  clk,reset,ld,en;
  input  [2:0] state;
  output [7:0] q;
  output done;
  reg [7:0] q;
  assign done=~(|q) && en;
  always @(posedge clk)
    if (reset)  q<=red_b;
    else if(ld)
      case (state)
        A_Green:        q<=8'h00;
        A_Yellow:       q<=green_b;
        B_Green:        q<=yellow_b;
        B_Yellow:       q<=red_b;
        Yellow_Blink:   q<=red_b;
        default:        q<=8'h00;
      endcase
    else if(en)
      begin
        if(q[3:0]==0)
          begin q[3:0]<=9; q[7:4]<=q[7:4]-1; end
        else q<=q-1;
      end
endmodule
```

5. BCD 码显示译码器的设计

本例采用七段数码显示器（共阴）来显示各状态的剩余时间。由于在深夜工作状态时显示器熄灭，所以显示译码器应设置一个控制输入 en 信号：当 en=1 时，显示译码器正常译码；而当 en=0 时，显示译码器处于不显示状态。BCD 码显示译码器的 Verilog HDL 代码如下：

```
module seven_segment_decoder(bcd_in,en,seg_out);
    input  en;
    input  [3:0] bcd_in;     //输入的BCD码
    output [6:0] seg_out;    //输出七段显示码
    reg [6:0] seg_out;
    //七段输出的排序 seg_out={a,b,c,d,e,f,g}
    always @(*)
    begin
        if(en)                //正常译码
            case(bcd_in)
                4'd0 : seg_out<=7'b1111110;
                4'd1 : seg_out<=7'b0110000;
                4'd2 : seg_out<=7'b1101101;
                4'd3 : seg_out<=7'b1111001;
                4'd4 : seg_out<=7'b0110011;
                4'd5 : seg_out<=7'b1011011;
                4'd6 : seg_out<=7'b1011111;
                4'd7 : seg_out<=7'b1110000;
                4'd8 : seg_out<=7'b1111111;
                4'd9 : seg_out<=7'b1111011;
                default : seg_out<=7'b0000000;
            endcase
        else seg_out<=7'b0000000;   //不显示
    end
endmodule
```

6. 分频器的设计

分频器实际上为模 4000000 同步计数器，计数器的进位输出即为秒脉冲。分频器的 Verilog HDL 代码如下：

```
module div_n(clk,reset, sec_clk);
    input  clk;          //输入 4MHz 的时钟信号
    input  reset;
    output sec_clk;      //秒脉冲信号
    parameter n=4_000_000;
    parameter count_bits=22;
    reg [count_bits:1] q;
    assign sec_clk=(q==n-1);
    always @(posedge clk)
        if (reset)q<=0;
        else if(q==n-1) q<=0; else q<=q+1;
endmodule
```

7. 交通信号灯的顶层设计

根据图 2.9 所示的系统结构框图将各模块连接在一起，顶层的 Verilog HDL 代码如下：

```
module traffic_top (clk,reset_n,night,lamp_a,lamp_b,
                    seg_a_h,seg_a_l, seg_b_h,seg_b_l);
    input   clk,reset_n,night;
    output [2:0] lamp_a,lamp_b;                          //信号灯
    output [6:0] seg_a_h,seg_a_l,seg_b_h,seg_b_l;  //显示器的段码
    wire reset;
    assign reset=~reset_n;       //设计模块时，一般用高电平复位
    //分频器实例
    wire sec_clk;
    div_n sec_generate(.clk(clk),.reset(reset),.sec_clk(sec_clk));
    //控制器实例
    wire done_a,done_b,ld_a,ld_b;
    wire [2:0] state;
    traffic_controller controller_inst(
        .clk(clk),.reset(reset),.sec_clk(sec_clk),.night(night),
        .done_a(done_a),.done_b(done_b),.ld_a(ld_a),.ld_b(ld_b),
        .lamp_a(lamp_a),.lamp_b(lamp_b),.state(state));
    //主干道定时器实例
    wire [7:0] count_a;
    timer_a timer_a_inst(.clk(clk),.reset(reset),.ld(ld_a),
            .en(sec_clk),.state(state),.q(count_a),.done(done_a));
    //支干道定时器实例
    wire [7:0] count_b;
    timer_b timer_b_inst(.clk(clk),.reset(reset),.ld(ld_b),
            .en(sec_clk),.state(state),.q(count_b),.done(done_b));
    //显示译码器实例_主干道剩余时间高位
    seven_segment_decoder seven_segment_ah(
            .bcd_in(count_a[7:4]),.en(~state[2]),.seg_out(seg_a_h));
    //显示译码器实例_主干道剩余时间低位
    seven_segment_decoder seven_segment_al(
            .bcd_in(count_a[3:0]),.en(~state[2]),.seg_out(seg_a_l));
    //显示译码器实例_支干道剩余时间高位
    seven_segment_decoder seven_segment_bh(
            .bcd_in(count_b[7:4]),.en(~state[2]),.seg_out(seg_b_h));
    //显示译码器实例_支干道剩余时间低位
    seven_segment_decoder seven_segment_bl(
            .bcd_in(count_b[3:0]),.en(~state[2]),.seg_out(seg_b_l));
endmodule
```

至此，整个交通灯系统设计完成。

2.4 小结

本章主要介绍数字系统的设计方法。自顶而下的设计方法和用 ASM 设计控制器是本章的重点。

自顶而下的设计方法首先从系统设计入手，在顶层进行功能方框图划分和结构设计，在功能级进行仿真、纠错。设计的仿真和调试过程在较高的层次上完成，这有利于早期发现结构设计上的错误，避免设计工作的浪费，提高了设计的一次成功率。

逻辑表达式、真值表、卡诺图和状态图较适合描述数字电路和简单的数字系统，但对输入、输出变量较多的复杂数字系统，就很难用上述方法描述。因此，本章详细介绍了用 ASM 图设计数字系统。ASM 图是目前描述数字系统的最好方法，同时也非常适合用 HDL 描述。

思 考 题 2

2.1 什么是“自顶而下”的设计方法？“自顶而下”的设计方法有什么特点？

2.2 控制器的作用是什么？为什么说控制器的设计是数字系统设计的核心？

2.3 试说明 ASM 图与软件流程图有何差别？

2.4 用硬件描述语言设计数字系统有什么优势？

2.5 边沿检测电路的波形如图 2.13 所示，每当检测到输入信号 X 的上升沿或下降沿时，产生一个宽度为 1 个 CP 周期的正脉冲输出信号 Y。另外，输入信号 X 的高电平宽度和低电平宽度均足够大。试画出能实现边沿检测电路的 ASM 图。

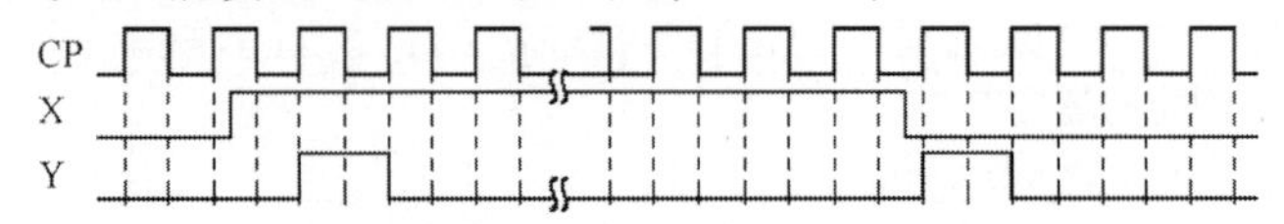

图 2.13 边沿检测电路的波形

2.6 FPGA 广泛地应用在接口电路中，图2.14所示为某 AD 转换器读出时序图。其中，sts 信号的下降沿为 AD 转换器一次转换结束标记，因此 sts 信号的下降沿启动一次读出过程。试用“自顶而下”的方法设计此时序控制电路，即在 sts 输入信号的下降沿启动下，产生图2.14所示的 oe、cs、r/c 和 rd 四个输出信号。电路所用到的 clk 信号频率为 100MHz。

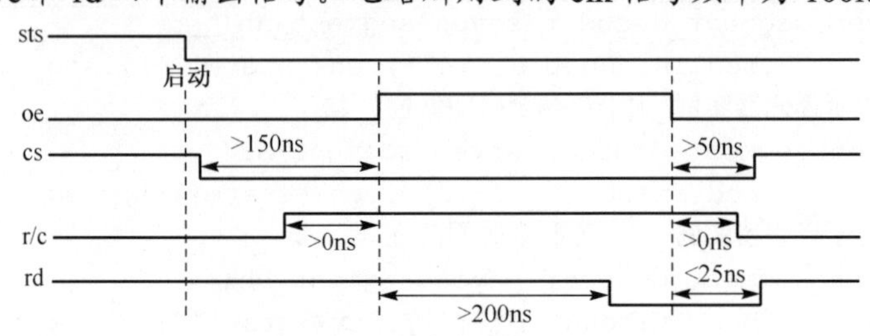

图 2.14 AD 转换器读出时序图

第3章

testbench 的编写

3.1 概述

随着数字系统设计的规模越来越大、越来越复杂，数字设计的仿真验证已经成为一件日益困难和烦琐的事。面对这个挑战，验证工程师们需要依靠许多验证工具和方法。对于大如几百万门的设计系统，一般使用一套可靠的形式验证（formal verification）工具；然而对于一些小型的设计，带有测试平台（testbench）的 HDL 仿真器就可以很好地完成验证任务。

testbench 是一种效率较高的仿真手段。任何设计都包含有输入、输出信号，但是在软环境中没有激励输入，无法对设计电路的输出进行正确评估。此时，便需要有一种模拟实际环境的输入激励和输出校验的“虚拟平台”，在这个平台上可以对设计电路从软件层面上进行分析和校验，这就是 testbench 的含义。如今，testbench 已经成为一种验证高级语言（High-Level Language，HLL）设计的标准方法。

testbench 相对于画波形图产生激励的方法，虽然后者更加直观而且易于入门，但 testbench 却有着后者无法比拟的优点。首先，testbench 以语言的方式描述激励源，很方便产生各种激励源，包括各种抽象的激励信号，如 PCI 的配置读写、存储器读写等操作，使用 testbench 就可以轻松地实现远高于画波形图方法所能提供的功能覆盖率。其次，testbench 不仅能以语言的方式描述输入激励，也能够以文本的方式显示仿真输出，这样极大地方便了仿真结果的查看和比较。再次，testbench 易于修改，重用性效率高。当系统设计升级后需要修改激励信号，若采用画波形图的方法将不得不推翻原波形重新设计；但若使用 testbench 则只需要进行一些小的修改就可以完成一个新的测试平台，节约了大量的人力、物力及时间，极大地提高了效率。此外，testbench 可以在内部设置观测点，或者使用断言等技术，在错误定位方面有着独一无二的优势。

目前 FPGA 设计都朝向片上系统（System on Chip，SoC）的方向发展，如何保证这些复杂系统的功能是正确的成为至关重要的问题。任何潜在的问题都会给后续工作带来极大的困难，而且由于问题发现得越迟，付出的代价也越大，这个代价是几何级数增长的。因此，编写一个功能覆盖率和正确性高的 testbench 对所有功能进行充分的验证是非常有必要的。

3.2 testbench 的结构形式

3.2.1 testbench 的基本结构

一个典型 testbench 的流程可用图 3.1 表示。从图 3.1 可以看出 testbench 应完成以下任务：

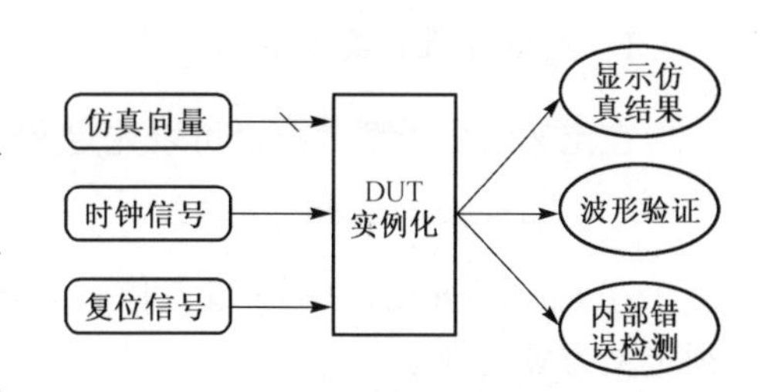

图 3.1　testbench 的流程

（1）设计仿真激励源，其中时钟信号和复位信号一般是必不可少的；

（2）对需要测试的模块 DUT（Device Under Test）进行实例化；

（3）输出结果到终端或波形窗口，将实际结果和预期结果进行比较，如仿真结果与设计要求不符，则可在测试程序内部插入观测点以检测错误。

为了完成上述任务，testbench 必须拥有以下基本形式：

```
module testbench_name; //定义一个没有输入输出的 module
    信号类型定义声明；
    DUT 实例化；
    产生激励信号，选择性监控输出响应；
endmodule
```

3.2.2 testbench 结构实例详解

本小节以一个简单的 4 位移位寄存器为例，详细介绍 testbench 的编写。为了方便读者理解 testbench 编写的过程，设定该移位寄存器具有同步清零信号 reset（高电平有效），并在控制信号 sel 的作用下可实现保持、左移、右移及置数功能，其中左移和右移功能中被移出的位均用 0 填补。其设计程序如下：

```
module shift_reg(clk,reset,sel,data,shiftreg);
    input  clk,reset;
    input  [1:0] sel;
    input  [3:0] data;
    output [3:0] shiftreg;
    reg [3:0] shiftreg;
    always @(posedge clk)
    begin
        if(reset)
            shiftreg=4'd0;  //同步清零
        else
            case(sel)
                2'b00 : shiftreg=shiftreg;      //保持
                2'b01 : shiftreg=shiftreg<<1;   //左移
                2'b10 : shiftreg=shiftreg>>1;   //右移
                2'b11 : shiftreg=data;          //置数
                default : shiftreg=shiftreg;
            endcase
    end
endmodule
```

下面将分步编写该设计程序的测试文件 shift_reg_tb。完整的代码请参考随书光盘。

1. 对信号进行类型定义

在定义信号类型之前，可以先定义一个时间常量，方便后面信号时间的描述。

```
parameter dely=100;
```

在 testbench 中，DUT 输入信号必须定义为 reg 型，以保持信号值；而 DUT 输出信号必须定义为 wire 型。

```
reg clk,reset;
```

```
reg [1:0] sel;
reg [3:0] data;
wire [3:0] shiftreg;
```

2. 测试模块的实例化

模块的实例化要注意 DUT 与 testbench 的端口连接。

```
shift_reg dut(.clk(clk),.reset(reset),.sel(sel),.data(data),
            .shiftreg(shiftreg));
```

3. 产生激励信号

本例的激励信号有同步清零信号 reset、控制信号 sel 以及当置数信号有效时需置数的数据 data。要完整仿真该设计的全部功能，值得注意的是信号描述的先后次序及持续时间。根据实现的功能，需要产生的激励信号波形如图 3.2 所示。从该图可知，由于同步清零优先级最高，所以第一次置数的信号（即 sel=11）必须至少持续 2 个时钟周期。为了完整仿真左移、右移功能，控制信号（即 sel=01 或 10）至少要持续 4 个时钟周期。同时，由于右移功能仿真完成之后，移位寄存器的输出为 0000，对仿真左移功能没有意义，所以在右移与左移功能仿真之间需要重新置数一次（即 sel=11）。最后，不要忘记对保持功能的仿真。

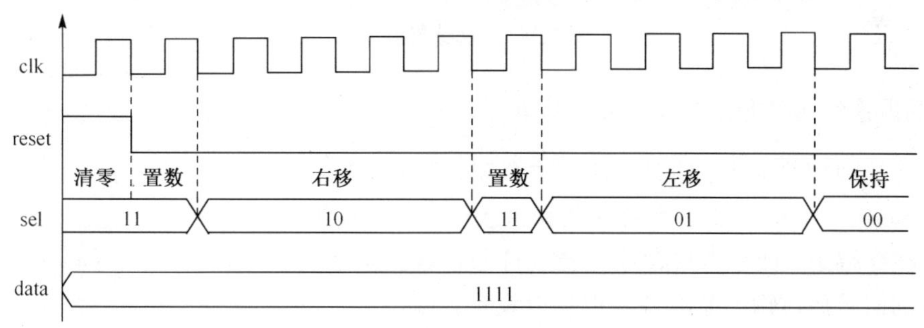

图 3.2　激励信号波形示意图

（1）描述时钟信号。描述时钟信号的方法有多种，具体在后面介绍。下面是产生无特别要求的时钟信号的常用方法。

```
initial begin
    clk=0;
    forever #(dely/2) clk=~clk;     //clk 周期 100ns，占空比 50%
end
```

（2）描述复位信号。注意复位信号为同步信号，所以该信号必须至少持续 1 个时钟周期。

```
initial begin
    reset=1;              //reset 高电平有效
    #dely                 //清零信号持续 1 个时钟周期
    reset=0;              //撤销清零信号
end
```

（3）根据图 3.2，移位功能的仿真描述如下：

```
initial begin
    data=4'b1111;         //置数的数据始终为 1111
```

```
        sel=2'b11;
        #(dely*2)            //第一次置数信号持续 2 个时钟周期
        sel=2'b10;
        #(dely*4)            //右移控制信号持续 4 个时钟周期
        sel=2'b11;
        #dely                //右移之后需重新置数，置数信号为 1 个时钟周期
        sel=2'b01;
        #(dely*4)            //左移控制信号持续 4 个时钟周期
        sel=2'b00;
        #(dely*2)            //保持信号持续时间至少 1 个时钟周期即可
        $stop;               //停止仿真
    end
```

至此，全部激励信号都已描述完成，仅上述部分也可视为一个完整的 testbench，可以通过波形图查看设计的正确性。仿真结果波形图如图 3.3 所示。

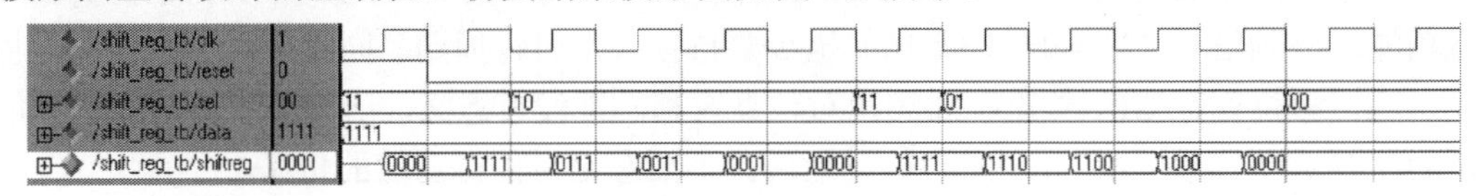

图 3.3 仿真结果波形图

4. 利用系统函数和系统任务显示仿真结果

除了直接观察波形图的方法，还有更直观查看结果的手段，即充分利用 Verilog HDL 自带的系统函数和系统任务，方便地将仿真结果显示在终端上，或者直接存成文档供打印查看。因此，可以在描述完激励信号后对输出响应方式也加以设定。

```
    initial begin
        $display("time clk reset sel data shiftreg");
        $monitor("%t %b %b %b %b %b", $realtime, clk,
                reset, sel, data, shiftreg);
    end
```

按此格式显示的仿真结果如图 3.4 所示。

```
time clk reset sel data shiftreg
   0  0  1  11  1111  xxxx
  50  1  1  11  1111  0000
 100  0  0  11  1111  0000
 150  1  0  11  1111  1111
 200  0  0  10  1111  1111
 250  1  0  10  1111  0111
 300  0  0  10  1111  0111
 350  1  0  10  1111  0011
 400  0  0  10  1111  0011
 450  1  0  10  1111  0001
 500  0  0  10  1111  0001
 550  1  0  10  1111  0000
 600  0  0  11  1111  0000
 650  1  0  11  1111  1111
 700  0  0  01  1111  1111
 750  1  0  01  1111  1110
 800  0  0  01  1111  1110
 850  1  0  01  1111  1100
 900  0  0  01  1111  1100
 950  1  0  01  1111  1000
1000  0  0  01  1111  1000
1050  1  0  01  1111  0000
1100  0  0  00  1111  0000
1150  1  0  00  1111  0000
1200  0  0  00  1111  0000
1250  1  0  00  1111  0000
```

图 3.4 仿真结果终端显示

3.3 常用的系统任务和系统函数

在编写 testbench 时，利用一些系统函数和系统任务可以方便地产生测试激励、显示调试信息和协助定位错误。所谓任务（task）或函数（function）就是一段封闭的代码。对于一些常用的操作，Verilog HDL 语言提供了标准的系统任务和系统函数。所有的系统任务和系统函数以字母$开头，通常在 initial 或 always 块中调用。本节介绍常用的系统任务和系统函数，这些任务和函数基本能满足一般仿真需要。

1. $display 与$write

$display 和$write 属于输出控制类的显示任务，两者功能相同，都用于将信息输出到标准输出设备，区别是前者输出信息带行结束符，即能自动换行，后者不带行结束符。

例如：

```
$display("simulation time is %t",$time);       //显示仿真时间
$write("a=%d\n",a);     //显示变量a的值并换行，与$display("a=%d",a)作用相同
$display("hello,world!");      //显示字符串
```

2. $monitor与$strobe

$monitor与$strobe一样也属于输出控制类的系统任务。

（1）$monitor是监控任务，用于连续监控指定的参数，只要参数表中的参数发生变化，整个参数表就在当前仿真时刻结束时显示。例如：

```
$monitor("at %t,D=%d,clk=%d",$time,D,clk,"and Q is %b",q);
```

执行该监控任务时，将对信号D、clk和Q进行监控。如果这三个参数中有任何一个的值发生变化，就显示所有参数的值。

另有两个系统任务$monitoroff和$monitoron用于关闭或开启监控任务。

（2）$strobe是探测任务，用于在指定时间显示仿真数据。例如：

```
always @(posedge clk)
    $strobe("the flip-flop value is %b at time %t",Q,$time);
```

上述语句表示，当clk出现一个上升沿时，$strobe任务将输出当前的Q值和仿真时刻。

（3）$monitor与$strobe两者的区别：前者类似一个实时持续监控器，输出变量列表中任何一个变量发生变化，系统都将结果输出一次；后者则只有在模拟时间发生改变时才将结果输出。

3. $fopen与$fclose

$fopen与$fclose属于文件输入、输出类系统任务。$fopen用于打开一个文件并准备写操作，其语法格式如下：

```
integer file_pointer=$fopen(file_name);
```

$fopen将返回关于文件file_name的整数（指针），并把它赋给整形变量file_pointer。

与之相对应的是，$fclose可以通过文件指针关闭文件，其语法格式如下：

```
$fclose(file_pointer);
```

一般来说，$fopen与$fclose只用于文件的打开和关闭，不对文件做任何操作。而其他对文件的操作命令，如下面要介绍的文件输出函数$fmonitor等，必须在对文件操作前利用$fopen打开文件，执行完文件操作后利用$fclose关闭文件。

4. $fmonitor、$fdisplay与$fwrite

Verilog HDL将数据写入文件有多种方法，常用的系统函数和任务有$fmonitor、$fdisplay和$fwrite等命令，下面简单介绍这几个命令以及它们的不同。

（1）$fmonitor命令不需要触发条件，只要有变化就可以将数据写入文件。例如：

```
initial $fmonitor(file_p,"%h",data_out);
```

该语句可以将整个仿真过程产生的data_out数据都写入文件中。

（2）$fdisplay：命令需要有触发条件，满足触发条件时才会把数据写入文件。例如：

```
always @(i)  begin
   $fdisplay(file_p,"%h",data_out);
end
```

上例的触发条件就是 always@ (i)，当 i 变化时才写入。每写入一次数据会自动增加一个换行符。

（3）$fwrite 命令和$fdisplay 基本相同，也是需要触发条件满足时才会写入。例如：

```
always @(posedge clk)  begin
    $fwrite(file_p,"%h\n",data_out);
end
```

只有当 clk 上升沿到来时才将数据 data_out 写入文件中。

（4）$fwrite 与$fdisplay 的区别：前者每写入一个数据不会自动添加换行符，而后者会自动带换行符。例如：

```
$fwrite(file_p,"Hello, world!\n");
$fdisplay(file_p,"Hello, world!");
```

这两条语句功能完全一致。

5. $readmemh 与$readmemb

$readmemh 与$readmemb 属于文件读写控制类系统任务，能够从外部文本文件中读取数据并将数据加载到存储器中，前者读取十六进制数据，后者读取二进制数据。其语法格式如下：

```
task_id("file_name", mem_name, [start_addr, finish_addr]);
```

其中，起始地址 start_addr 和结束地址 finish_addr 都可以缺省。如果缺省起始地址，则表示从存储器的首地址开始存放数据；如果缺省结束地址，则表示一直存放到存储器的尾地址。具体的使用方法在后面的例子中有详细介绍。

6. $time、$stime 与$realtime

$time、$stime 与$realtime 都属于显示仿真事件的系统函数，这三者都用于显示当前时刻距离仿真开始时刻的时间量值，区别在于：$time 函数调用后返回的是 64 位整型时间值；$stime 函数调用后返回的是 32 位整型时间值；$realtime 函数调用后返回的是实数型时间值。此外，$time 与$stime 由`timescale 定义时间单位，而$realtime 以`timescale 定义的时间单位+时间精度为单位，数值上更为精准。

7. $stop 与$finish

$stop 与$finish 属于仿真控制类系统任务，都用于停止仿真，区别在于：$stop 用于暂停仿真，随后返回软件操作主窗口，将控制权交给程序设计者；$finish 用于终止仿真，随即关闭软件操作主窗口，结束整个仿真过程。

8. $random

$random 是用于产生随机数的系统函数，其语法格式为：

```
$random([seed]);
```

其中，seed 可以缺省，或必须是 reg 或 integer 类型。返回的随机数是 32 位有符号数。例如：

```
$random%100;        //产生-99～99 之间的随机数
{$random}%100;      //产生 0～99 之间的随机数
```

以上介绍的只是一部分常用的 Verilog HDL 系统函数和任务。关于这些函数和任务更多的参数用法，以及其他未介绍到的函数和任务，请读者参考相关文献资料。

3.4 testbench 的激励和响应

3.4.1 testbench 的激励方式

1. 常用的激励方式

testbench 常用的激励方式是 HDL 描述方式。HDL 描述可以产生所需的控制信号和一些简单的数据，相比起手工或波形来仿真方便了许多，效率也提高了很多。

2. 复杂数据的产生

如果需要产生的激励具有复杂的数据结构，如二维数组或者 IP 报文的输入信号，则 HDL 就显得比较麻烦或是困难。使用 C/C++语言可以轻而易举地产生复杂的数据激励，而 3.3 节中提到的 Verilog HDL 系统函数可以很好地利用 C/C++语言这一优点。用 C/C++语言产生的数据存放到文件中，以供系统函数$readmemb、$readmemh 读取。读取后的数据存放到自定义的 memory 中，Verilog HDL 再从 memory 中取出数据按一定顺序赋予被测模块。

例如：

```
//定义一个二维数组
reg [7:0] DataIn[0:47];
//将 DataSourceFile 文件中的数据读入至 DataIn 数组中，可直接使用
$readmemh("DataSourceFile.txt",DataIn);
```

其中，DataSourceFile 文件的数据格式如下：

```
12
5a
⋮
35
11
```

每行一个数据，这些数据依次放在数组 DataIn 中，从地址 0 到 2f。用户也可以指定数据存放在数组中的顺序，文件的数据格式如下：

```
@2f
11
@2e
35
⋮
@1
```

```
5a
@0
12
```

奇数行表示地址，地址从2f至0递减。偶数行是数据。

3. 动态数据的产生

上述两种方法产生静态数据很简单，但对大量动态激励数据，就显得不够灵活，实时性不够强。为了大大提高仿真速度，仿真器提供一种编程语言接口（Program Language Interface，PLI）。通过PLI将C程序嵌入HDL设计中，用户不但可以利用C语言的系统函数和任务扩充HDL的功能，而且能实现C语言和HDL之间的直接通信，大大提高了效率。PLI是testbench的高层次应用，在这里不再详述，感兴趣的读者可以参考其他文献资料。

3.4.2 仿真结果分析方式

仿真结果最简单的分析方式就是观察输出波形。但这种最基本和直接的方式过程比较烦琐和低效，因为需要从无数信号中筛选出有效的信号并判断其是否正确。这种方式适合小规模系统或模块的仿真分析。

同激励方式可以利用 Verilog HDL 系统函数和系统任务一样，也可以借助适当的系统函数和任务来协查仿真结果。

（1）利用$display可以将需要显示的信息直接输出到终端设备上。例如：

```
$display("Address: %b DataIn: %b",MemAddr,DataIn);
```

仿真完毕，在终端显示上可以直观地观察地址及对应的数据。

（2）利用$fdisplay也可以实现将输出数据写入指定的文件中。例如：

```
//定义一个整数型文件指针
integer File_p;
//打开指定文件
File_p=$fopen("DataOutFile.txt");
//往文件中写入数据
$fdisplay(File_p,"@%h\n%h",MemAddr,DataIn);
//关闭文件
$fclose(File_p);
```

仿真完毕，打开DataOutFile.txt，即可读到地址及对应的数据。

3.5 常用激励信号的一些描述形式

1. 变量初始化

变量初始化的基本原则为：在DUT中完成内部变量的初始化，在testbench中完成DUT接口信号的初始化。

变量的初始化有两种方法：一种是通过 initial 语句块初始化，另一种是在定义时直接初始化。例如：

```
reg a,b;
```

```
initial begin
    a=0;b=0;
end
```

或者在定义变量时直接初始化。例如：

```
reg a=0,b=0;
reg [3:0] qout=4'b0000;
```

2. 时钟的描述方法

1）普通时钟

在设计中常用占空比为 50%的时钟激励信号，要产生这种信号，通常有两种描述方法：一种是用 initial 语句描述，另一种是用 always 语句描述。

initial 语句通常用来对变量进行初始化，要产生周期性的时钟周期，必须与 forever 语句的配合。例如：

```
parameter clk_period=100;    //定义时钟周期常量
reg clk;
initial begin
   clk=0;
   forever #(clk_period/2)  clk=~clk;    //时钟周期为 100ns 的方波信号
end
```

注意：一定要给时钟赋初始值，因为信号的缺省值为高阻态 z，如果不赋初值，则反相后信号还是 z，时钟信号就一直处于高阻状态。

利用 always 语句产生周期性的信号非常方便，但同样需要注意的是必须给时钟赋初始值，因此可利用 initial 语句来产生信号的初值。例如：

```
parameter clk_period=100;
reg clk;
initial clk=0;
always #(clk_period/2) clk=~clk;
```

以上写法产生的时钟波形如图 3.5 所示。

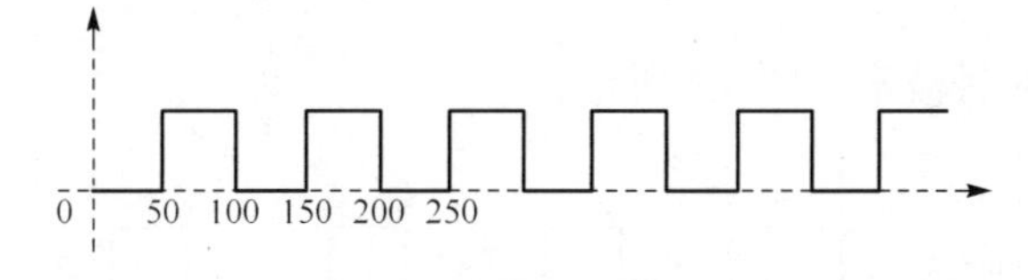

图 3.5　周期性方波时钟

2）自定义占空比的时钟

有时候在设计仿真时需要一些占空比非 50%的时钟信号。假设高电平时间为 High_time，低电平时间为 Low_time，占空比为 High_time/(High_time+Low_time)，那么可以采用以下方式来产生自定义占空比的时钟激励信号：

```
parameter High_time=50,Low_time=100;
reg clk;
always begin
```

```
    clk=1;
    #High_time;
    clk=0;
    #Low_time;
end
```

以上代码产生的时钟波形如图 3.6 所示。

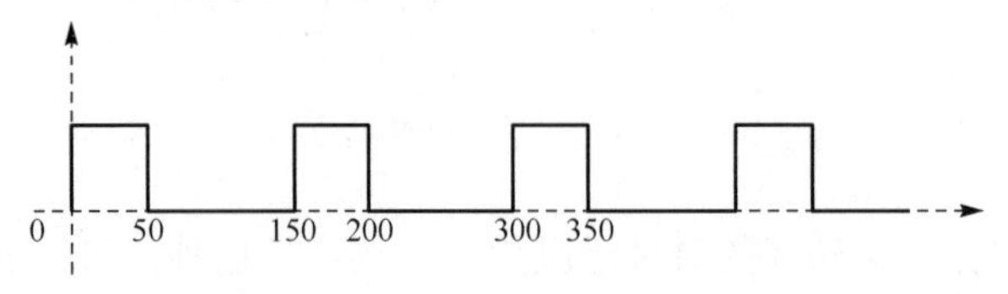

图 3.6 自定义占空比时钟

3）相位偏移的时钟

假设需产生的时钟信号高电平时间为 High_time，低电平时间为 Low_time，相位偏移为 phase_shift。要描述该类信号，可先设计一个具有相同高、低电平时间但无相位偏移的标准时钟信号 absolute_clk，然后利用公式 phase_shift=360×pshift_time/(High_time+Low_time)算出时间偏移 pshift_time，最后将时间信号 absolute_clk 延迟 pshift_time，即可得到相位偏移时钟 phaseshift_clk。具体描述方式如下：

```
parameter High_time=50,Low_time=100,phase_shift =120;
parameter pshift_time=phase_shift*(High_time+Low_time)/360;
reg  absolute_clk;
wire phaseshift_clk;
always begin
    absolute_clk=1;
    #High_time;
    absolute_clk=0;
    #Low_time;
end
assign #pshift_time  phaseshift_clk=absolute_clk;
```

以上代码产生的时钟波形如图 3.7 所示。

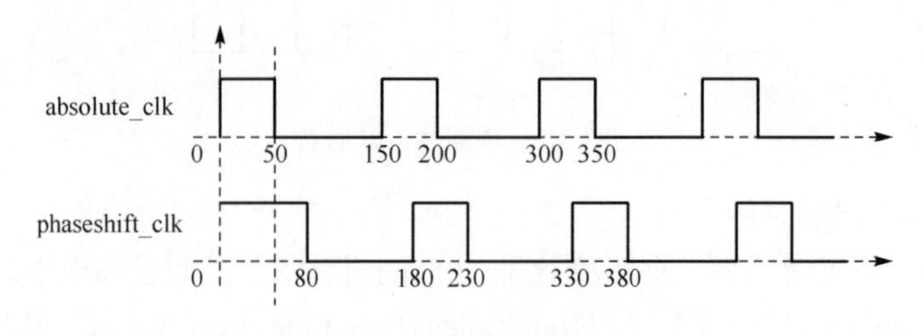

图 3.7 相位偏移时钟

4）固定数目的时钟

若仿真的时钟信号不需要无限循环，只需几个周期即可，则可以采用 repeat 语句来实现：

```
parameter clk_cnt=20, clk_period=100;
reg clk;
initial begin
    clk=0;
    repeat(clk_cnt*2)
        #(clk_period/2) clk=~clk;
end
```

以上代码产生了 20 个周期的时钟信号。

3. 复位信号的描述方法

复位信号是仿真时的一个重要信号。复位信号分为异步复位信号和同步复位信号，两种复位信号的描述方法是不一样的。

1）异步复位信号

异步复位信号因为与时钟信号无关，所以描述方法较为简单，可在 initial 语句块中利用赋值语句完成：

```
parameter rst_period=100;
reg reset_n;
initial begin
    reset_n=0;
    #rst_period;
     reset_n=1;
     #(2*rst_period);
     reset_n=0;
end
```

该复位信号高电平有效，在时间单位 100 时开始复位，持续 200 个时间单位。

2）同步复位信号

描述同步复位信号时，应将时钟信号作为敏感信号。

```
parameter rst_period=100;
reg reset_n;
initial begin
    reset_n=1;
    @(posedge clk)
    reset_n=0;                  //复位信号在 clk 上升沿时低电平有效
    #rst_period;
    reset_n=1;
end
```

3.6 testbench 实例

3.6.1 组合乘法器实例

本例以 booth 补码乘法器为例。该乘法器端口较为简单，只有两个 8 位有符号数输入 a、b，及 16 位有符号数输出 p。

1. testbench 编写思路

在编写 testbench 时应注意，两个 8 位有符号数相乘有 2^{16} 种输入可能，在描述激励信号时不可能穷尽所有的输入情况，因此在产生激励输入时要选择有代表性的输入组合。尤其值得注意的是输入为边界值的情况，这能很好地验证模块设计中有无忽略中间环节乘积溢出的问题。

2. Verilog HDL 代码

假设 booth 乘法器模块端口描述如下：

```
module boothmult_top(input [7:0] a, input [7:0] b, output [15:0] p);
```

testbench 可描述如下：

```
module boothmult_top_tb();
    parameter dely=100;
    //输入信号 a、b，输出信号 p
    reg  [7:0] a,b;
    wire [15:0] p;
    //DUT 实例化
    boothmult_top myboothmult(.a(a),.b(b),.p(p));
    //产生输入激励
    initial  begin
        //两个乘数均为 0 时
        a=8'b0;b=8'b0;
        //两个乘数均为正数
        #(dely*5) a=8'h25;b=8'h46;
        #(dely*5) a=8'h78;b=8'h65;
        //两个乘数一正一负
        #(dely*5) a=8'hf0;b=8'h3f;
        #(dely*5) a=8'h62;b=8'h85;
        //两个乘数均为负数
        #(dely*5) a=8'ha7;b=8'h97;
        #(dely*5) a=8'he6;b=8'hb3;
        //两个乘数为负边界值-128 时
        #(dely*5) a=8'h80;b=8'h80;
        //两个乘数为正边界值+127 时
        #(dely*5) a=8'h7f;b=8'h7f;
        //停止仿真
        #(dely*5) $stop;
    end
endmodule
```

3. 查看仿真结果

仿真波形如图 3.8 所示。图中输入、输出变量均以二进制显示，为了方便阅读可以在变量右键菜单中重新选择数据进制。为了方便判断结果，本例选择 Decimal，即有符号十进制数。最后结果如图 3.9 所示。

/boothmult_top_tb/a	01111111	0000...	00100...	01111...	11110...	01100...	10100...	11100...	10000...	01111...
/boothmult_top_tb/b	01111111	0000...	01000...	01100...	00111...	10000...	10010...	10110...	10000...	01111...
/boothmult_top_tb/p	0011111100000001	0000...	00001...	00101...	11111...	11010...	00100...	00000...	01000...	00111...

图 3.8　仿真波形图

/boothmult_top_tb/a	127	0	37	120	-16	98	-89	-26	-128	127
/boothmult_top_tb/b	127	0	70	101	63	-123	-105	-77	-128	127
/boothmult_top_tb/p	16129	0	2590	12120	-1008	-12054	9345	2002	16384	16129

图 3.9　改变编码进制后的仿真结果

除用波形显示仿真结果的方法之外，还可利用系统函数$monitor 来监测仿真输出。具体方法为，在 testbench 末尾加上以下语句：

```
always @(a or b)
    $monitor("input is %d and %d, output is
            %d",a,b,p)
```

只要输入 a 和 b 一旦有变化，立即会被系统监测到，并将结果显示如图 3.10 所示。

```
# input is   0 and   0, output is     0
# input is  37 and  70, output is  2590
# input is 120 and 101, output is 12120
# input is 240 and  63, output is 64528
# input is  98 and 133, output is 53482
# input is 167 and 151, output is  9345
# input is 230 and 179, output is  2002
# input is 128 and 128, output is 16384
# input is 127 and 127, output is 16129
```

图 3.10　仿真结果终端显示

3.6.2　PS2 键盘接口电路实例

PS2 键盘是常用的输入设备，在许多数字系统中都需要用到它，因此学会 PS2 键盘的设计和仿真是非常有必要的。PS2 键盘接口协议及工作原理将在本书的实验 13 中详细介绍，此处不再赘述。读者也可先暂时跳过此节，在设计实验 13 时再来阅读。

1. 设计的层次结构

设计模块的层次结构如图 3.11 所示。整个设计由两个子模块组成，接口模块 interface 负责接收按键的串行扫描码，并把串行扫描码转换为并行码组；数据处理模块 data_process 则负责把转换后的并行扫描码翻译为对应的 ASCII 码。

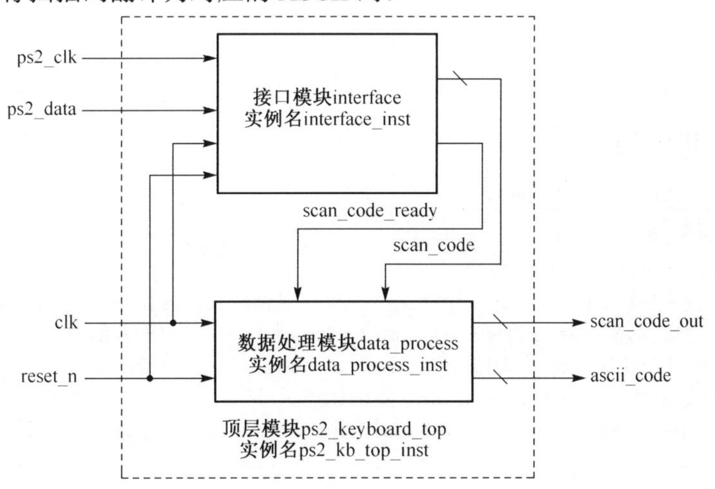

图 3.11　PS2 键盘设计的层次结构图

2. testbench 编写思路

编写 PS2 键盘仿真的 testbench，有两点值得注意。

（1）PS2 键盘的仿真难点在于模拟设备（device）发送的 clock 和 data 信号，即图 3.12 中的 ps2_clk、ps2_data。根据 PS2 接口协议，ps2_data 为 11 位的串行数据帧，在 ps2_clk 的下降沿由主机（host）采样读入，也就是说 ps2_data 必须在 ps2_clk 下降沿到来之前准备好。为了达到这个目的，本例设定 ps2_data 在 ps2_clk 上升沿时更新（当然也有其他方案）。但 ps2_data 的第 1 位数据是个例外，这是因为在键盘发送数据包前必须要先检测 ps2_clk 是否为高电平，即在数据发送之前 ps2_clk 始终应为高电平，不可能出现上升沿。因此，第 1 位 ps2_data 的读入方法与其他 10 位不同：应在读入第 1 位 ps2_data 之后，间隔一定的时间（具体时间可以自行设计）后再产生 ps2_clk 的下降沿。整个数据包发送的时序图如图 3.12 所示。

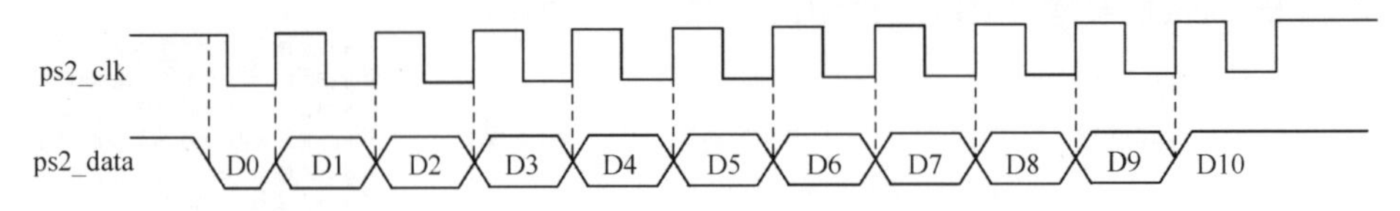

图 3.12　PS2 键盘发送数据包的时序图

（2）关于扫描码的模拟输入。根据 PS2 接口协议，PS2 键盘发送的数据帧格式为 11 位，第 1 位一定是起始位低电平，接着是 8 位按键扫描码（低位在前），还有 1 位奇偶校验位，最后是停止位高电平。例如，按键“A”按下时，键盘发送的数据包就应该是 00011100001，发送顺序是从左到右依次串行发送。从上述描述可知，如果要在 testbench 中模拟 N 个按键分别按下的情况的话，则必须要模拟 $11\times N$ 位扫描码数据。但这些数据并无太多规律，假如采用每描述一个 ps2_clk 之后描述一个 ps2_data 的方法，可想而知 testbench 会有多冗长。

为了使 testbench 简洁，可以将要模拟的多个按键的扫描码以键盘发送数据帧格式存放在一个文本文件 ScanDataInFile.txt 中，然后利用系统函数$readmemb 将其读入。但是，$readmemb 读取文件是一次性将所有数据全部读入，与期望数据串行输入有一定差距。因此，需要在 testbench 中设定一个数组 scan_data_in 暂存全部数据，然后利用一个 for 循环，每到 ps2_clk 上升沿时，便执行一次语句 ps2_data=scan_data_in[i]。通过这种描述方法，大大地简化了 testbench，使其修改更为方便，可读性更好。

此外，还可以利用系统函数$fscanf 实现数据逐个读入，这种方法留给读者自行设计。

3. Verilog HDL 代码

设计模块的 testbench 描述如下：

```
module ps2_keyboard_top_tb;
  parameter dely=100;
  parameter FileLength=11*5;    //定义读取文件的长度，本次测试 5 个按键的扫描码
  reg  clk,reset_n,ps2_clk,ps2_data;        //输入信号
  wire [7:0] scan_code_out,ascii_code;      //输出信号
  //顶层模块 ps2_keyboard_top 实例化
  ps2_keyboard_top ps2_kb_top_inst(.clk (clk),.reset_n(reset_n),
                        .ps2_clk(ps2_clk),.ps2_data(ps2_data),
                        .scan_code_out(scan_code_out),.ascii(ascii_code));
  //产生时钟激励
  initial begin
    clk=1;
    forever #(dely/2) clk=~clk;
  end
```

```
    reg scan_data_in[FileLength];       //定义中间变量，数组大小为文件的长度
    integer i,j;                        //循环用中间变量
    initial begin
      //读取文件，读取的数据全部存放在scan_data_in数组中
      $readmemb("ScanDataInFile.txt", scan_data_in);
      reset_n=1;
      //键盘发送数据前的准备状态必须确认ps2_clk和ps2_data均为高电平
      ps2_data=1;
      ps2_clk=1;
      #(dely*20) reset_n=0;             //清零
      #(dely*2) reset_n=1;              //停止清零
      i=0;                              //读取scan_data_in数组的顺序
      j=0;                              //读取按键扫描码的个数
      //有几个按键的扫描码就循环几次
      for(j=0;j<(FileLength)/11;j=j+1)
      begin
        //必须在ps2_clk下降沿之前读取扫描码中的第1位起始位
        ps2_data=scan_data_in[i];       //读取扫描码的第1位
        #(dely*2) ps2_clk=0;            //延迟2个dely后产生ps2_clk下降沿
        //产生11个ps2_clk
        repeat(11*2)
        begin
          #(dely*8) ps2_clk=~ps2_clk;
          /*在每个ps2_clk上升沿的时候读入ps2_data，以确保在ps2_clk
            下降沿时ps2_data已更新*/
          if(ps2_clk==1) begin
            i=i+1;
            //将scan_data_in数组里的扫描码依次传递给ps2_data
            ps2_data=scan_data_in[i];
          end
        end
        //接收一个扫描码后显示输出结果
        $display("scan_code_out is %h,ascii_code is %h",
                 scan_code_out,ascii_code);
        /*接收完一个扫描码后，停止发送ps2_clk,同时将ps2_clk和ps2_data都
          设置为高电平，以准备接收下一个扫描码*/
        ps2_data=1;
        #(dely*24);
      end
      $stop;      //停止仿真
    end
  endmodule
```

4. 查看仿真结果

仿真时可随意模拟多个按键分别按下的情况，只需要修改文本文件ScanDataInFile.txt的内容即可。当文本文件中的内容设置为按键“a”、“b”、“c”、“d”、“e”的扫描码时，仿真得到的结果如图3.13所示。查看各个按键对应的扫描码和ASCII码，可验证设计结果的正确性。

```
# scan_code_out is 1c,ascii_code is 61,
# scan_code_out is 32,ascii_code is 62,
# scan_code_out is 21,ascii_code is 63,
# scan_code_out is 23,ascii_code is 64,
# scan_code_out is 24,ascii_code is 65,
```

图3.13　仿真结果终端显示

3.6.3 SVGA 显示接口电路实例

SVGA 显示器是数字系统中常用的输出设备，掌握 SVGA 接口电路的设计和仿真方法是非常重要的。SVGA 的扫描原理在本书的实验 12 中详细介绍，读者也可在设计实验 12 时再阅读以下内容。

本例实现的 SVGA 显示电路以 800×600@75Hz 格式显示，并有一个显示方式控制开关 display_mode。当 display_mode=0 时，屏幕显示从左至右依次为白、黄、青、绿、紫、红、蓝、黑的彩条信号；当 display_mode=1 时，屏幕显示大小为 64×64 像素的黑白相间方格信号。

1. 设计的层次结构

设计模块的层次结构如图 3.14 所示。需要说明的是，EndLine、EndFrame、x_pos 和 y_pos 只是控制模块中的变量，分别表示行扫描结束、帧扫描结束、屏幕显示 x 坐标及 y 坐标。这些信号并未引出作为输出信号，但这些信号在 testbench 中有着重要的作用，为了强调它们，特意在层次框图中标注出来。

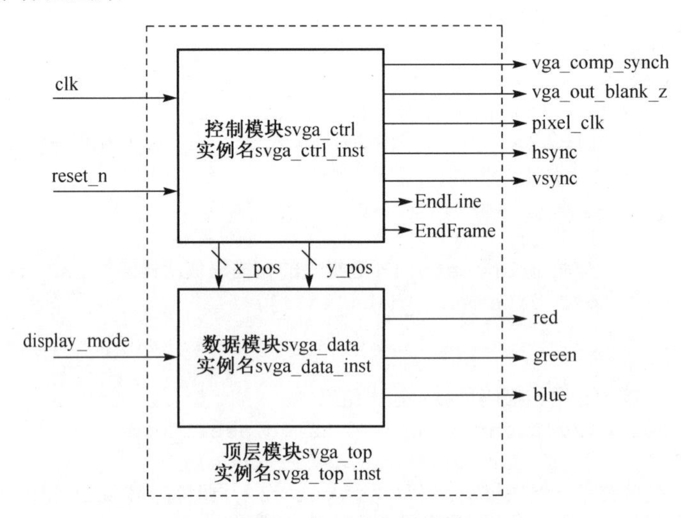

图 3.14 SVGA 设计的层次结构图

2. testbench 编写思路

该设计的 testbench 有三点值得注意的地方。

（1）变量在 testbench 中的引用方法。例如，svga_tb.svga_top_inst.svga_ctrl_inst.EndLine 表示的是测试模块 svga_tb 实现的顶层模块实例 svga_top 中的控制模块实例 svga_ctrl_inst 中的变量 EndLine，其他表示方法依此类推。

（2）在仿真结果的输出方式上，选择以文件形式输出。将三基色分量 R、G、B 依次写入文件 rgb.rgb24 中，仿真完毕后可以用 RGB 播放器查看仿真结果。这种方法比波形图直观方便，但是一旦仿真结果不对，原设计有错时，还是应该通过波形图来查找错误。

（3）本例中利用系统函数$fwrite 将 R、G、B 值写入文件，并将该过程封装为一个任务 WRITE_BYTE，在写文件时直接调用该任务即可。

3. Verilog HDL 代码

设计模块的 testbench 描述如下：

```
module svga_tb();
  reg   clk;                          //输入信号 100MHz 时钟
  reg   reset_n;                      //复位信号，低电平有效
  reg   display_mode;                 //显示方式控制开关
  wire  pixel_clk;                    //扫描时钟，50MHz
  wire  hsync;                        //行同步信号
  wire  vsync;                        //帧同步信号
  wire  vga_comp_synch;               //SVGA 同步信号
  wire  vga_out_blank_z;              //SVGA 消隐信号，低电平有效
  wire [7:0] red,green,blue;          //三基色变量
  //产生时钟激励
  initial begin
    clk=0;
    forever #5 clk=~clk;
    display_mode=1;                   //显示方式设置为黑白格显示
  end
  //产生复位信号
  initial begin
    reset_n=0;
    repeat(3) @(posedge pixel_clk);
    reset_n=1;
  end
  //顶层模块 svga_top 实例化
  svga_top svga_top_inst(.clk(clk),.reset_n(reset_n),
    .display_mode(display_mode),.pixel_clk(pixel_clk),
    .hsync(hsync),.vsync(vsync),.vga_comp_synch(vga_comp_synch),
    .vga_out_blank_z(vga_out_blank_z),
    .red(red),.blue (blue),.green (green));
  integer frame_num;                  //定义帧数变量
  integer file_rgb;                   //RGB 文件指针
  initial begin
    frame_num=0;
    file_rgb=$fopen("rgb.rgb24","wb");//三基色变量将写入 rgb.rgb24 文件中
    while(1) begin
      @(posedge pixel_clk);
      //在显示区域（即消隐无效时）将三基色变量分别写入 RGB 文件中
      if(vga_out_blank_z==1)
      begin
        WRITE_BYTE(blue,file_rgb);
        WRITE_BYTE(green,file_rgb);
        WRITE_BYTE(red,file_rgb);
      end
      //判断行扫描是否结束
      if(svga_tb.svga_top_inst.svga_ctrl_inst.EndLine==1)
      begin
        //监测 SVGA 扫描过程，每扫描一行显示其行数
```

```
                $display("Line %d",
                        svga_tb.svga_top_inst.svga_ctrl_inst.y_pos);
                //当帧扫描完成时，帧数加一，同时改变显示方式
                if(svga_tb.svga_top_inst.svga_ctrl_inst.EndFrame==1)
                begin
                  frame_num=frame_num+1;
                  display_mode=~display_mode;    //在两种显示模式之间切换
                end
              end
              //完成两帧扫描后，关闭RGB文件，并停止仿真
              //两帧图像分别是彩条信号和黑白格信号
              if((frame_num==2)&&
                 (svga_tb.svga_top_inst.svga_ctrl_inst.EndFrame==1))
              begin
                $fclose(file_rgb);
                $stop;
              end
            end
          end
          //自定义的写文件任务
          task WRITE_BYTE;
            input [7:0] data;
            input integer file_ptr;
            /*由于blue、green、red均为8位二进制数据，所以也应按二进制格式写入文件。
              且不用换行，故可用系统函数$fwriteb实现将数据写入文件*/
            $fwriteb(file_ptr,"%s",data);
          endtask
        endmodule
```

4. 查看仿真结果

仿真完毕后，在该设计模块的工程文件夹中增加了一个新文件rgb.rgb24。用RGB播放器播放该文件，仿真结果如图3.15所示，由此说明设计正确无误。

图3.15 仿真结果显示

3.7 小结

testbench 编写是 ModelSim 仿真的重要环节，掌握良好的 testbench 编写技术对于ModelSim 仿真有事半功倍的效果。本章围绕着 testbench 的编写，依次介绍了 testbench 的重要性、testbench 的基本结构形式、有助于仿真的 Verilog HDL 常用系统任务和函数，testbench

的激励方式和响应方式、常用激励信号的描述方法，最后通过三个实用且重要的数字系统设计实例详细解释了testbench的编写的思路及相关技巧。

testbench编写水平的提高依赖于多写多练。对于常用的Verilog HDL测试代码，如时钟激励、CPU读写寄存器、SVGA显示等应用，已经形成了程式化的标准写法，初学者应当大量阅读这些优秀的测试代码，积累程式化的描述方法，提高testbench的编写能力。

本章所介绍的内容均为testbench的基础知识，关于testbench更高层次的应用和技巧，读者可参阅其他文献资料。

思考题3

3.1　testbench与被仿真Verilog HDL模块有何不同之处？

3.2　在testbench中怎样调用被仿真文件的非端口信号？

3.3　编写一个2位二进制数比较器的Verilog HDL代码，并对其进行测试。

3.4　编写一个测试程序，对带同步清零的D触发器的逻辑功能进行验证。

3.5　若要仿真某计数器，需要图3.16所示的输入激励，用testbench描述图中的输入激励的波形，图中的时钟频率为100MHz。

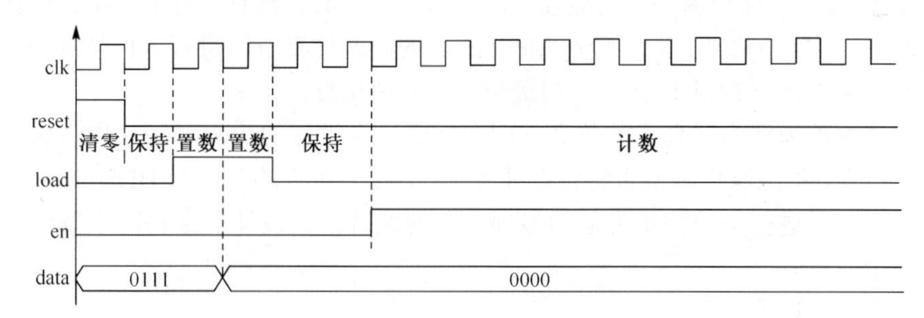

图3.16　计数器输入波形图

第4章 数字系统实验平台的使用

本章通过 6 个实验使读者熟悉本书使用的软、硬件实验开发平台和数字系统开发流程。本章的重点首先是学习 ModelSim、ISE、ChipScope Pro 软件和 XUP Virtex-II Pro 开发系统的使用方法，其次是学习仿真技巧和调试技术。

另外，读者还可通过本章提供的实验代码体会数字系统的层次化设计风格，通过每个实验后面的相关练习掌握数字系统基本单元（如译码器、编码器、数据选择器、寄存器和计数器等）的 Verilog HDL 描述方法。

实验 1　ModelSim 仿真软件的使用

一、概述

ModelSim 是一种简单易用、功能强大的逻辑仿真工具，具有广泛的应用。仿真分为功能仿真、门级仿真、时序仿真。本实验对 ModelSim 的功能仿真方法进行入门性的介绍，并在实验 5 和实验 6 分别介绍 IP 内核仿真、门级仿真和时序仿真。

功能仿真也称为行为仿真或前仿真，即在完成一个设计的代码编写工作之后，可以直接对代码进行仿真，检测源代码是否符合功能要求。这时，仿真的对象为 HDL 代码，比较直观，速度比较快，可以进行与软件相类似的多种手段的调试。在设计的最初阶段发现问题，可以节省大量的精力。

功能仿真需要以下文件。

（1）HDL 源代码：可以是 VHDL 语言或 Verilog HDL 语言。

（2）测试激励代码（testbench）：根据要求设计输入、输出的激励程序，由于不需要进行综合，书写具有很大的灵活性。

（3）仿真模型/库：根据设计内容调用的器件供应商提供的模块，如 FIFO、ROM、RAM 等。

二、实验设备

装有 ISE 软件和 ModelSim SE 软件的计算机。

三、设计代码

1. 设计要求

设计一个 8 位累加器，用于对输入 8 位数据进行累加。

2. Verilog HDL 代码

根据设计要求，8 位累加器可由两个模块组成，一个为 8 位加法器模块，另外一个为 8 位寄存器模块，图 4.1 所示为累加器的顶层电路连接图。加法器负责对不断输入的数据进行累加，寄存器负责暂存累加和，并把累加结果反馈到累加器输入端，以进行下一次累加。

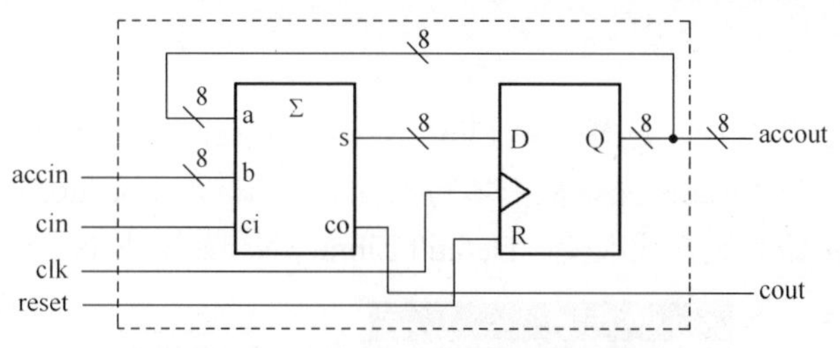

图 4.1　累加器的顶层电路连接图

累加器的顶层模块、各子模块及累加器测试文件存在光盘的 lab1\acc 文件夹中，模块文件说明如下。

（1）full_adder.v：由全加器扩展成的 N 位加法器，参数 N 为加法器的位数。

（2）dffr.v：带同步清零的 D 型寄存器，清零输入高电平有效，参数 N 为寄存器的位数。

（3）acc.v：累加器的顶层模块。

（4）acc_tb.v：累加器的测试代码（testbench）。

四、实验步骤

ModelSim 运行方式有以下 4 种。

（1）用户图形界面模式。

（2）交互式命令行模式，不显示 ModelSim 的可视化界面，仅通过命令控制台输入的命令完成所有工作。

（3）Tcl 和宏模式，编写可执行文件（扩展名为 do）或者 Tcl 语法文件。

（4）批处理模式。所有操作都在后台进行，用户看不到 ModelSim 的界面，也不需要交互式输入命令。当工程很大，文件比较多时，用批处理比较方便。直接运行批处理文件，在后台调用 ModelSim，执行 ModelSim 的脚本文件*.do，完成操作。

由于本实验为入门性介绍，且受篇幅限制，因此只介绍用户图形界面模式的仿真步骤。

1. 复制文件

将光盘中的 lab1\acc 文件夹复制到硬盘中，本例为复制到 E 盘。

2. 启动 ModelSim

启动后进入 ModelSim 的主窗口，主要由工作区、命令窗口、信息显示区、菜单栏和工具栏等几部分组成，如图 4.2 所示。

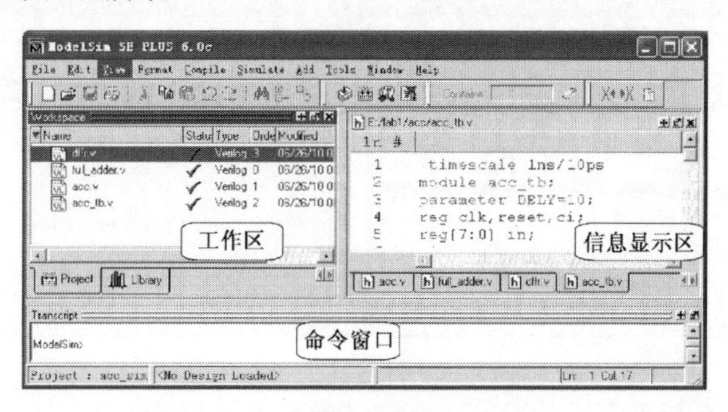

图 4.2　ModelSim 的主窗口

3. 建立工程

在 ModelSim 的主窗口中，选择菜单 File⇨New⇨Project 命令；弹出如图 4.3 所示的 Create Project 对话框，在 Project Name 文本框中填写工程名。Project Location 文本框是工程文件夹路径，可通过 Browse 按钮来选择或改变。Default Library Name 文本框中一般采用默认的 work。

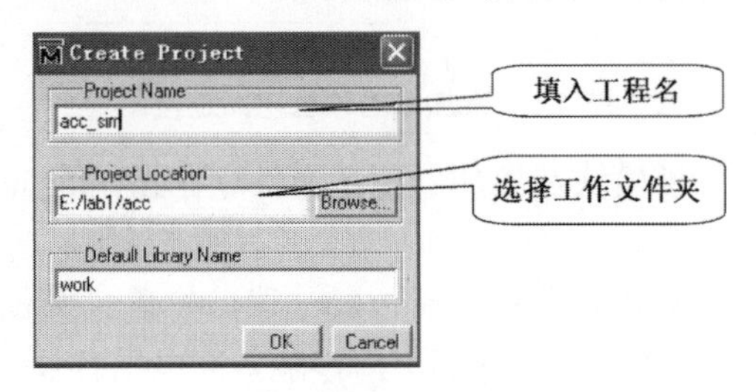

图 4.3 Create Project 的对话框

注意：工程名、文件夹的路径名称和文件夹名称不能使用汉字。

4. 给工程加入文件

单击 Create Project 对话框中的 OK 按钮后，ModelSim 自动弹出 Add items to the Project 对话框，如图 4.4 所示。选择 Add Exsiting File 后，弹出图 4.5 所示的 Add file to Project 对话框，根据相应提示将文件加到该 Project 中。本例需要加入 full_adder.v、dffr.v、acc.v 和 acc_tb. v 4 个文件。注意，每次可加入多个文件。

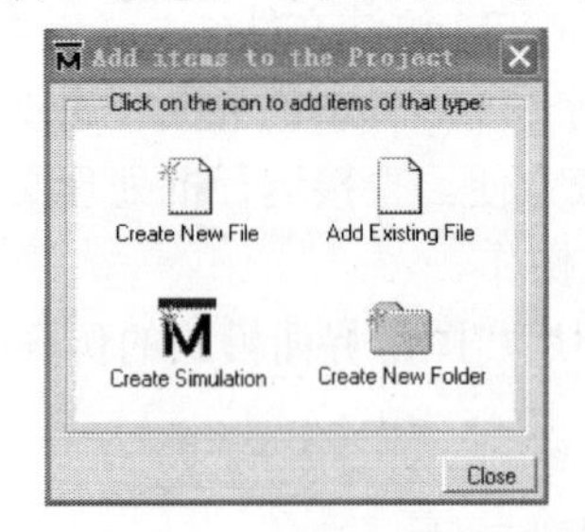

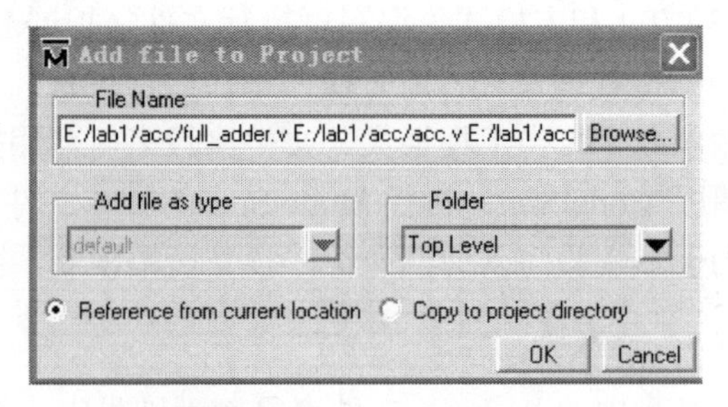

图 4.4 Add Items to the Project 窗口

图 4.5 添加文件对话框

添加文件后的主界面如图 4.6 所示，工作区中文件的状态“？”表示未编译或修改后未编译；“√”表示编译通过；而“×”表示有错，编译未通过。

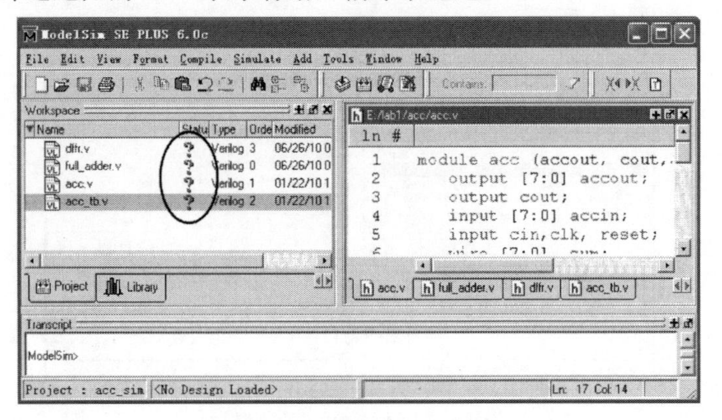

图 4.6 添加文件后的主界面

5. 编译

右击需编译的文件名，在弹出的快捷菜单中单击 Compile⇨Compile All 命令来完成，如图 4.7 所示。Status 栏中出现“√”，表示编译成功。如出错，则应在文本编辑器中修改源文件，保存并重新编译，直到通过为止。

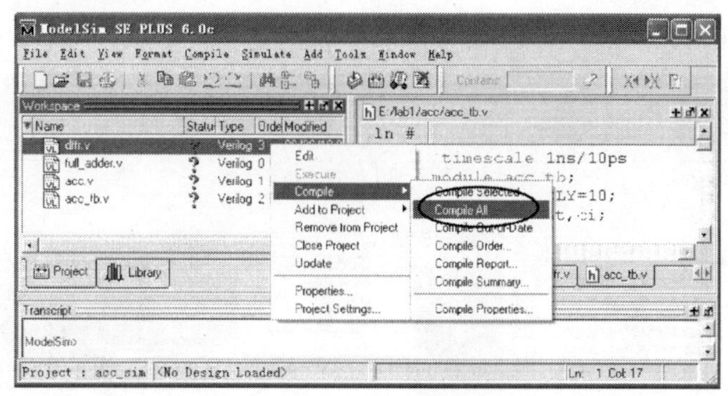

图 4.7　编译

6. 装载文件

如图 4.8 所示，单击工作区中 Library 选项卡，把 Library 切换到 work 库，work 库为当前的工作库。右击测试文件 acc_tb，在快捷菜单中选择 Simulate 命令。当工作区出现 sim 选项卡时，如图 4.9 所示，表示仿真模块装载成功。

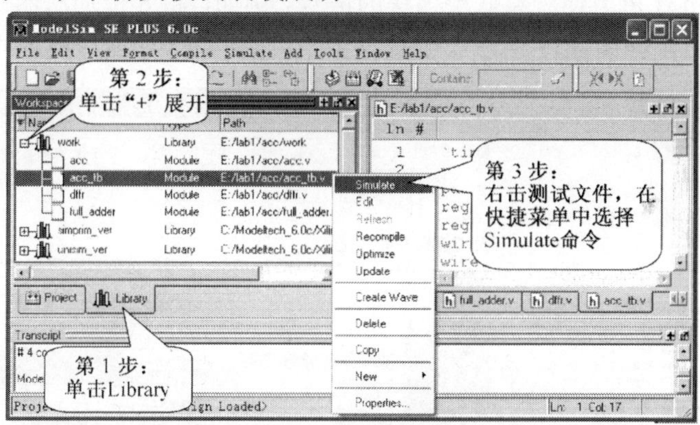

图 4.8　装载文件

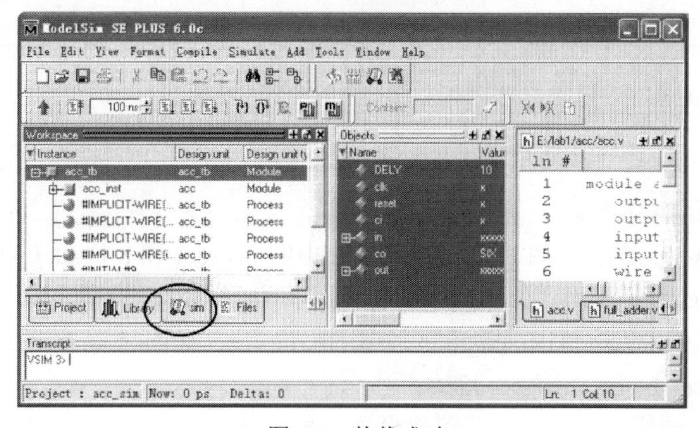

图 4.9　装载成功

7. 仿真设置

选择菜单 View⇨Debug Windows⇨Wave 命令打开 wave（波形）仿真窗口。如图 4.10 所示，在 Workspace 窗口中选中 testbench 文件 acc_tb，则在 Objects 窗口显示选中的 acc_tb 模块中的信号。可在 Objects 窗口内选定要观察的信号，通过鼠标左键拖放到 wave 窗口，也可右击 Objects 窗口，通过快捷菜单将所有信号加入 wave 窗口。

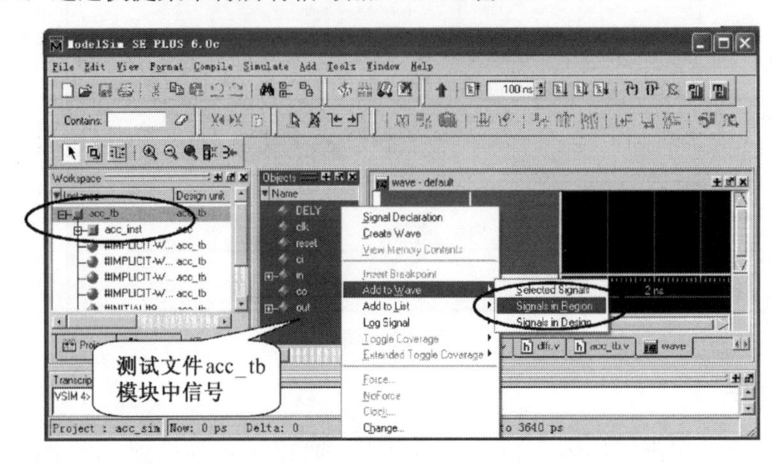

图 4.10　加入测试信号

利用 ModelSim 还可方便观察底层模块的信号。例如，将 8 位加法器 accadd8 模块的端口信号加入 wave 窗口，如图 4.11 所示。仿真设置结束后的 wave 窗口如图 4.12 所示。

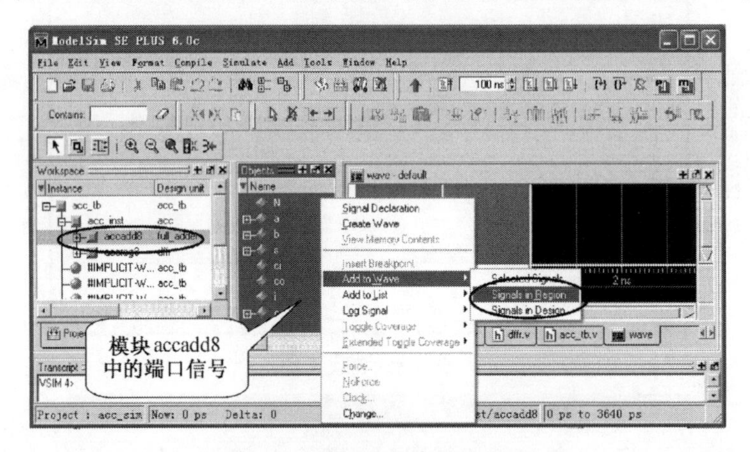

图 4.11　加入底层模块的信号

8. 仿真

1）设置信号的编码方式

为了增加仿真结果的可读性，可将测试模块中的 in、out 和 8 位加法器的 a、b、s 信号采用无符号数（unsigned）编码。方法如下：

（1）按住 Ctrl 键，依次单击/acc_tb/in、/acc_tb/out、/acc_tb/acc_inst/accadd8/a、/acc_tb/acc_inst/accadd8/b、/acc_tb/acc_inst/accadd8/s；

（2）右击选中的信号，通过快捷菜单设置信号的编码方式，如图 4.13 所示。

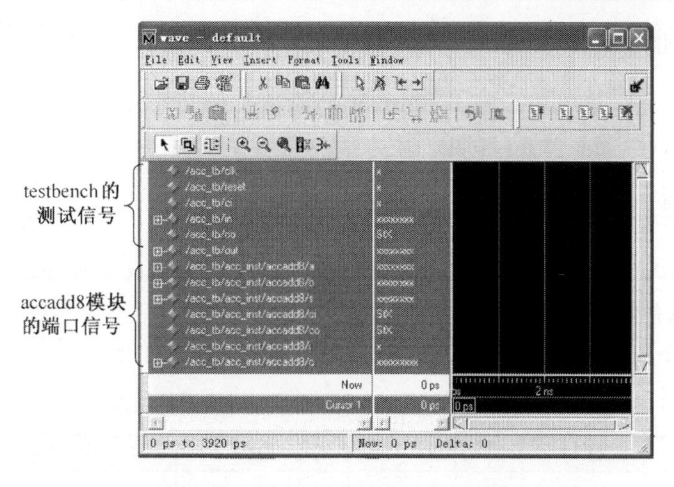

图 4.12　仿真设置结束后 wave 窗口

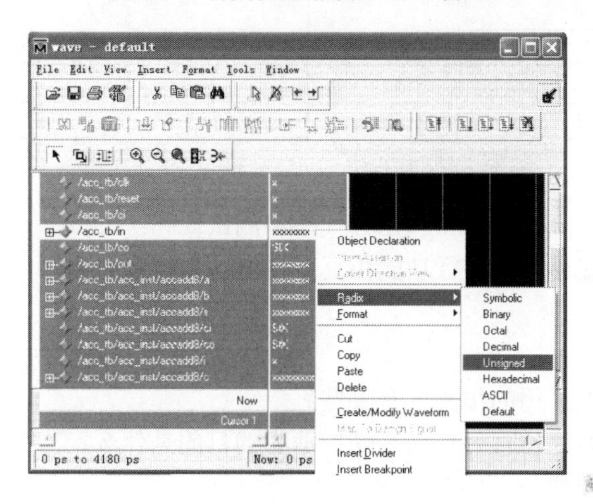

图 4.13　设置信号的编码方式

2）执行仿真

选择菜单 Simulate⇨Run⇨Run-ALL 命令，得到图 4.14 所示的仿真结果。

如需再次仿真（如修改代码后），则先要选择菜单 Simulate⇨Run⇨Restart 命令复位，然后再选择菜单 Simulate⇨Run⇨Run-ALL 命令。

3）仿真结果分析

根据仿真结果分析设计是否符合要求。如有错误，则根据仿真结果，找出设计错误。如有必要，可加入其他层次的子模块的信号重新仿真，便于找出设计错误。

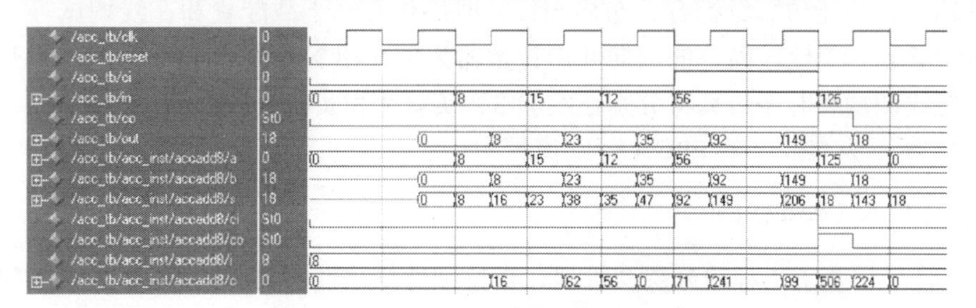

图 4.14　仿真结果

9. 保存波形信号

在 wave 窗口，运行菜单 File⇨Save format，保存成*.do 文件。以后需要调入时，在 ModelSim 主窗口命令行内执行：do　*.do 即可。

五、实验练习题

（1）光盘 lab1\acc_error 文件夹中的 full_adder.v、dffr.v、acc.v 和 acc_tb. v 有几处错误，用 ModelSim 仿真并修改错误。

（2）设计一个六十进制 BCD 码可逆计数器，功能如表 4.1 所示。

表 4.1　六十进制 BCD 码可逆计数器的功能

<table>
<tr><th>CLRN</th><th>LDN</th><th>U/D</th><th>EN</th><th>CP</th><th>功能</th></tr>
<tr><td>0</td><td>×</td><td>×</td><td>×</td><td>×</td><td>异步清零</td></tr>
<tr><td>1</td><td>0</td><td>×</td><td>×</td><td rowspan="3">↑</td><td>同步置数</td></tr>
<tr><td rowspan="2">1</td><td rowspan="2">1</td><td>0</td><td rowspan="2">1</td><td>加法计数</td></tr>
<tr><td>1</td><td>减法计数</td></tr>
<tr><td>1</td><td>1</td><td>×</td><td>0</td><td>×</td><td>保持</td></tr>
</table>

要求：

① 编写实现上述功能的 Verilog HDL 代码和测试代码；

② 用 ModelSim 编译，并进行功能仿真，画出仿真波形图。

六、思考题

（1）什么是仿真？常用的仿真器有哪些？

（2）功能仿真与时序仿真有什么区别？两者的目的是什么？

（3）功能仿真需要哪些文件？

（4）ModelSim 中的各个窗口的作用是什么？除了波形窗口外，其他窗口对程序的调试有什么帮助？

（5）如何在 ModelSim 中查看被仿真文件的非端口信号?

实验 2　ISE 软件的使用

一、概述

ISE 是使用 Xilinx 的 FPGA 的必备设计工具，ISE 可完成 Xilinx 的 FPGA 开发的全部过程，包括设计输入、功能仿真、综合、布局布线、时序仿真、下载配置和在线调试等，功能非常强大。本实验以一个比较简单的双向环形计数器为例介绍 Xilinx 的 FPGA 的基本开发设计流程，其中在线调试和时序仿真将分别在实验 3、实验 4 和实验 6 中介绍。

图 4.15 所示为 Xilinx 的 FPGA 开发流程图。

1. 设计输入（design entry）

ISE 软件采用基于工程的分层次管理，支持硬件描述性语言（HDL）、逻辑图和状态图的混合输入方式。

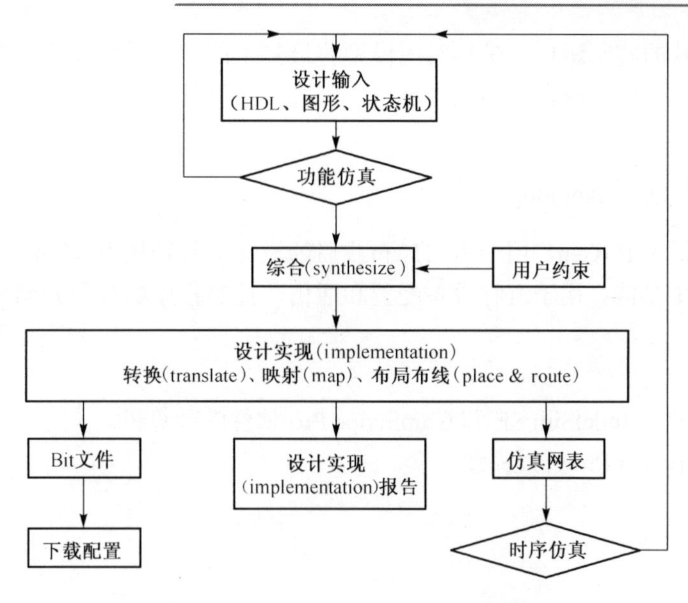

图 4.15　Xilinx 的 FPGA 开发流程图

2. 功能仿真（behavioral simulation）

功能仿真的主要目的是验证设计文件的逻辑功能是否正确，即在理想状态下（不考虑延迟），验证电路的功能是否符合设计的要求。

注意：选择仿真工具，常见的有两种方式：一是以波形为激励，使用 Xilinx ISE 内部自带的 HDL Bencher 仿真器进行仿真，这种方法方便直观但只适用于小型设计；另一种方法以 testbench 为激励，使用 ModelTech 公司的 ModelSim 专业软件进行仿真，这种方法符合设计标准，大型设计都采用该方法进行仿真，并且 ISE 提供了 ModelSim 仿真的接口。因此，要养成写 testbench 的习惯。

3. 用户约束（user constraints）

在进行高速数字电路设计时，设计者经常需要对时序、I/O 引脚位置和区域等附加约束，以便控制综合、实现过程，使设计满足运行速度、面积和引脚位置等方面的要求。这些约束条件存放在用户约束文件（.UCF 文件）中，可随时编辑修改。

4. 综合（synthesize）

综合是使用 HDL 设计的重要环节，是将 HDL 描述转换为用基本门电路、RTL 和厂家提供的基本单元进行描述的过程。

5. 设计实现（implementation）

ISE 的实现功能包括了转换（translate）、映射（map）、布局布线（place & route）。

- translate: 将门级网表转换成以 Xilinx 对应器件的内部单元为单位的网表。
- map: 将网表映射到 FPGA 器件中。
- place & route: 布局布线。

6. 时序仿真（timing simulation）

时序仿真是在将设计适配到 FPGA 芯片后的仿真验证方式。时序仿真在严格的仿真时间模型下，模拟芯片的实际运作。仿真时间模型将最基本的门级时延计算在内，从而可有效地分析出设计中的竞争和冒险。在多数情况下，经过时序仿真验证后的设计基本上与实际电路是一致的。

7. 下载配置（programming）

下载功能包括了 BitGen，用于将布局布线后的设计文件转换为比特流（bitstream）文件。还包括了 iMPACT 功能，用于进行设备配置和通信，控制程序烧写到 FPGA 芯片中。

二、实验设备

（1）装有 ISE、ModelSim SE 和 ChipScope Pro 软件的计算机。
（2）XUP Virtex-II Pro 开发系统一套。

三、设计代码

1. 设计要求

设计一个四位双向环形计数器。①当 direction=0 时，右移；当 direction=1 时，左移。②计数频率为 2Hz（系统时钟为 100MHz）。③环形计数器的状态用实验开发系统上的 4 个 LED 灯指示。

2. Verilog HDL 代码

四位双向环形计数器的原理框图如图 4.16 所示，分频器 I、II 的分频比分别为 128 和 390625，两级分频器级联成 5×10^7 分频器。当 slow_cnt=1 时，环形计数器前插入 5×10^7 分频器，计数频率为 2Hz，实验板上可观察到四个指示灯轮流点亮。但由于插入分频器后，仿真时间很长，故在进行仿真环节时，置入 slow_cnt=0 语句，即不插入分频器。

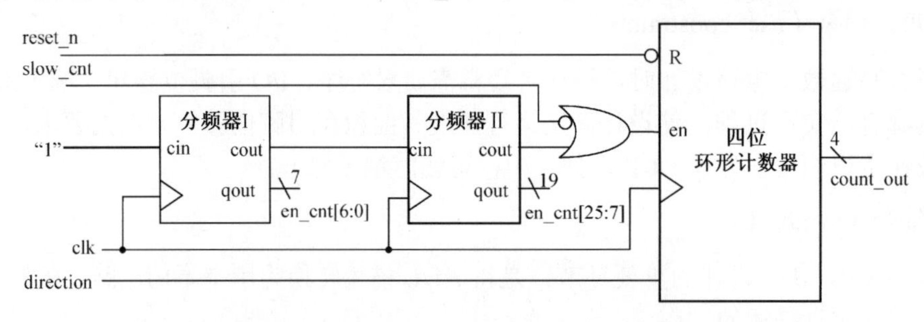

图 4.16　四位双向环形计数器的原理框图

双向环形计数器的顶层模块、子模块和测试文件存放在光盘的 lab2\counter 文件夹中，模块文件说明如下。

（1）div_n.v：分频器模块。分频器实质上就是计数器，cin 为计数使能，cout 为进位，qout 为计数器状态。有两个参数：参数 n 为分频比，参数 counter_bits 为实现 n 分频所需的计数器状态数。

（2）counter.v：双向环形计数器的顶层模块。

（3）counter_tb.v：测试代码。

四、实验步骤

1. 复制文件

将光盘中的 lab2\counter 文件夹复制到硬盘上，本例复制到 E 盘。

2. 启动 Xilinx ISE 系统软件

在默认条件下，ISE 软件启动后的界面如图 4.17 所示，主要由菜单栏、工具栏、源文件管理窗口、源文件处理窗口、信息显示窗口等组成。

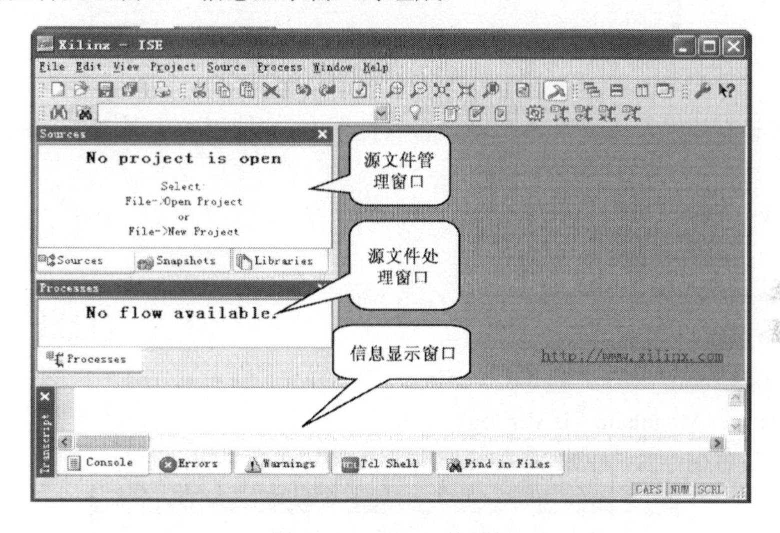

图 4.17　ISE 9.2i 的界面

3. 建立工程文件

（1）选择菜单 File⇨New Project 命令，打开新建工程向导，如图 4.18 所示。

（2）对 Project 命名，在 Project Name 文本框中填写工程名；在 Project Location 选择工程存储路径；并在 Top-Level Source Type 下拉列表框中选择 HDL 选项。单击 Next 按钮进入设备属性页，如图 4.19 所示。

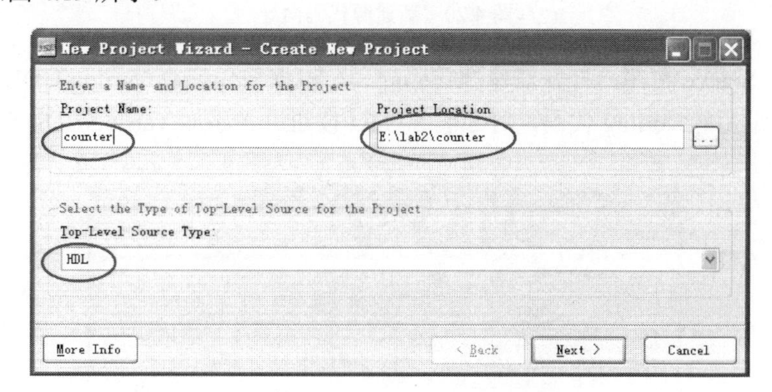

图 4.18　新建工程向导

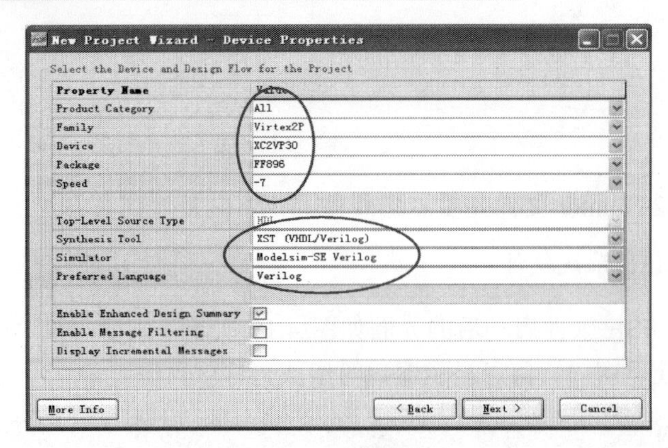

图 4.19　设备属性页

（3）设置设备属性。在图 4.19 所示设备属性页中，根据实验平台选择 FPGA 类型、综合工具和仿真工具。

- Family：Virtex2P。
- Device：XC2VP30。
- Package：FF896。
- Speed Grade：–7。
- Synthesis Tool：XST（VHDL/Verilog）。
- Simulator：Modelsim-SE Verilog。

（4）填写设备属性后，单击 Next 按钮进入新建 Verilog HDL 源代码页面，如图 4.20 所示。

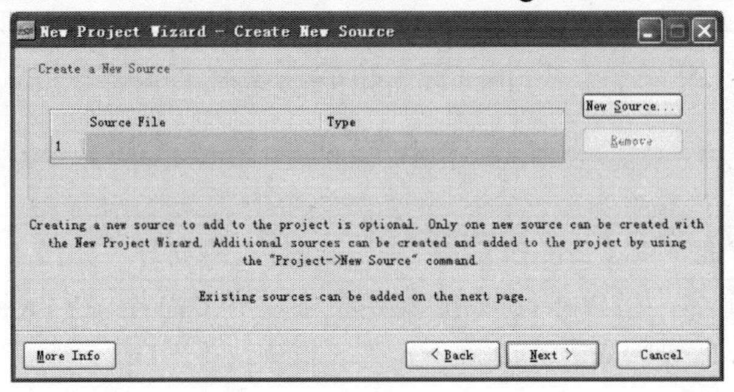

图 4.20　新建源代码向导

单击 New Source 按钮，打开新建源代码向导，根据向导编写 Verilog HDL 代码。如已在其他编辑器上编写好 Verilog 代码，则可单击 Next 按钮进入添加 Verilog HDL 源代码页面，如图 4.21 所示。

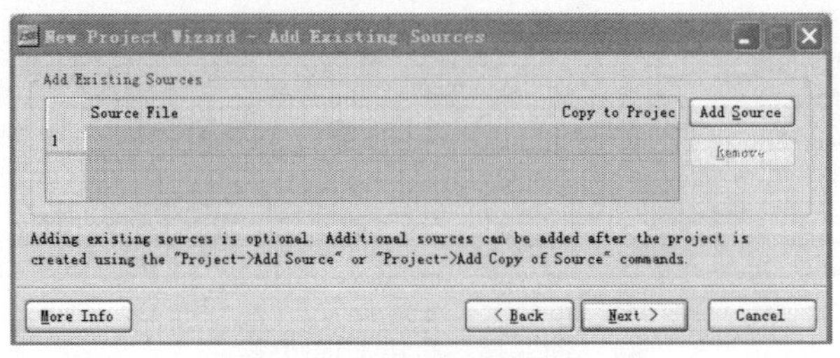

图 4.21　添加源代码向导

（5）添加 Verilog HDL 源代码。在图 4.21 所示向导中，单击 Add Source 按钮，根据向导添加已编写好的 Verilog HDL 源代码，本实验应添加 counter.v、div_n.v 和 counter_tb.v 三个文件。添加文件完成后将出现图 4.22 所示的工程属性界面，单击 Finish 按钮，再单击图 4.23 中的 OK 按钮，即可完成新建工程这一步骤。完成后的 ISE 界面如图 4.24 所示。

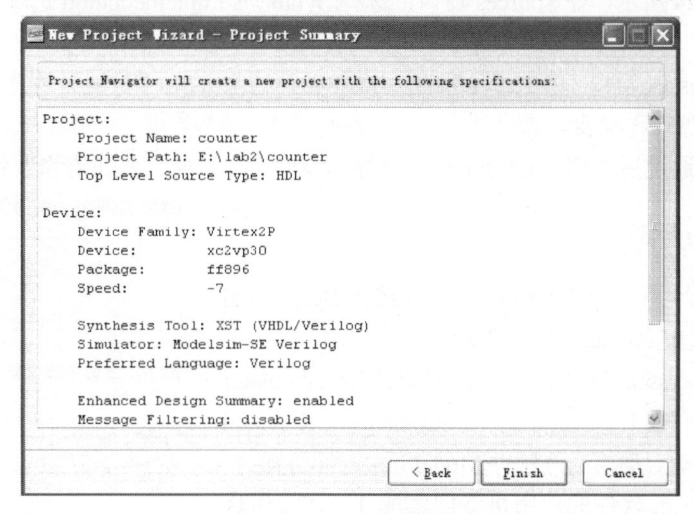

图 4.22　工程属性界面

Adding Source Files...

The following allows you to see the status of the source files being added to the project, and allows you to specify the Design View association for sources which are successfully added to the project.

Design Unit	Association
div_n.v	
div_n	Synthesis/Imp + Simulation
counter.v	
counter	Synthesis/Imp + Simulation
counter_tb.v	
counter_tb	Simulation Only

OK　Cancel　Help

图 4.23　源代码的文件属性

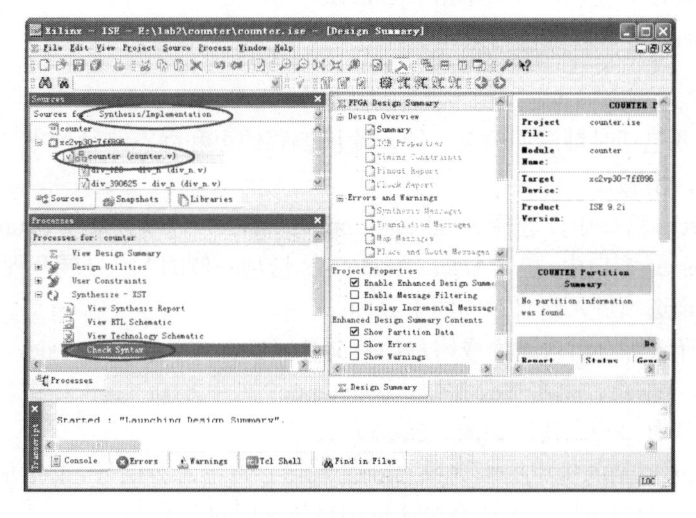

图 4.24　建立工程后的 ISE 界面

4. 源代码语法检查

新建或添加源代码后，在进行其他操作之前需要对设计的源代码进行语法检查，确保没有语法错误。语法检查步骤如下。

（1）如图 4.24 所示，在 Sources 窗口，选择 Synthesis/Implementation 选项，并选中 counter.v 源文件。

（2）在 Processes 窗口，单击 Synthesize-XST 选项左侧的“+”号展开程序组，并双击 Check Syntax，即进行源代码检查。

若语法检查通过后，Check Syntax 左侧显示绿色“√”号，否则需修改错误。

5. 电路行为仿真

（1）在图 4.25 所示的 Sources 窗口中，选择 Behavioral Simulation，并选中 counter_tb.v 源文件。

（2）在 Processes 窗口中，单击 ModelSim Simulator 选项左侧的“+”号展开程序组，双击 Simulation Behavioral Model，ISE 将自动启动第三方软件 ModelSim 进行仿真。

（3）ModelSim 软件的使用可参照实验 1，行为仿真结果如图 4.26 所示。

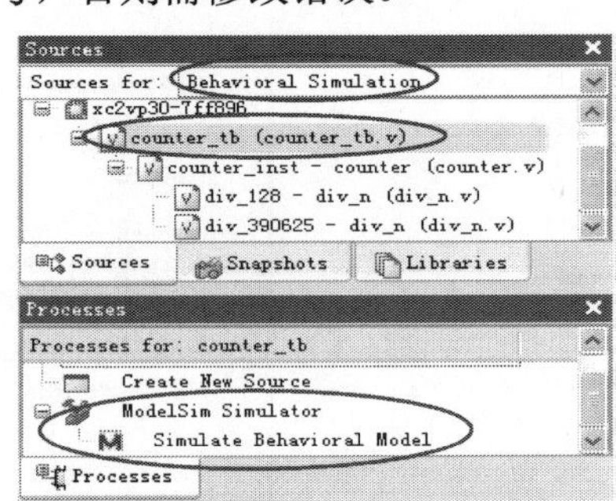

图 4.25　启动 ModelSim 仿真

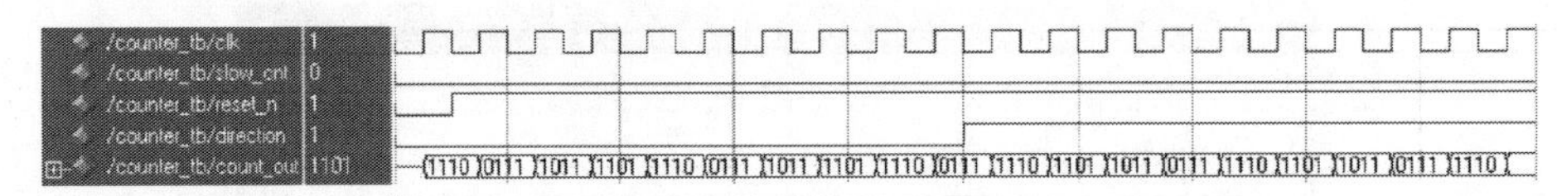

图 4.26　行为仿真结果

6. 电路代码综合

（1）在 Sources 窗口中，选择 Synthesis/Implementation 选项，并选中 counter.v 源文件。

（2）在 Processes 窗口中，双击 Synthesize-XST 选项进行综合。

（3）如果设计没有错误，那么单击 Synthesize-XST 选项左侧的“+”号展开程序组，双击 View RTL Schematic 可查看综合结果。

7. 时序约束

时序约束主要包括时钟周期约束、输入输出偏移约束和静态路径约束 3 种，本例仅对时钟周期进行约束，步骤如下。

（1）在 Sources 窗口中，选择 Synthesis/Implementation 选项并选中 counter .v 源文件。

（2）在 Processes 窗口中，单击 User Constraints 选项左侧的“+”号展开程序组，双击 Create Timing Constraints 选项进入建立时间约束界面。

（3）ISE 编译、综合后自动生成用户约束文件（User Constraints File，UCF），并将得到图 4.27 所示的提示信息。单击 Yes 按钮，counter.ucf 文件将加入到工程中，同时 Xilinx 约束编辑器将自动打开时序约束器，如图 4.28 所示。

（4）在图 4.28 所示的约束器中选择 Global 标签，双击时钟信号 clk 后面 Period 空白区域将弹出图 4.29 所示的对话框。在这个对话框中可定义时钟信号的周期、占空比、输入抖动等信息。

（5）保存并关闭 Xilinx Constraints Editor 窗口。

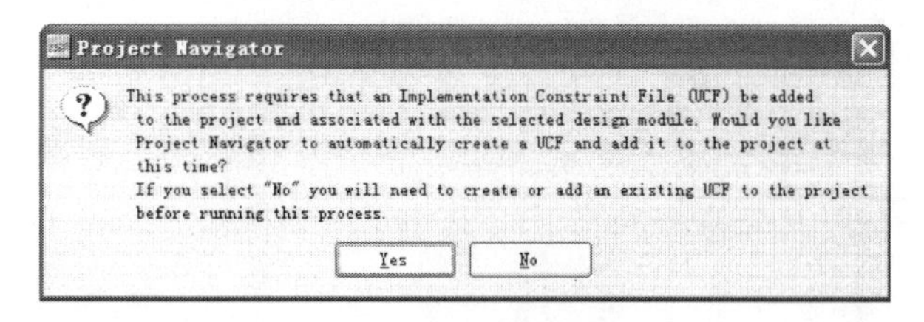

图 4.27　提示信息

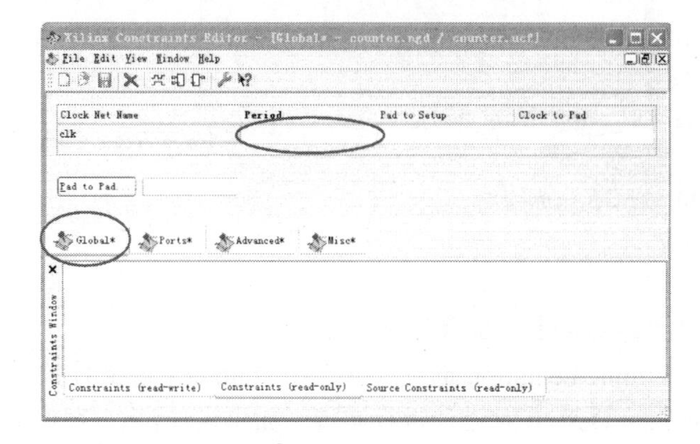

图 4.28　时序约束器

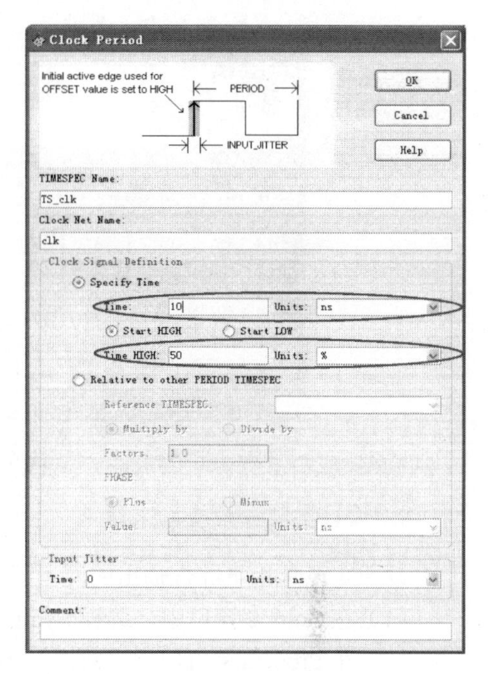

图 4.29　时钟周期约束对话框

8. 引脚约束

根据 XUP Virtex-II Pro 开发系统来决定引脚约束，可按表 4.2 来分配引脚。

（1）在 Source 窗口中，选择 Synthesis/Implementation 选项，并选中 counter .v 源文件。

（2）在 Processes 窗口中，单击 User Constraints 选项左侧的“+”号展开程序组，双击 Assign Package Pins 进入引脚约束，如图 4.30 所示。

（3）单击 Package View 标签。在 Design Object List 列表的 Loc 项中直接填写 I/O 引脚编号，或将 I/O 引脚拖至右边的封装引脚上。

（4）保存后自动将约束内容写入约束文件 counter.ucf。

（5）关闭引脚约束 Xilinx PACE 窗口。

表 4.2　FPGA 引脚约束内容

I/O 名称	I/O	引脚编号	说　明
clk	Input	AJ15	系统 100MHz 主时钟信号
reset_n		AG5	Enter 按键
direction		AC11	拨码开关 SW0
slow_cnt		AH1	Left 按键
count_out[0]	Output	AC4	LED0 指示灯
count_out[1]		AC3	LED1 指示灯
count_out[2]		AA6	LED2 指示灯
count_out[3]		AA5	LED3 指示灯

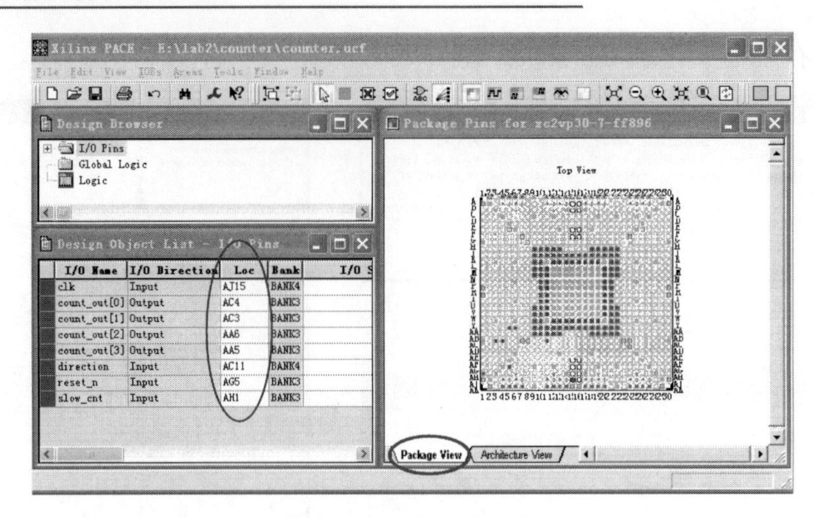

图 4.30　FPGA 引脚约束

9. 设计实现并检查约束结果

设计实现是指将综合输出的网表适配到 FPGA 上，步骤如下。

（1）在 Source 窗口中，选择 Synthesis/Implementation 选项，并选中 counter.v 源文件。

（2）在 Processes 窗口中，双击 Implement Design 对设计进行实现。如果设计没有任何错误，那么设计实现完成后的总结窗口如图 4.31 所示。

（3）双击总结窗口中的超链接，可查看各种总结报告，如双击 Timing Constrains 超链接后，总结窗口显示时序约束的实际数值。

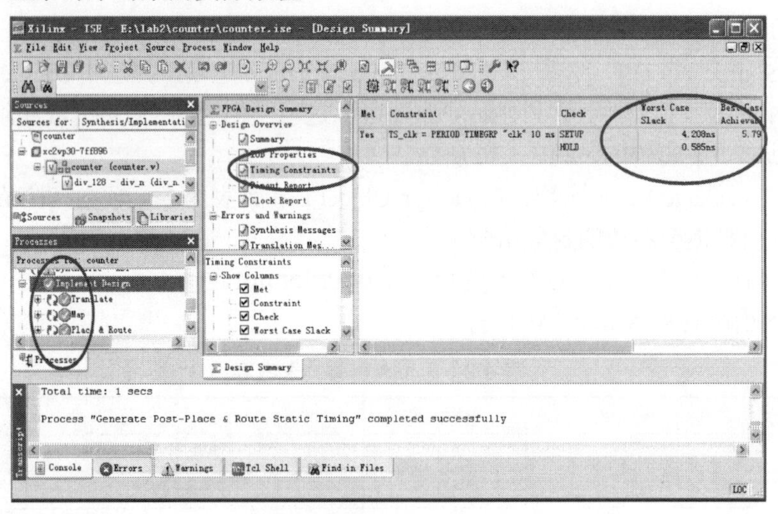

图 4.31　设计实现总结窗口

10. 生成模块的 FPGA 编程代码并下载

使用 USB 线将 XUP Virtex-II Pro 开发实验板与计算机的 USB 接口连接，使用 5V 的 DC 电源适配器给实验板供电，合上电源开关。

（1）从 Sources 窗口的下拉菜单中选择 Synthesis/Implementation 选项，并选中 counter.v 源文件。

（2）在 Processes 窗口中，单击 Generate Programming File 选项左侧的“+”号展开程序组，双击 Configure Device（iMPACT）选项，出现图 4.32 所示的 iMPACT 对话框。

（3）在图 4.32 中选择 Configure devices using Boundary-Scan（JTAG），并确认 Automatically connect to a cable and identify Boundary-Scan chain 已被选中，即使用 JTAG 配置器件。

（4）单击 Finish 按钮。如果跳出一个消息框显示“已找到两个设备”，则单击 OK 按钮继续。连接到 JTAG chain 的设备将在 iMPACT 窗口中显示。

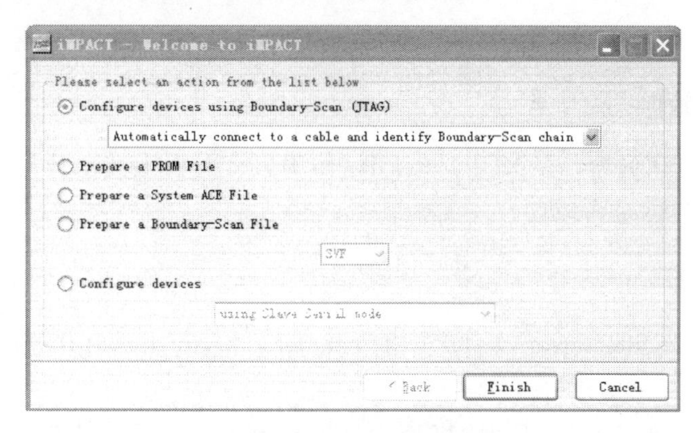

图 4.32 配置对话框

（5）在打开 iMPACT 主窗口的同时将会出现 Assign New Configuration File 对话框，如图 4.33 所示。在 Assign New Configuration File 对话框中单击两次 Bypass 按钮，这时从文件列表中选择 counter.bit 文件并单击 Open 按钮打开。

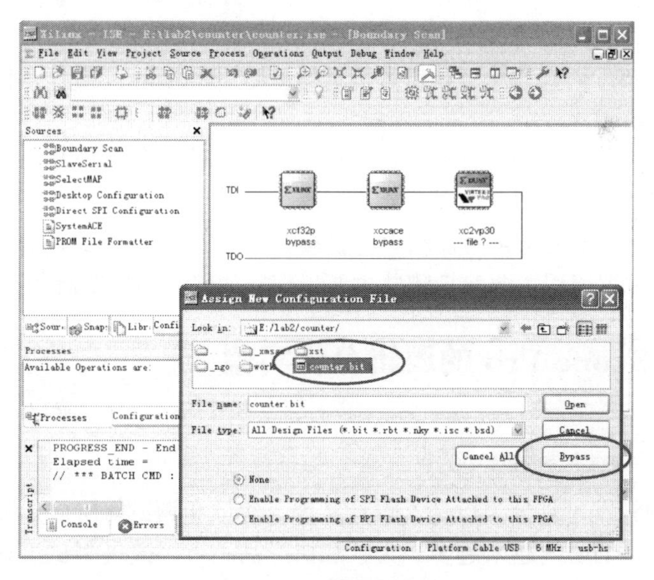

图 4.33 加载配置文件

（6）在弹出的 Add Virtex-II Pro/Virtex 4 Ob 窗口中，单击 OK 按钮。

（7）如果有警告弹出窗口，单击 OK 按钮即可。

（8）如图 4.34 所示，右击 xc2vp30 图标，在弹出快捷菜单中选择 Program 命令，打开 Programming Properties 对话框。

（9）在弹出的 Programming Properties 对话框中，单击 OK 按钮即可对硬件设备进行下载编程。

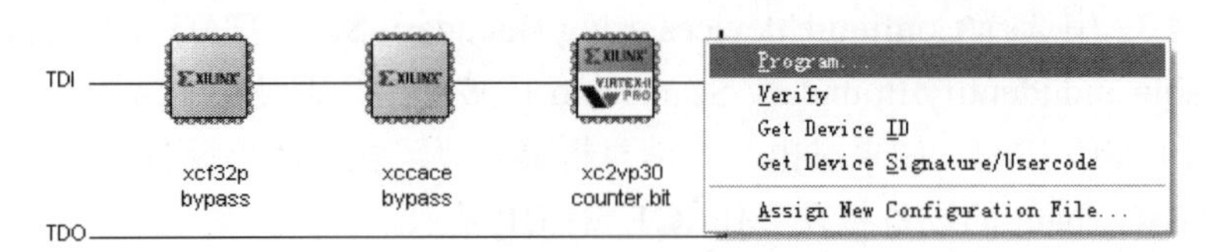

图 4.34 下载

11. 在实验板验证实验结果

根据 I/O 引脚约束内容，在 XUP Virtex-II Pro 开发实验板上拨动开关、按键，观看灯的变化是否正确，验证设计是否成功。

五、相关实验练习

（1）光盘 lab2\counter_error 文件夹中的 counter.v 和 div_n.v 有几处错误，修改错误并用 ISE 实现。

（2）设计一个可逆 4 位二进制计数器。①当 u_dn=0 时，减法计数；当 u_dn=1 时，加法计数。②计数频率为 1Hz（系统时钟为 100MHz）。③用 XUP Virtex-II Pro 开发实验板上的 LED 指示灯显示结果。

六、思考题

（1）常用的设计输入有哪些？请描述 HDL 代码输入的特点。

（2）Xilinx 的 ISE 集成开发工具自带仿真器 ISE Simulator，为什么仍通常要求使用第三方仿真软件 ModelSim？

（3）附加约束的主要目的是什么？时序约束的主要种类有哪些？

（4）附加时序约束的一般策略是什么？

（5）使用 Constraints Editor 附加约束与直接编辑 UCF 文件相比，有什么优缺点？

（6）FPGA 的配置流程主要包括哪些主要步骤？如何启动配置流程？

实验 3 ChipScope Pro 的逻辑分析实验

一、概述

FPGA 项目的开发可划分为设计、设计实现、验证和调试等阶段。随着设计复杂度的增加，用于验证和调试的时间越来越多。为了加快产品上市，改进测试工具和方法，缩短验证和调试的时间很有必要。

传统的测试工具为示波器和逻辑分析仪，如图 4.35 所示，只能从 FPGA 外部去观察信号，整个过程可观性非常差，故障的复现、定位、验证非常困难，严重影响开发进度。ChipScope Pro 可以很方便地克服传统测试带来的困难，如图 4.36 所示，ChipScope Pro 相当于在 FPGA 内部插入集成逻辑分析仪的 IP 核。其基本原理是利用 FPGA 中尚未使用的逻辑资源和块 RAM 资源，根据用户设定的触发条件，采集需要的内部信号并保存到块 RAM，然后通过 JTAG 口传送到计算机，最后在计算机屏幕上显示出时序波形。ChipScope Pro 使 FPGA 不再是黑匣子，可以观察 FPGA 内部信号，对 FPGA 的内部调试非常方便，因此得到了广泛应用。

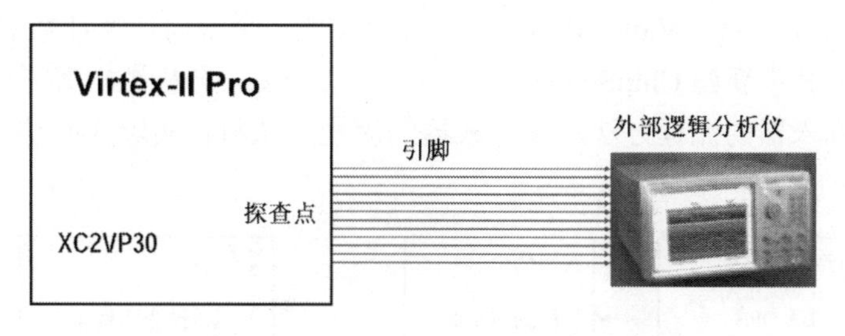

图 4.35　传统的测试方法

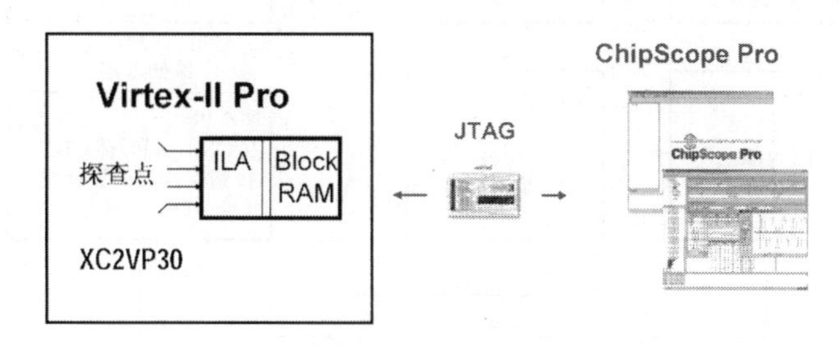

图 4.36　ChipScope Pro 的应用框图

ChipScope Pro 提供 7 类不同的核资源，其中 ICON 核、ILA 核、VIO 核和 ATC2 核获得了广泛应用，下面对这 4 类核进行简要说明。

1）ICON 核

所有的 ChipScope Pro 核都需要通过 JTAG 电缆完成计算机与芯片的通信，在 ChipScope Pro 中，只有 ICON 核具备与 JTAG 边界扫描端口通信的能力，因此 ICON 核是 ChipScope Pro 应用必不可缺的关键核。

2）ILA 核

ILA 核提供触发和跟踪功能，根据用户设置的触发条件捕获数据，然后在 ICON 核的控制下，通过边界扫描端口将数据上传给计算机，最后在分析仪中显示出信号波形。

3）VIO 核

虚拟输入、输出核用于实时监控和驱动 FPGA 内部的信号，可以观测 FPGA 设计中任意信号的输出结果。VIO 核可以添加虚拟输入，如 DIP 开关、按键等，且不占用块 RAM。

4）ATC2 核

ATC2 核由 Xilinx 和 Aglient 合作开发，适配于 Aglient 最新一代的逻辑分析仪，联合完成调试捕获，允许逻辑分析仪访问 FPGA 内部设计中任何一点的网表，提供更深的捕获深度、更复杂的触发设置，还支持网络远程调试，功能十分强大。

图 4.37 所示为 ChipScope Pro 使用流程的两种方法。

第一种方法采用 ChipScope Pro 核生成器的流程。首先使用 ChipScope Pro Core Generator 生成所需要的 IP 核，接着将 IP 核实例化到自己设计中，同时把需要观察的信号连接到 IP 核的端口，然后进行综合、实现、下载等操作，FPGA 运行后就可以在 ChipScope Pro Analyzer 上观察波形。

第二种方法采用 ChipScope Pro 核插入器的流程。在设计代码综合后，使用 ChipScope Pro

Core Inserter 插入所需的 IP 核，然后进行综合、实现、下载等操作，FPGA 运行后就可以在 ChipScope Pro Analyzer 上观察波形。

本实验将在 Xilinx XUP Virtex-II Pro 开发板上实现一个双向环形计数器模块，基于该模块详细介绍如何在 ISE 中新建 ChipScope Pro 应用，以及观察、分析数据等操作。由于篇幅限制，本实验只介绍核插入器的流程方法。核生成器的流程方法将在实验 4 介绍。

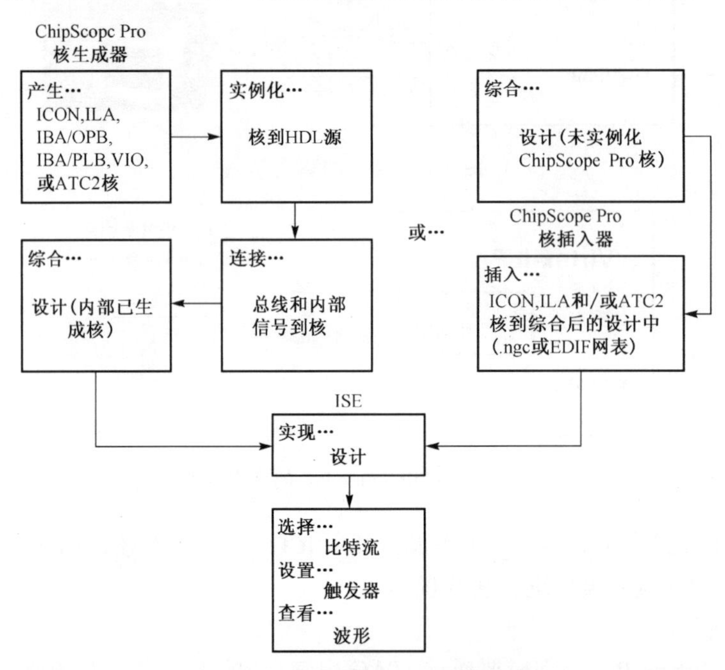

图 4.37 ChipScope Pro 的使用流程

二、实验设备

（1）装有 ISE、ModelSim SE 和 ChipScope Pro 软件的计算机。

（2）XUP Virtex-II Pro 开发系统一套。

三、实验要求

本实验的范例与实验 2 相同，如图 4.15 所示，要求用 ChipScope Pro 分析 FPGA 内部两个分频器的状态信号 en_cnt[6:0]和 en_cnt[25:7]。

光盘中的 lab3\ChipScopeExam 文件夹提供双向环形计数器 Verilog HDL 代码 counter.v、子模块 div_n.v 和 ISE 约束文件 counter.ucf。

四、实验步骤

1. 复制文件

将光盘中的 lab3\ChipScopeExam 文件夹复制到硬盘下，本例为复制到 E 盘。启动 ISE 软件，打开 ChipScopeExam.ISE 工程，并对工程进行综合。

2. 新建设计

在 Processes 窗口单击 Create New Source 选项，弹出图 4.38 所示的新建文件向导，在向导中选择 ChipScope Definition and Connection File 类型，并在 File name 文本框输入 ChipScope 设计名称 TestChipScope，在 Location 文本框选择存储路径，存储路径应与 ISE 工程的路径一致。

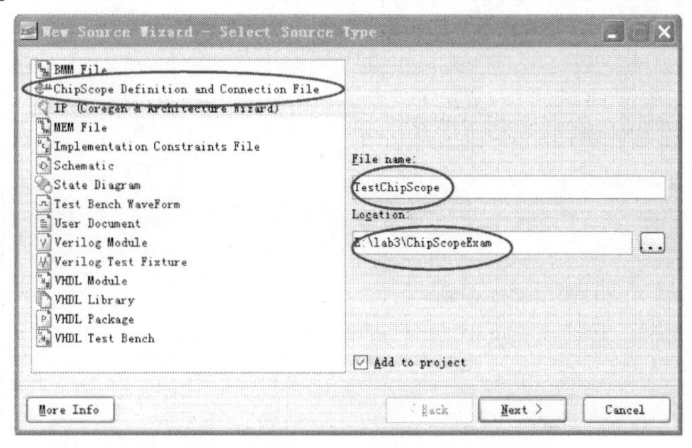

图 4.38 添加 ChipScope Pro 设计向导

单击 Next 按钮，进入测试模块选择界面，如图 4.39 所示。这里会将该文件夹里所有的 HDL 设计、原理图设计都罗列出来（包括顶层模块和全部底层模块），供用户挑选，单击即可选中，本例选择顶层模块 counter。单击 Next 按钮进入小结页面，在小结页面中单击 Finish 按钮完成添加。同时，ISE 的 Sources 窗口多了一个 TestChipScope.cdc 子模块，如图 4.40 所示。

图 4.39 测试模块选择界面

3. 打开软件

如图 4.40 所示，双击 Sources 窗口中 counter.v 下的子模块 TestChipScope.cdc，可自动打开 ChipScope Pro Core Insterser 软件，如图 4.41 所示。

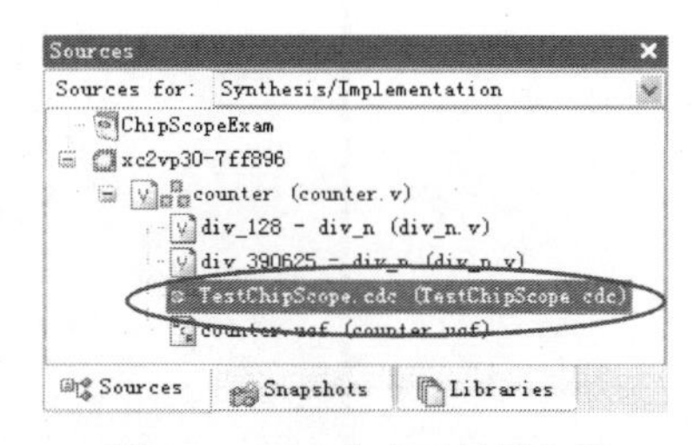

图 4.40 ISE 中启动核插入器

4. ChipScope Pro 工程参数配置

如图 4.41 所示，因为在 ISE 中启动核插入器，所以输入和输出文件夹、FPGA 器件类型等工程参数是 ISE 自动设置的，直接单击 Next 按钮进入图 4.42 所示的 ICON 核配置界面。

5. ICON 核配置

如图 4.42 所示，如果选中 Disable JTAG Clock BUFG Insertion 选项，则实现工具在对 JTAG 时钟布线时选用普通布线资源，默认情况下 ChipScope Pro 是选用全局时钟资源的。注意在全局时钟资源不紧张时，尽量使用全局时钟以保证时钟偏移最小化，从而保证时序稳定。单击 Next 按钮进入图 4.43 所示的 ILA 核配置界面。

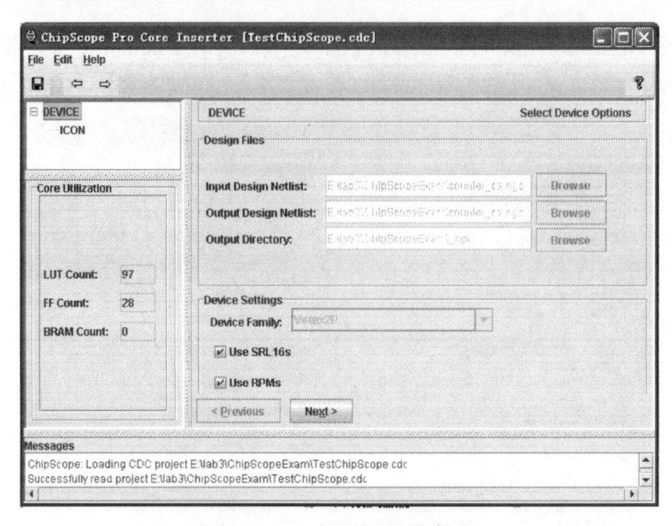

图 4.41　工程参数配置界面

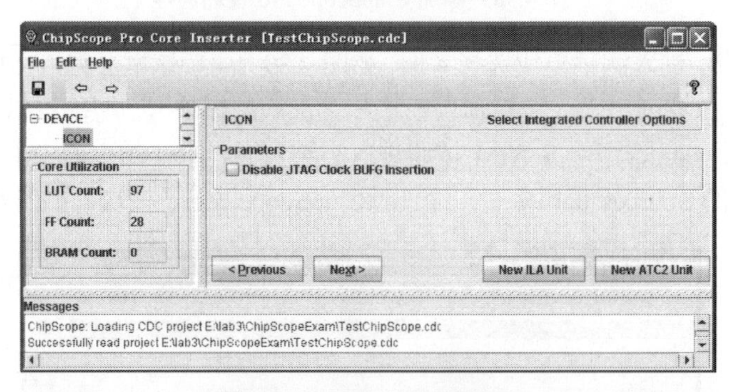

图 4.42　ICON 核配置界面

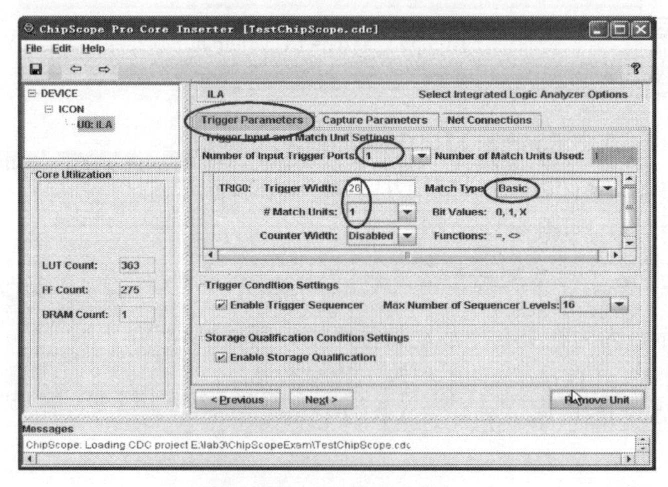

图 4.43　ILA 核配置界面

6. ILA 核配置

在进行 ILA 核配置之前，先介绍 ILA 核的三种输入信号：数据、时钟和触发信号。数据是需要分析的信号；时钟是 ILA 核采样数据的同步信号，可设置为上升沿或下降沿触发；逻辑分析仪一般在某一触发条件满足时才开始采集数据，用来设定触发条件的触发信号一般是数据信号或数据信号的一部分。

ILA 核配置分为 3 个部分：核触发条件配置、核捕获条件参数配置和网表连接配置。

1）ILA 核触发条件的配置

如图 4.43 所示，单击 Trigger Parameters 选项卡，即可进行 ILA 核触发条件的配置，各参数含意如下。

Number of Input Trigger Ports：输入触发端口数，最多有 16 个端口，并以 TRIG *n* 命名各个触发端口，*n* 的范围为 0～15。如果选择某数 *N*，则下面只会出现 TRIG0～TRIG（*N*–1）的配置栏。本例选择了默认值 1，则只有 TRIG0 的配置栏。

Trigger Width：触发端口位宽，即触发端口的信号线总数，本例输入 26。

#Match Units：触发单元的级联级数，最多可设置 16 级，本例选择 1。

Counter Width：选择 Disable 选项，以节省资源。

Match Type：触发条件类型。有 6 类触发条件类型：Basic、Basic w/edges、Extended、Extended w/edges、Range 和 Range w/edges。w/edges 表明可以使用时钟的上升沿或下降沿来采样数据。大部分情况下选择 Basic，本例也不例外。

其余选项可选择默认值。配置完毕后，单击 Capture Parameters 选项卡，进入数据端口配置界面，如图 4.44 所示。

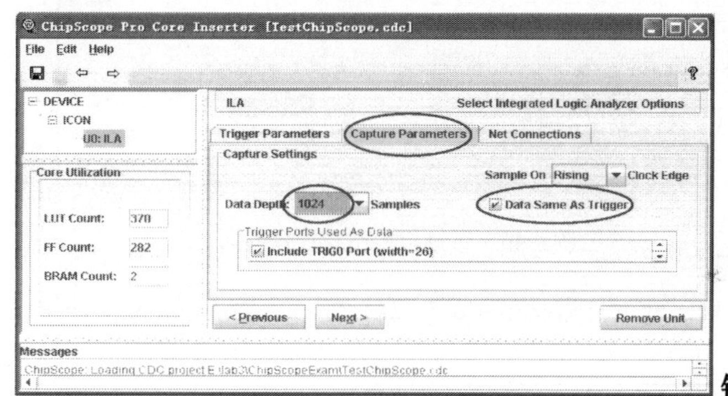

错误!

图 4.44　数据端口配置界面

2）数据端口配置

ILA 核的数据端口设置界面比较简单，只需选择采集深度和数据位宽。这里采集深度选 1024。本例数据与触发信号相同，选择 Data Same As Trigge 选项，可节省逻辑资源和布局布线的使用。单击 Net Connections 选项卡进入图 4.45 所示的网表连接提示界面。

3）网表连接配置

若用户定义的触发和时钟信号线有未连接的情况，则图 4.45 中 UNIT、CLOCK PORT 和 TRIGGER PORTS 等字样以红色显示，完成连接后则变成黑色。单击 Modify Connections 按钮，进入图 4.46 所示的时钟信号网表连接界面。

（1）进行时钟网表连接。在 Net Selections 栏选择 Clock Signals 选项卡，时钟信号的连接如图 4.46 所示，在 Clock Signals 选项卡中选中 ILA 核信号 CH:0；然后在左侧信号列表中找出期望连接的时钟信号 clk_BUFGP，最后单击右下角的 Make Connections 按钮，即可完成时钟信号的连接。

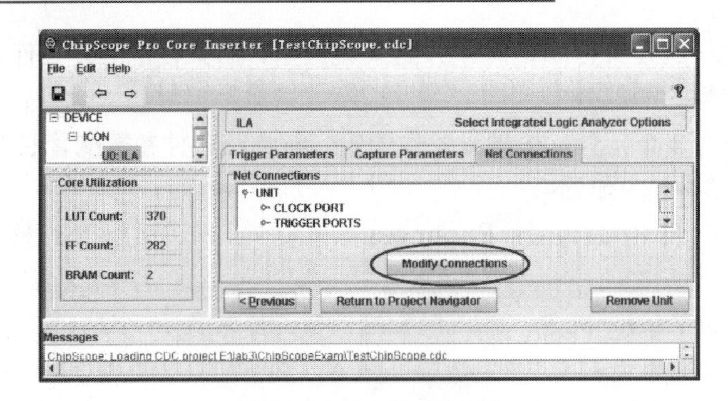

图 4.45 网表连接提示界面

需要注意的是，ChipScope Pro 只能分析 FPGA 设计的内部信号，不能直接连接输入信号的网表，所以输入信号网表全部以灰色显示。如果要采样输入信号，那么可通过连接其输入缓冲信号来实现，时钟信号选择相应的 BUFGP，普通信号选择相应的 IBUF。如图 4.46 所示，选择采样时钟时，只能选择 clk_BUFGP。

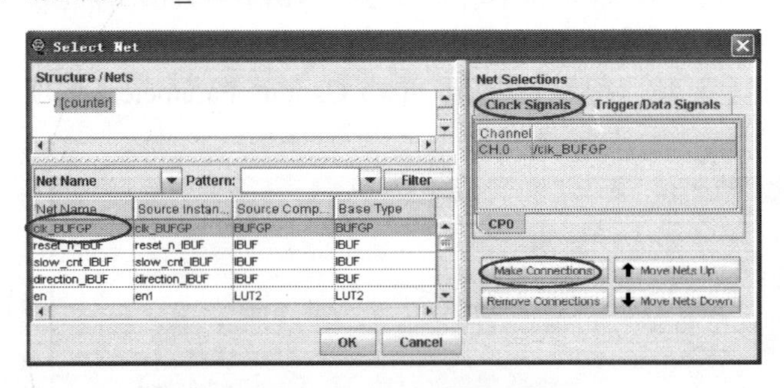

图 4.46 时钟信号网表连接界面

（2）进行数据连接。在 Net Selections 栏选择 Trigger/Data Signals 选项卡，数据的连接如图 4.47 所示，在 Trigger/Data Signals 选项卡中选中相应的 ILA 核信号，然后在左侧信号列表中找出期望连接的数据信号，最后单击右下角的 Make Connections 按钮，即可完成一个信号连接。本例将 128 分频器实例 div_128 的 qout[6:0]连接到 CH:6～CH:0；将 390625 分频器实例 div_390625 的 qout[18:0]连接到 CH:25～CH:7。

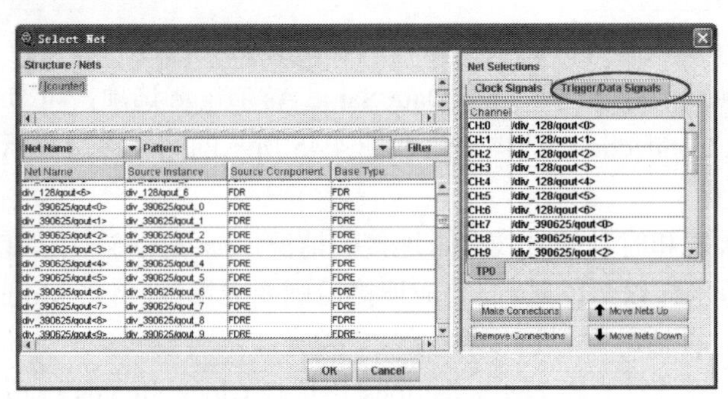

图 4.47 触发/数据信号网表连接界面

注意：只有将 ChipScope Pro 核中所有信号都连接了相应的网表，设计才能被正确实现。

连接完成后，单击 OK 按钮返回图 4.45 所示的连接提示界面。若发现所有提示字符 UNIT、CLOCK PORT 和 TRIGGER PORTS 没有是红色的，则单击 Return to Project Navigator 按钮，退出 ChipScope Pro，返回到 ISE 中。否则，需要再次单击 Modify Connections 按钮重新连接。

7. 打开 Chip Scope Pro Analyzer 软件

在 ISE 软件下完成设计实现并下载至 XUP Virtex-II Pro 开发板中，然后双击图 4.48 所示 Processes 窗口中的 Analyze Design Using Chipscope 选项，可自动打开 ChipScope Pro Analyzer 软件，如图 4.49 所示。

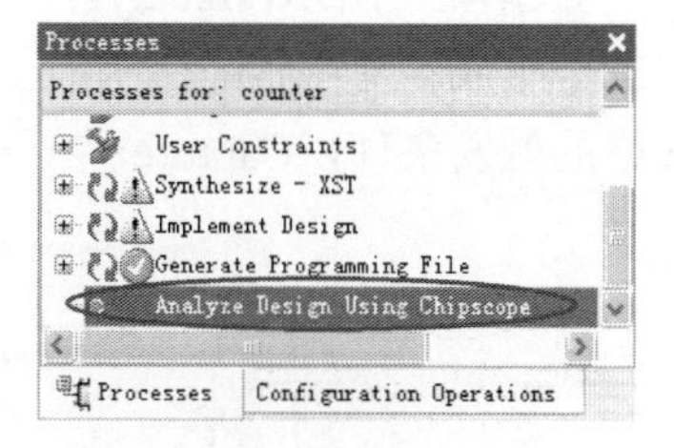

图 4.48　Chipscope Pro Analyzer 启动操作示意图

图 4.49　ChipScope Pro Analyzer 初始界面

8. 寻找 JATG 链

在图 4.49 所示的 ChipScope Pro Analyzer 用户界面上，单击工具栏上“寻找 JATG 链”图标，初始化边界扫描链。成功完成扫描后，项目浏览器会列出 JTAG 链上的器件，如图 4.50 所示。单击 OK 按钮进入 ChipScope Pro Analyzer 主界面，如图 4.51 所示。主界面主要由菜单、工具栏、工程区、信号浏览区信息显示区和主窗口 6 个部分组成。

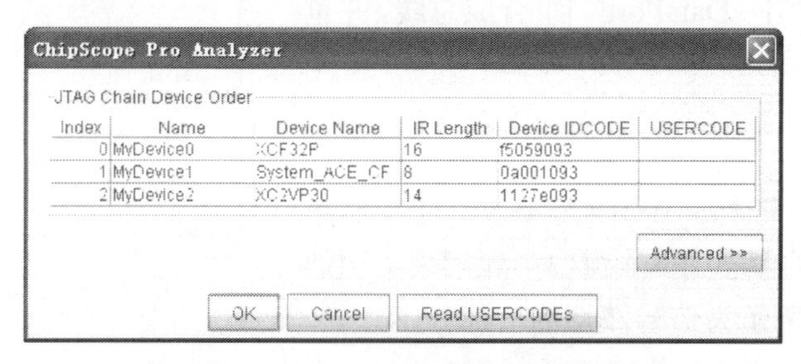

图 4.50　Analyzer 边界扫描结果示意图

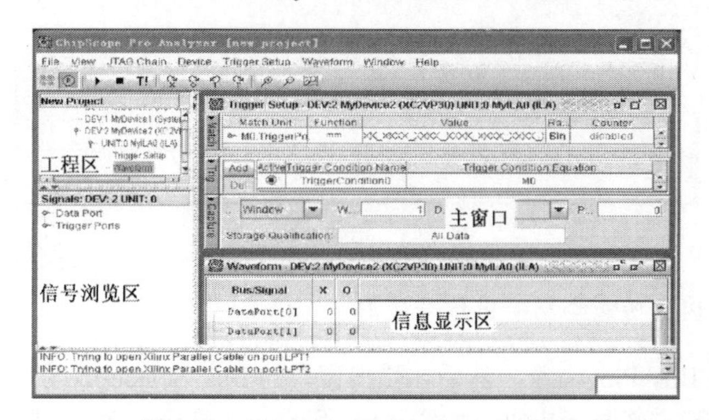

图 4.51　Chipscope Pro Analyzer 主界面

9. 设定触发条件采集数据

如图 4.52 所示，Analyzer 的触发设置由 Match（匹配）、Trig（触发）和 Capture（捕获）三部分组成。其中 Match 用于设置匹配函数，Trig 用于把一个或多个触发条件组合起来构成最终的触发条件，Capture 用于设定窗口的数目、采集深度和触发位置。

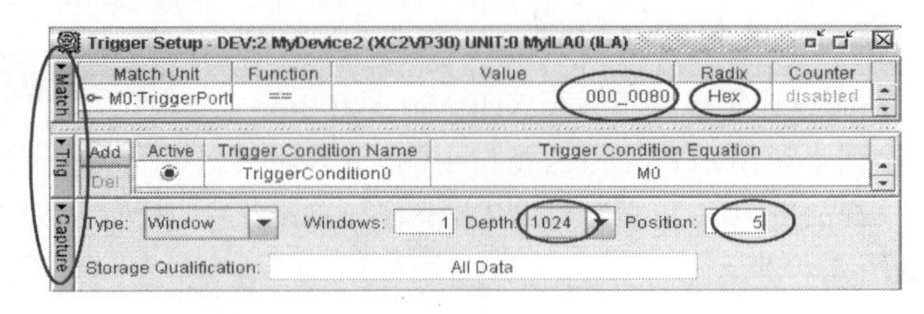

图 4.52 触发条件设置界面

本例可先在 Trigger Setup 栏 Match 区域的 Radix 列选择十六进制(HEX)，再在 M0: Trigger Port0 行的 Value 列中输入触发条件 000_0080，即分频器{19'd1, 7'd0}状态，目的是分析 128 分频器进位输出前后的状态转换情况。

在 Capture 栏中选择采集深度 1024 和触发位置 5。

10. 组合 en_cnt 总线信号

在信息显示区，按住 Ctrl 键，选择多个总线信号并右击在弹出的快捷菜单中，选择 Add to Bus 命令，将其组合成相应的总线信号，如图 4.53 所示。本例将 128 分频器的状态 DataPort[6]～DataPort[0]组合成总线，并命名为 en_cnt[6:0]；将 390625 分频器的状态 DataPort[25]～DataPort[7]组合成总线，并重命名为 en_cnt[25:7]。

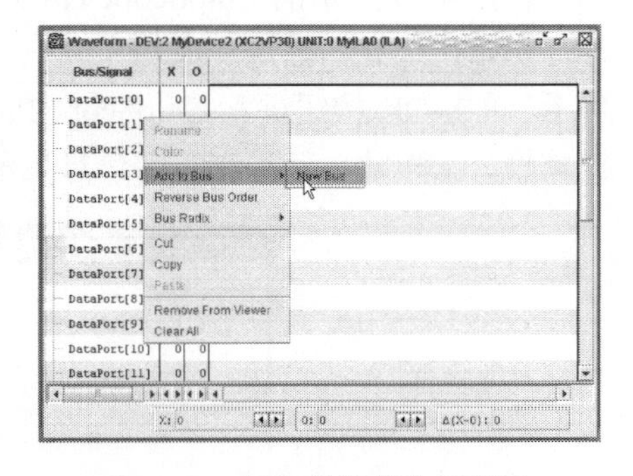

图 4.53 添加总线操作示意图

11. 采集数据

单击工具栏的▶图标，开始采集数据，采集结束后，可在主窗口中的 Waveform 窗口中观察采集到的信号波形，图 4.54 所示为信号波形的一部分。

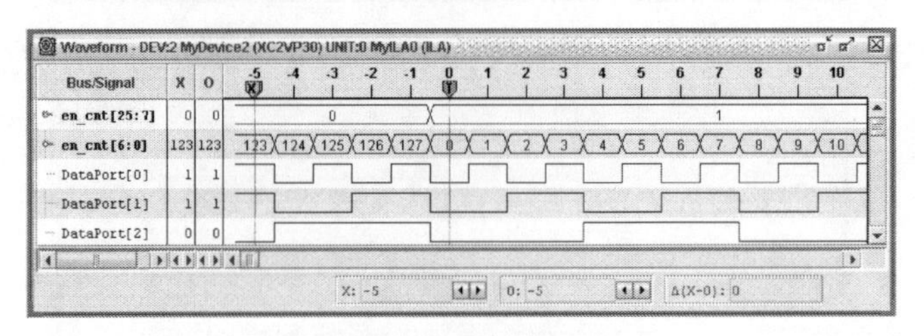

图 4.54 逻辑分析结果

12. 利用 Bus Plot 功能绘制输出信号波形

在工程区双击 Bus Plot 命令，然后在弹出窗口的 Bus Selection 区域选中 en_cnt[6:0]，则会将采集数据以图形方式显示出来，如图 4.55 所示。由于 en_cnt[6:0]是 7 比特加法计数器的状态，所以其波形就是幅度从 0 到 127 的锯齿波。这种显示方式对后续的直接数字频率合成（DDS）实验显示正弦信号、下变频实验（DDC）显示 I、Q 信号尤为直观。

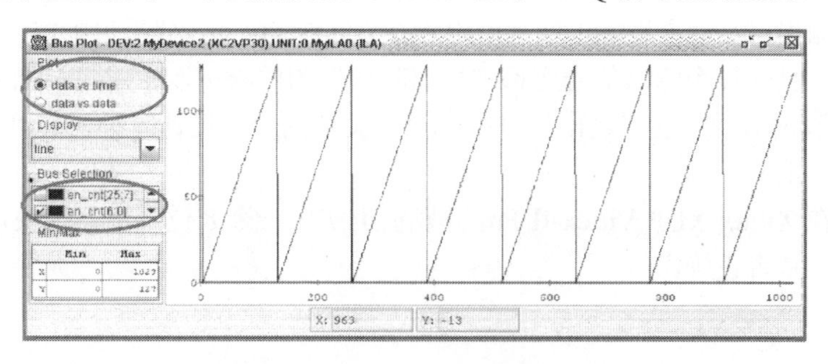

图 4.55　总线 en_cnt[6:0]的图形显示

13. 数据分析

ChipScope Pro 提供了强大的数据采集能力，最大深度可达 16384，单靠肉眼观测是不可行的，需要将采集波形存储下来，再通过 VC 和 MATLAB 等工具完成后续分析。选择菜单 File⇨Export 命令，可完成相应的功能，导出.VCD、.ASCII 和.FBDT 等 3 种类型的文件。

至此，ChipScope Pro 的逻辑分析步骤全部完成。

五、相关实验练习

用 ChipScope Pro 分析上面例子中环形计数器的输出 count_out[3:0]。count_out[3:0]变化速度很慢，需要注意以下两点：

（1）用 en 信号作采集时钟信号，采集深度不要太长，可在 5～10 之间；

（2）由于 en 信号周期较大，完成一次分析所需时间相应较长，请耐心等待。

六、思考题

（1）ChipScope Pro 有哪几种核？它们的作用分别是什么？

（2）使用 ChipScope Pro 的两种流程各有什么优缺点？

（3）ILA 核的数据、时钟和触发信号的作用分别是什么？

（4）实验中，若要用 ChipScope Pro 观察图 4.16 中的 count_out 信号，应采用哪个信号作为在线逻辑分析仪的工作时钟（clk 或 en）？为什么？

实验 4　ChipScope Pro 的 VIO 实验

一、概述

ChipScope Pro 的 VIO 核（虚拟输入/输出核）用于实时监控和驱动 FPGA 内部的信号，可以观测 FPGA 设计中任意信号的输出结果，以及添加虚拟输入，如 DIP 开关、按键等，且不占用块 RAM。VIO 核面向模块操作，支持下面 4 类信号。

（1）异步输入信号。对于异步输入信号，通过 JTAG 电缆的时钟信号（TCK）采样，周期性地读入计算机，再将结果在 ChipScope Pro 分析仪界面上显示。

（2）同步输入信号。对于同步输入信号则利用设计时钟采样，周期地读入计算机，在分析仪界面上显示。

（3）异步输出信号。异步输出信号由用户在 ChipScope Pro 分析仪中定义，再将其送到周围的逻辑中，并且其每个输出信号逻辑“1”和“0”的门限可以由用户自己定义。

（4）同步输出信号。同步输出信号由用户定义，同步于设计时钟，其“1”和“0”的逻辑门限也可独立定义。

本实验将在 Xilinx XUP Virtex-II Pro 开发板上实现一个 8 位乘法器模块，并用 VIO 核来验证乘法器设计是否正确。

二、实验设备

（1）装有 ISE、ModelSim SE 和 ChipScope Pro 软件的计算机。

（2）XUP Virtex-II Pro 开发系统一套。

三、实验要求与原理

1. 实验要求

设计一个 8 位乘法器并用 VIO 核来验证乘法器设计结果。

2. 实验原理

（1）光盘中有乘法器 Verilog HDL 代码 mul8x8.v，其端口描述如下：

```
module multiplier(a,b,p);
    input [7:0] a,b ;
    output [15:0] p ;
```

（2）因为 VIO 核不能直接驱动 Input 信号，所以需要建一个顶层模块 ChipScopeVIO.v，在顶层模块中实现 VIO 核与乘法器实例的连接。顶层模块的原理框图如图 4.56 所示。VIO 核采用同步输入和同步输出。

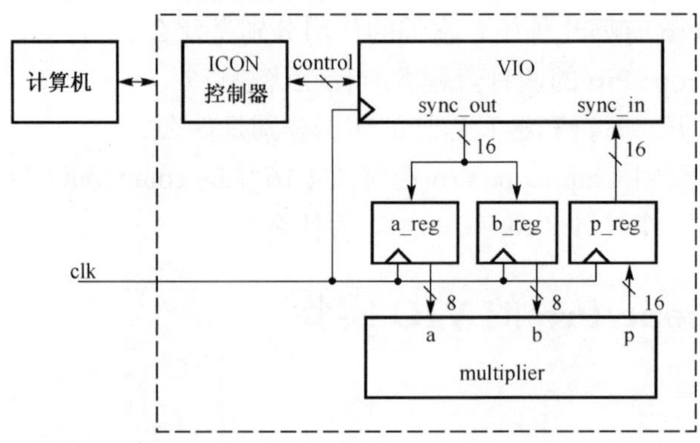

图 4.56　VIO 实验顶层模块的原理框图

四、实验步骤

1. 复制文件

将光盘中的 lab4\multiplier 文件夹复制到硬盘中，本例为复制到 E 盘。

2. ICON 核的生成

（1）单击“开始”⇨“所有程序”⇨ChipScope Pro 9.2i⇨ChipScope Pro Core Genatator 命令，启动 ChipScope Pro 的核生成器软件，进入 ChipScope Pro Genatator 的核生成向导界面，如图 4.57 所示。选中 ICON（Integrated Controller）选项，单击 Next 按钮进入配置页面。

（2）ICON 的配置页面如图 4.58 所示。Design Files 选项用于设定 ICON 核存储路径，单击 Browse 按钮，选择 ICON 核输出网表的存放文件夹（应与 ISE 工程文件路径相同）；根据目标 FPGA 芯片的型号在 Device Family 下拉列表框中选择相应的器件类型；然后在 Number of Control Ports 下拉列表框中选择 Port 数；其余一般选用默认配置，则 Core Utilization 栏会给出 ICON 核所占的硬件资源。

需要注意的是，Port 数并不是信号端口数，而是外挂的集成分析仪核（如 ILA、ATC2 和 VIO 等）的个数。

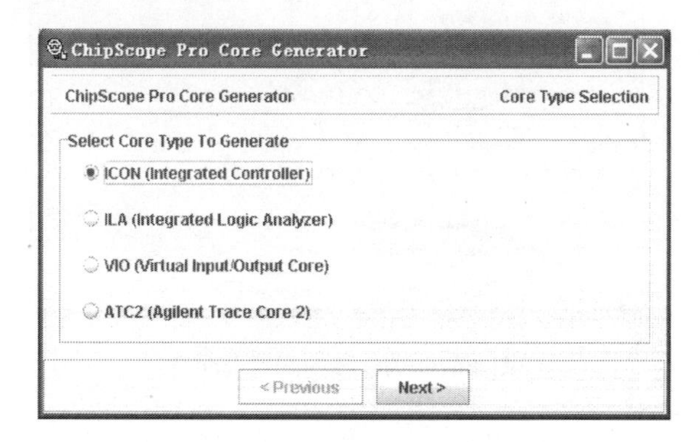

图 4.57　ChipScope Pro Genatator 的核生成向导界面

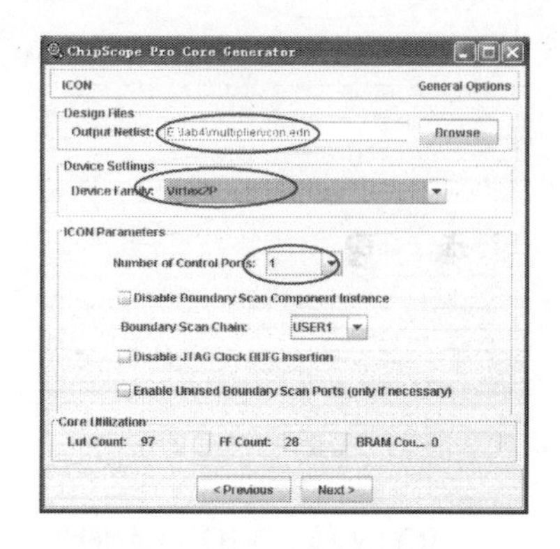

图 4.58　ICON 核的配置页面之一

（3）单击图 4.58 的 Next 按钮，进入下一个 ICON 核配置页面，如图 4.59 所示。根据源文件的硬件语言形式，选择 Verilog HDL 语言，并选择合适的综合工具 Xilinx XST，单击 Generator Core 按钮进入信息确认页面，如图 4.60 所示。单击 Start Over 按钮即可完成 ICON 核的生成，同时会出现和图 4.57 一样的核生成向导界面，让用户继续添加所需的分析仪核。

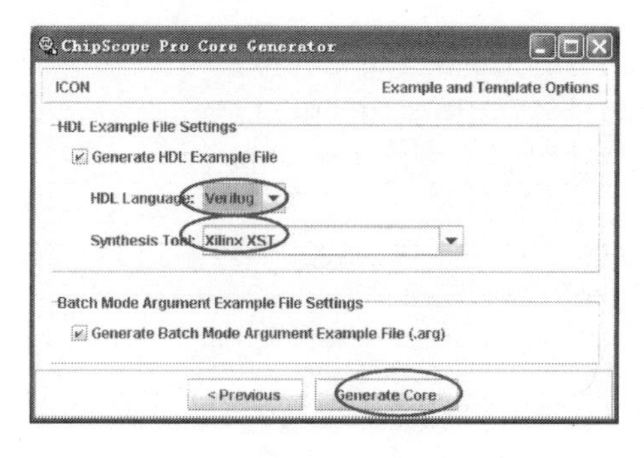

图 4.59　ICON 核的配置页面之二

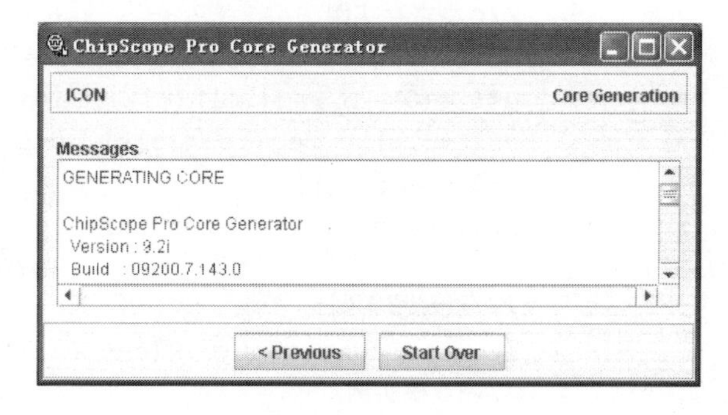

图 4.60　ICON 核的配置页面之三

3. VIO 核的生成

（1）在图 4.57 所示的向导界面，选中 VIO（Virtual Input/Output Core）选项，单击 Next 按钮进入 VIO 核配置页面。

（2）VIO 核的配置页面如图 4.61 所示。Design Files 选项用于设定 VIO 核存储路径生成文件夹，单击 Browse 按钮，选择 VIO 核输出网表的存放文件夹；根据目标 FPGA 芯片型号在 Device Family 下拉列表框中选择相应的器件类型；然后在 Input/Output Port Settings 选项选择 Input/Output 端口类型（同步或异步）和端口数；其余一般选用默认配置，则 Core Utilization 栏会给出 ICON 核所占的硬件资源。

（3）单击图 4.61 的 Next 按钮，进入下一个 VIO 核配置页面，如图 4.62 所示。根据源文件的硬件语言形式，选择 Verilog HDL 语言，并选择合适的综合工具 Xilinx XST，单击 Generator Core 按钮进入信息确认页面，在信息确认页面单击 Start Over 按钮即可完成 VIO 核的生成，同时会出现和图 4.57 一样的核生成向导界面。关闭核生成向导界面。

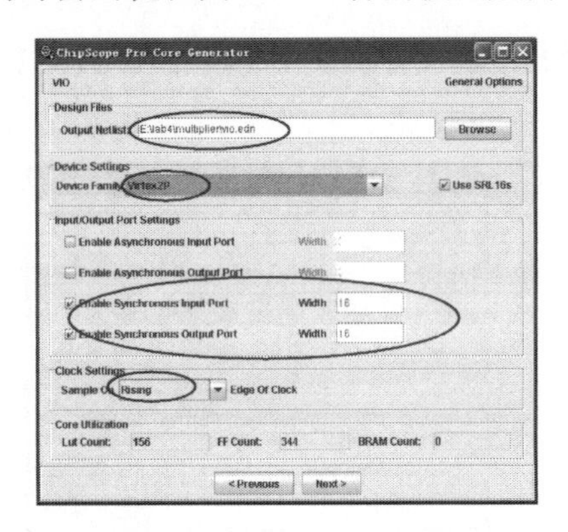

图 4.61　VIO 核的配置页面之一

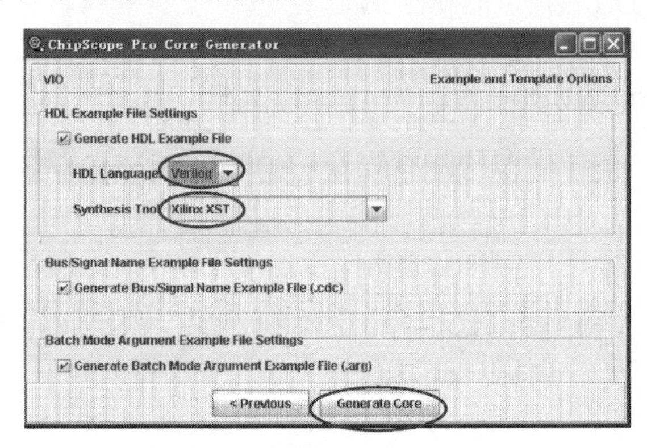

图 4.62　VIO 核的配置页面之二

4. ICON 核、VIO 核实例化

根据图 4.56 所示顶层连接图设计的 lab4_top 的 Verilog HDL 代码如下：

```
module ChipScoreVIO_top(input clk);
    wire [7:0]  a_reg_out,b_reg_out,a_reg_in,b_reg_in;
    wire [15:0] p_reg_out,p_reg_in;
    wire [35:0] control;
    //D 型寄存实例
    dff #(8)  a_reg(.clk(clk),.d(a_reg_in),.q(a_reg_out));
    dff #(8)  b_reg(.clk(clk),.d(b_reg_in),.q(b_reg_out));
    dff #(16) p_reg(.clk(clk),.d(p_reg_in),.q(p_reg_out));
    //8 位乘法器实例
    multiplier multiplier_inst(.a(a_reg_out),.b(b_reg_out),
                               .p(p_reg_in));
    //ICON 核实例
    icon i_icon(.control0(control));
    //VIO 核实例
    vio i_vio(.control(control),.clk(clk),
              .sync_in(p_reg_out),.sync_out({a_reg_in,b_reg_in}));
endmodule

//ICON 核模块描述
module icon
```

```
    (
        control0
    );
    output [35:0] control0;
endmodule

//VIO 核模块描述
module vio
    (   control,
        clk,
        sync_in,
        sync_out    );
    input  [35:0] control;
    input  clk;
    input  [15:0] sync_in;
    output [15:0] sync_out;
endmodule
```

5. *建立并实现 ISE 工程*

在 ISE 软件下新建工程 ChipScopeVIO_ISE，工程存放的文件夹与 ICON 核、VIO 核输出网表的存放文件夹相同，添加顶层文件 ChipScopeVIO.v、子模块 mul8x8.v、full_adder.v、dff.v 和约束文件 ChipScopeVIO. ucf。完成综合、实现并下载到 XUP Virtex-II Pro 开发板中。

6. *启动 ChipScope Pro Analyzer 软件*

如图 4.63 所示，在 Processes 窗口中，双击 Analyze Design Using Chipscope 图标，可自动打开 ChipScope Pro Analyzer 软件。ChipScope Pro 成功完成初始化边界扫描链后进入 ChipScope Pro Analyzer 主界画面，如图 4.64 所示。

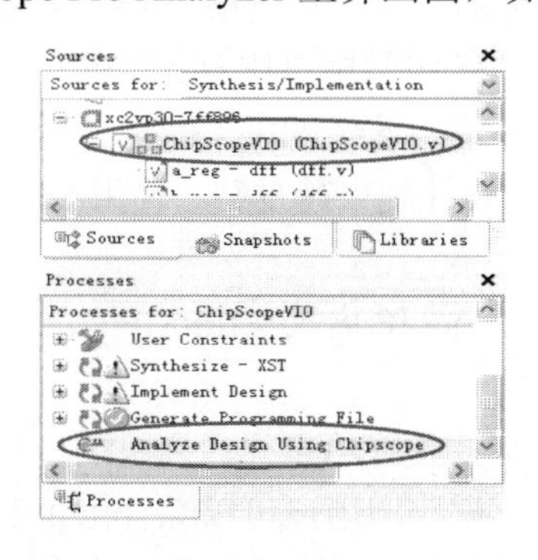

图 4.63 ChipScope Pro Analyzer 启动操作示意图

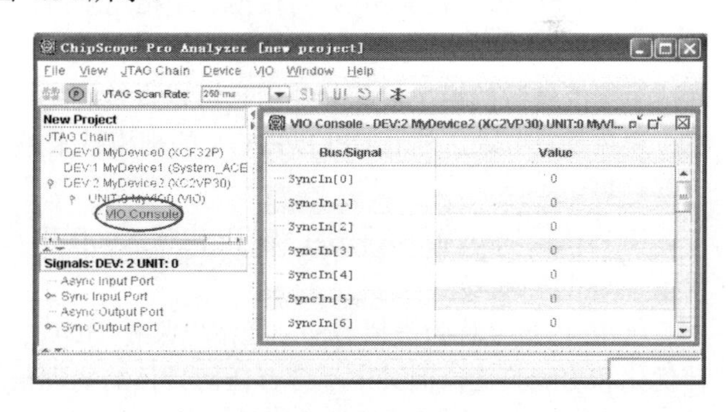

图 4.64 ChipScope Pro Analyzer 主界面

7. *验证乘法器设计结果*

在图 4.64 中的 VIO Console 窗口，组合 SyncIn[15]～SyncIn[0]总线信号，重命名为 p；组合 SyncOut[7]～SyncOut[0]总线信号，重命名为 a；组合 SyncOut[15]～SyncOut[8]总线信号，重命名为 b。p、a、b 均用无符号十进制 Unsigned Decimal 方式显示数值；分别输入 a、b 数值（0～255），就可得到乘积 p 的结果，如图 4.65 所示。

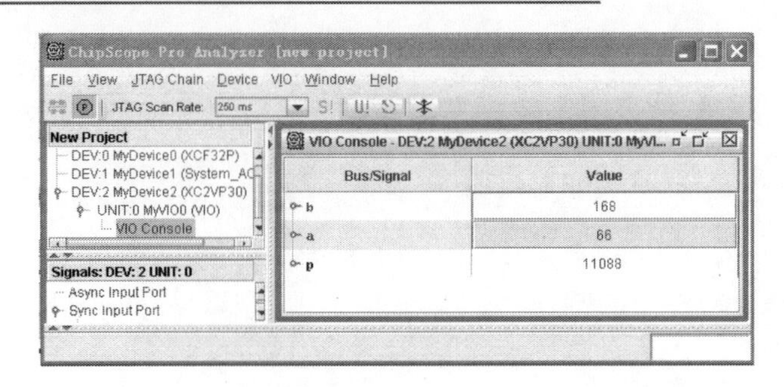

图 4.65　VIO 验证设计结果示意图

至此，ChipScope Pro 的 VIO 实验步骤完成。

五、相关实验练习

设计一个 16 位二进制加法器电路，并用 VIO 核来验证加法器设计结果。

六、思考题

（1）ChipScope Pro 的 VIO 核的作用是什么？哪些场合适合用 VIO 来验证设计结果？

（2）ChipScope Pro 的 VIO 核支持哪几类信号？

实验 5　IP 内核的使用实验

一、概述

1. IP 内核的基本概念

IP（Intellectual Property）内核模块是指用于产品应用的专用集成电路（ASIC）或者可编程逻辑器件（FPGA）的逻辑块或数据块。将一些在数字系统中常用但比较复杂的功能电路设计成可修改参数的模块，使其他用户可以直接调用这些模块，这样就大大减轻了用户的工作量，避免重复劳动。随着 CPLD/FPGA 的规模越来越大，设计越来越复杂，使用 IP 核是一个发展趋势。

IP 内核模块分为三大种类：软 IP 内核（soft IP core）、固 IP 内核（firm IP core）和硬 IP 内核（hard IP core）。

软 IP 内核又称为虚拟器件，通常以某种 HDL 文本形式提交给用户，它已经过行为级设计优化和功能验证，但其中不含有任何具体的物理信息。据此，用户可以综合出正确的门电路级网表，并可以进行后续结构设计，具有很大的灵活性。软 IP 内核可以很容易地借助 EDA 综合工具与其他外部逻辑电路结合成一体，根据各种不同的半导体工艺，设计成具有不同性能的器件。但是，如果后续设计不当，有可能导致整个结果失败。商品化的软 IP 内核一般电路结构总门数都在 5000 门以上。

硬 IP 内核是基于某种半导体工艺的物理设计，有固定的拓扑布局和具体工艺，并已经过工艺验证，具有可保证的性能。其提供给用户的形式是电路物理结构掩模版图和全套工艺文件，是可以拿来就用的全套技术。

固 IP 内核的设计深度则是介于软 IP 内核和硬 IP 内核之间，除完成软 IP 内核所有的设计外，还完成了门电路级综合和时序仿真等设计环节。一般以门电路级网表形式提交给用户使用。

常用的 IP 内核模块包括各种不同的 CPU（32/64 位 CISC/RISC 结构的 CPU 或 8/16 位微控制器/单片机，如 8051 等）、32/64 位 DSP（如 320C30）、DRAM、SRAM、EEPROM、Flash Memory、A/D 转换器、D/A 转换器、MPEG/JPEG、USB、PCI、标准接口、网络单元、编译器、编码/解码器和模拟器件模块等。丰富的 IP 内核模块库为快速设计专用集成电路和单片系统及尽快占领市场提供了基本保证。

2. DCM 内核的组成和功能介绍

数字时钟管理（Data Clock Management，DCM）由 4 部分组成，如图 4.66 所示。其中，最低层采用数字延迟型锁相环（Delay Locked Loop，DLL）模块，其次分别是数字频率合成器（Digital Frequency Synthesizer，DFS）和数字移相器（Digital Phase Shifter，DPS）。不同芯片模块的 DCM 输入频率范围是不同的。

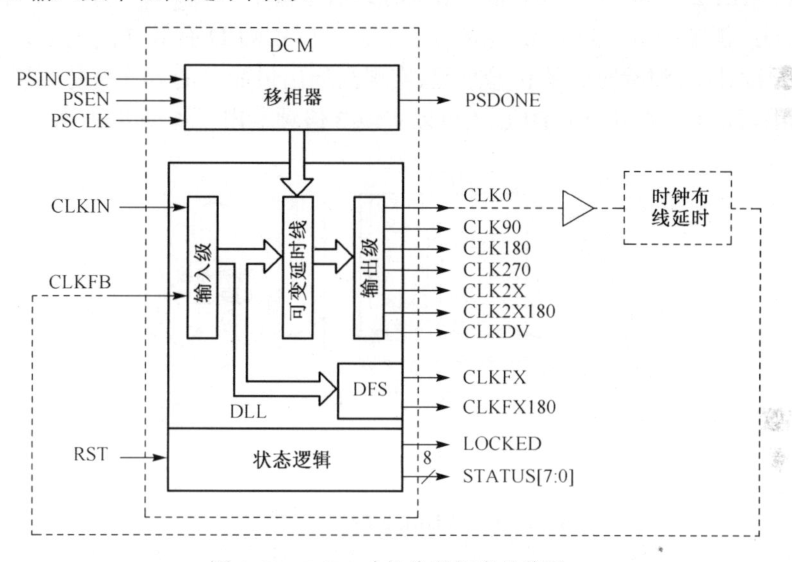

图 4.66　DCM 功能块和相应的信号

1）DLL 模块

DLL 主要由一个可变延时线和控制逻辑组成。延时线对时钟输入端 CLKIN 产生一个延时，时钟分布网线将该时钟分配到器件内的各个寄存器和时钟反馈端 CLKFB；控制逻辑在反馈时钟到达时采样输入时钟以调整二者之间的偏差，实现输入和输出的零延时，如图 4.67 所示。具体工作原理是：控制逻辑在比较输入时钟和反馈时钟的偏差后，调整延时线参数，直到输入时钟和反馈时钟的上升沿同步，使环路进入“锁定”状态，只要输入时钟不发生变化，输入时钟和反馈时钟就保持同步。DLL 可以用来实现一些完善和简化系统级设计的电路，如提供零传播延时、低时钟相位差和高级时钟区域控制电路等。DLL 引脚说明如下。

CLKIN：DLL 输入时钟信号，通常来自 IBUFG 或 BUFG。

CLKFB：DLL 时钟反馈信号，该反馈信号必须源自 CLK0 或 CLK2X，并通过 IBUFG 或 BUFG 相连。

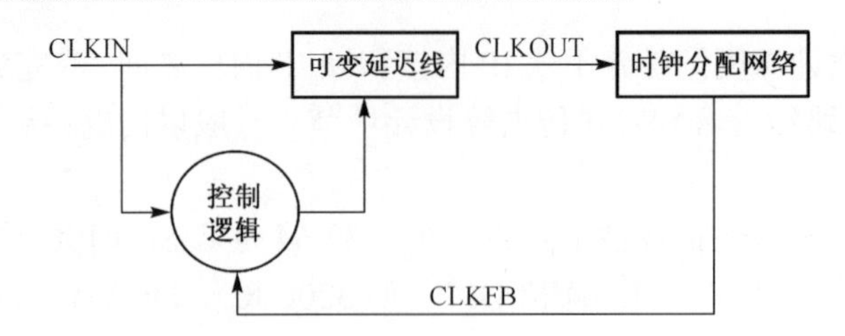

图 4.67 DLL 模型简单示意图

RST：DLL 复位信号，高电平有效。该信号控制 DLL 的初始化，通常接地。

CLK0、CLK90、CLK180、CLK270：四个同频时钟输出。其中，CLK0 与 CLKIN 无相位偏移，CLK90 与 CLKIN 有 90° 相位偏移，CLK180 与 CLKIN 有 180° 相位偏移，CLK270 与 CLKIN 有 270° 相位偏移。

CLKDV：时钟分频输出，是 CLKIN 的分频时钟信号。DLL 支持的分频系数为 1.5、2、2.5、3、4、5、8 和 16。

CLK2X、CLK2X180：CLKIN 的 2 倍频时钟信号输出。

LOCKED：锁定指示。当 DLL 完成锁存之后，LOCKED 有效（高电平）。

在 FPGA 设计中，消除时钟的传输延迟、实现高扇出最简单的方法就是利用 DLL，把 CLK0 与 CLKFB 相连即可。利用一个 DLL 还可以实现 2 倍频输出，如图 4.68 所示。

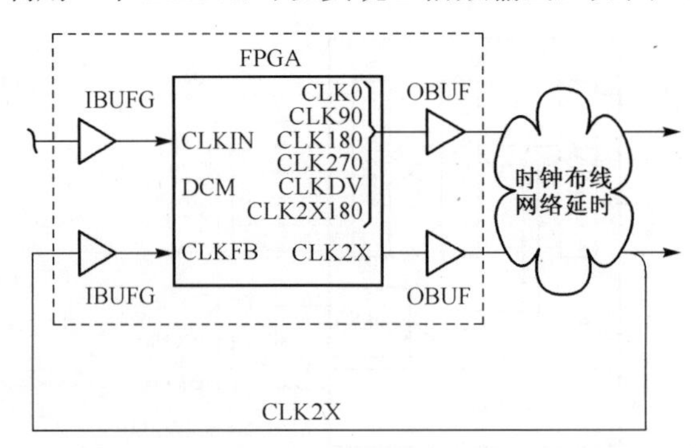

图 4.68 Xilinx DLL 2 倍频典型模型示意图

2）数字频率合成器（DFS）

DFS 可以为系统产生丰富的频率合成时钟信号，能提供输入时钟频率分数倍或整数倍的时钟输出频率方案，输出信号为 CLKFX 和 CLKFX180，输出频率范围为 1.5～320MHz（不同芯片的输出频率范围是不同的）。这些频率基于用户自定义的两个整数比值，一个是乘因子 M，另外一个是除因子 D，输入频率和输出频率之间的关系为

$$F_{\mathrm{CLKFX}} = F_{\mathrm{CLKIN}} \times \frac{M}{D} \tag{4.1}$$

3）数字移相器（DPS）

通过 DPS，DCM 具有移动时钟信号相位的能力，因此能够调整 I/O 信号的建立和保持时间，能支持对其输出时钟进行 0°、90°、180°、270° 的相移粗调和相移细调。其中，相移细调对相位的控制可以达到输入时钟周期的 1%的精度（或者 50ps），并且具有补偿电压和温度漂移的动态相位调节能力。对 DCM 输出时钟的相位调整需要通过属性控制 PHASE_SHIFT

来设置。PHASE_SHIFT 的设置范围为–255～+255。比如，输入时钟为 200MHz，需要将输出时钟调整+0.9ns，则 PHASE_SHIFT = (0.9ns/5ns) ×256 = 46。如果 PHASE_SHIFT 值是一个负数，表示时钟输出应该相对于 CLKIN 向后进行相位移动；如果 PHASE_SHIFT 是一个正数，则表示时钟输出应该相对于 CLKIN 向前进行相位移动。

移相用法的原理图与倍频用法的原理图很类似，只需把 CLK2X 输出端的输出缓存移到 CLK90、CLK180 或 CLK270 端即可。利用原时钟和移相时钟与计数器相配合也可以产生相应的倍频。

本实验将创建一个 Xilinx 存储器内核和一个数字时钟管理（DCM）内核，并把两个内核嵌入到 FPGA 设计中。

二、实验设备

（1）装有 ISE、ModelSim SE 和 ChipScope Pro 软件的计算机。

（2）XUP Virtex-II Pro 开发系统一套。

（3）VGA 显示器一台。

三、实验要求

本实验将在 VGA 显示器上显示一幅 128×128 像素的彩色图片，系统原理框图如图 4.69 所示。图中的 DCM 为二分频电路。ROM 中存放一幅 128×128 像素的彩色图片，图片格式为 24bit 位图，因此 ROM 容量为 2^{14}×24bit。本实验要求用 Xilinx 内核生成器系统生成一个 DCM 模块和一个 2^{14}×24bit 的 ROM 模块，并将 DCM 内核和 ROM 内核应用到设计中。

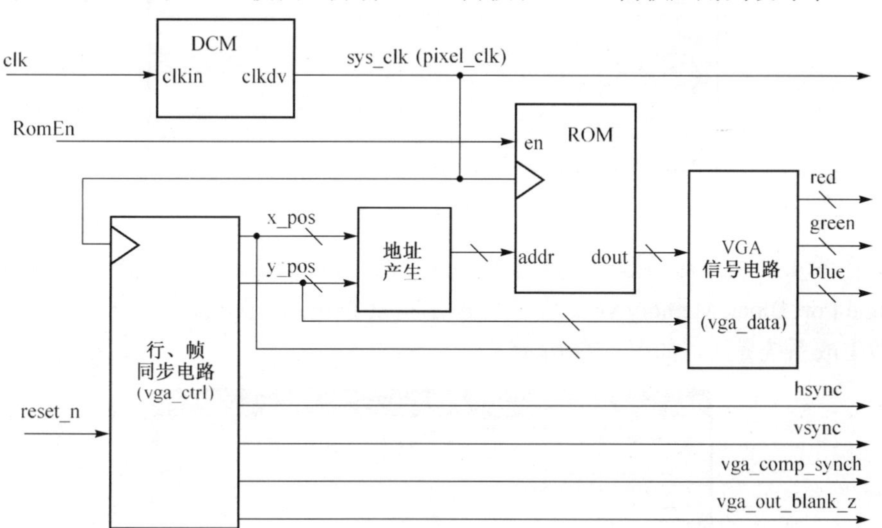

图 4.69　系统原理框图

四、实验步骤

1. ROM 内核的生成和应用

（1）将光盘的 lab5\IPCore 文件夹复制到硬盘里，启动 Xilinx ISE 系统软件，打开 lab5\ise 文件夹下的 ISE 工程文件 IPCore.ise，工程启动后的界面如图 4.70 所示。

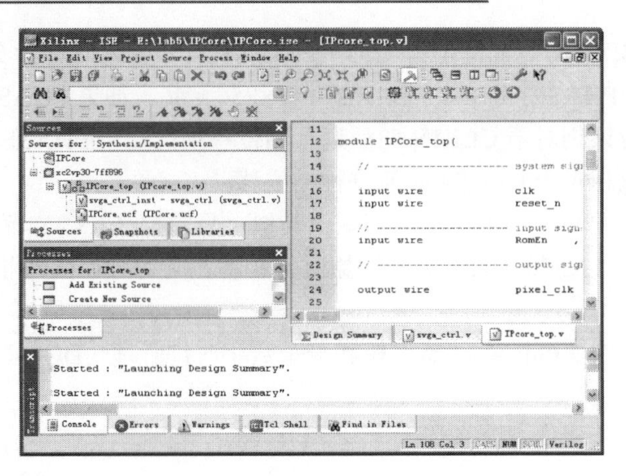

图 4.70 IP 核的 ISE 工程界面

（2）在 Processes 窗口，双击 Create New Source 选项。在图 4.71 所示的 Select Source Type 对话框中选择 IP（Coregen & Architecture Wizard）选项，并在文件命名区输入“PictureROM”。单击 Next 按钮进入 Select IP 对话框，如图 4.72 所示。

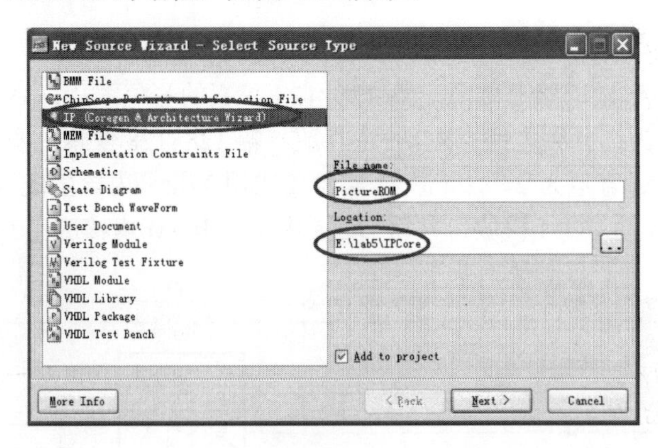

图 4.71 Select Source Type 对话框

（3）在图 4.72 所示对话框中，展开 Memories & Storage Elements，展开 RAMs & ROMs，选择 Single Port Block Memory v6.2 选项，单击 Next 按钮；在弹出的界面中单击 Finish 按钮，打开内核生成系统界面，如图 4.73 所示。

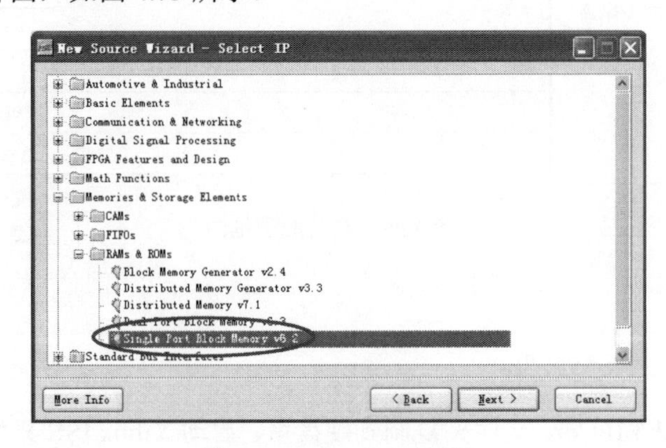

图 4.72 Select IP 对话框

（4）在图 4.73 中配置存储器名称、类型和容量。器件名称取默认值 PictureROM，存储器类型选 Read Only，存储器位数（Width）为 24 位，字数（Depth）为 16384。配置完毕后，单击 Next 按钮进入第 2 个存储器配置界面，如图 4.74 所示。

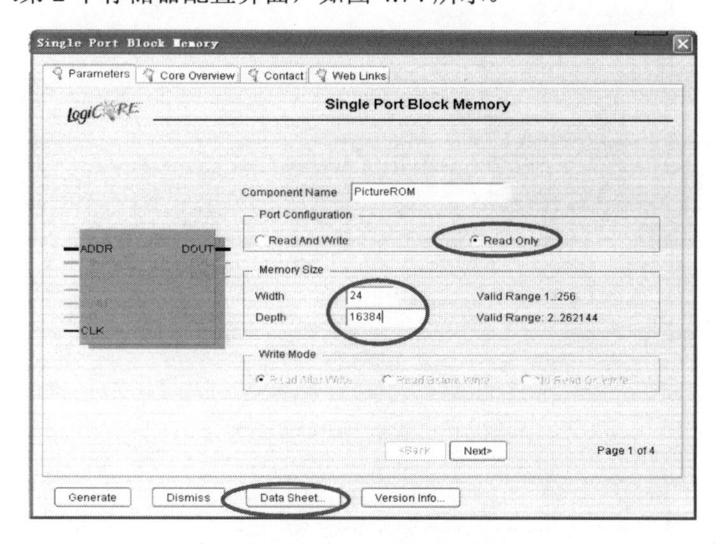

图 4.73　存储器配置界面之一

注意：图 4.73 中，单击 Data Sheet 按钮可查看存储器内核的数据手册。

（5）由于设计要求存储器具有读使能信号 en，所以在图 4.74 所示配置界面中还应选中 Enable Pin 复选框。单击 Next 按钮进入第 3 个存储器配置界面，如图 4.75 所示。

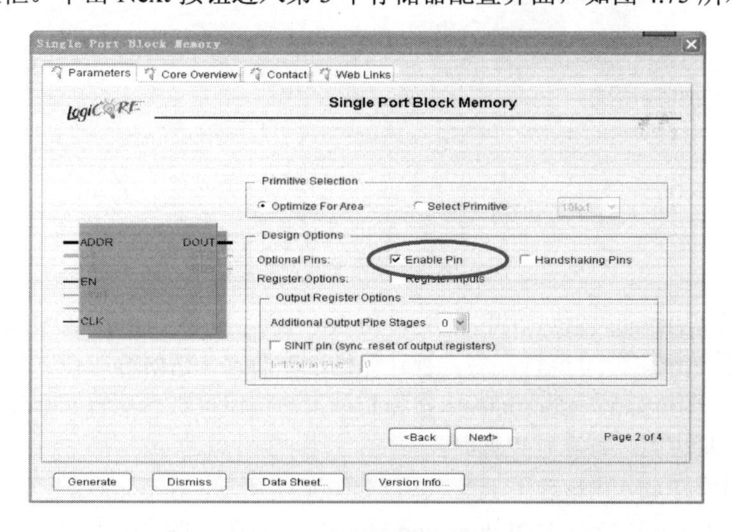

图 4.74　存储器配置界面之二

（6）图 4.75 所示的配置界面主要用于配置引脚特性，本例可选默认配置，单击 Next 按钮进入最后一个存储器配置界面，如图 4.76 所示。

（7）图 4.76 所示对话框用来配置 ROM 内容或 RAM 存储器初值，选中 Load Init File 复选框，单击 Load File 按钮，从 lab5\IPCore 文件夹中选择 flower1_128x128.COE（栀子花）或 flower2_128x128.COE（牡丹花）文件。

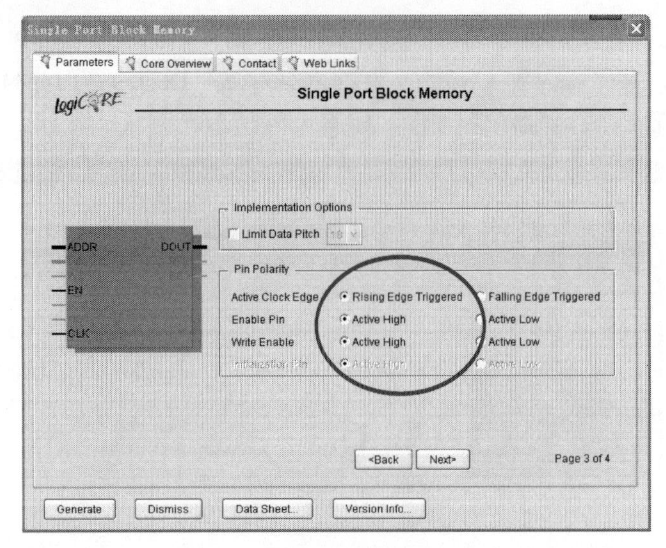

图 4.75　存储器配置界面之三

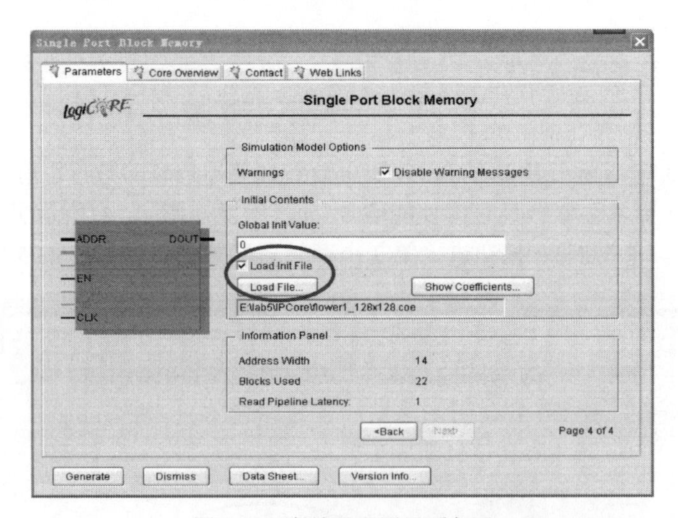

图 4.76　存储器配置界面之四

单击底部的 Generate 按钮，ISE 将生成 ROM 内核，并将 PictureROM.xco 文件自动加到 ISE 工程中。这一步骤需 10 分钟左右，视计算机性能而定，请耐心等待。

注意：慎重单击 Show Coefficients 按钮！单击此按钮可查看配置到存储器中的内容，但由于本 ROM 容量较大，查看过程耗时长。

（8）将产生的 ROM 内核应用于设计中。如图 4.77 所示，在 Sources 窗口选中 PictureROM 并双击 Process 窗口中的 View HDL Function Model 选项，在文件编辑窗口中打开 PictureROM.v 文件。根据设计要求，PictureROM 内核的实例描述应修改为：

```
PictureROM ROMInst (
    .addr(addr),
    .clk(sys_clk),
    .dout( {Picture_red,Picture_blue,Picture_green} ),
    .en(RomEn));
```

将上述实例描述加到顶层模块。本实验在顶层模块中已将这段代码注释，只需去掉注释符即可。

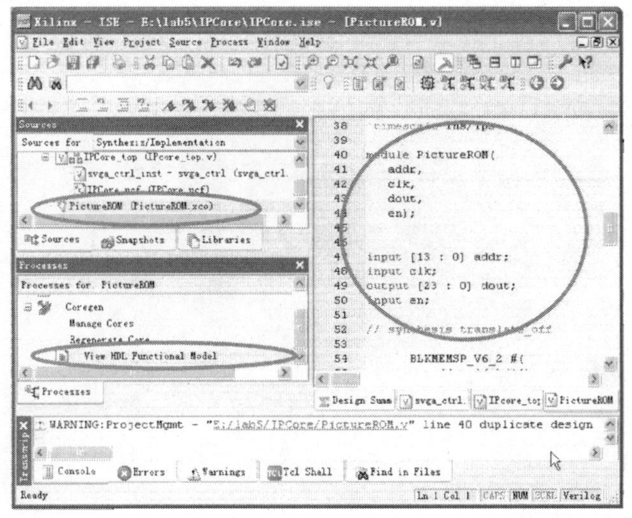

图 4.77　展开 PictureROM.v 文件

2. DCM 内核的生成和应用

（1）在 Processes 窗口中，双击 Create New Source 选项，在弹出的 Select Source Type 对话框中选择 IP（Coregen & Architecture Wizard）选项，并在文件命名区输入“VgaDCM”。单击 Next 按钮进入如图 4.78 所示的 Select IP 对话框。

在图 4.78 所示对话框中，依次展开 FPGA Features and Design、Clocking、Virtex-II Pro, Virtex-II, Spantan-3，选择 Signle DCM v9.1I 选项，单击 Next 按钮；再在弹出的界面中单击 Finish 按钮，即可打开一个内核生成系统界面，如图 4.79 所示。

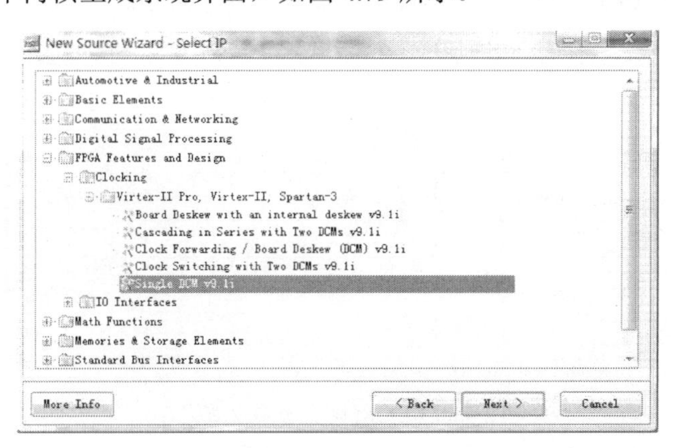

图 4.78　Select IP 对话框

（2）在图 4.79 所示的时钟配置对话中，根据设计要求进行如下设置：

① 本实验 DCM 电路没有使用复位信号，故去除 RST 引脚前的“√”。

② 本实验 DCM 电路需要分频输出，故选中 CLKDV 输出引脚。

③ 输入 DCM 的输入时钟频率：100MHz。

④ 输入 DCM 的分频比：2。

参数配置完毕后，单击 Next 按钮，进入如图 4.80 所示的下一个配置界面。

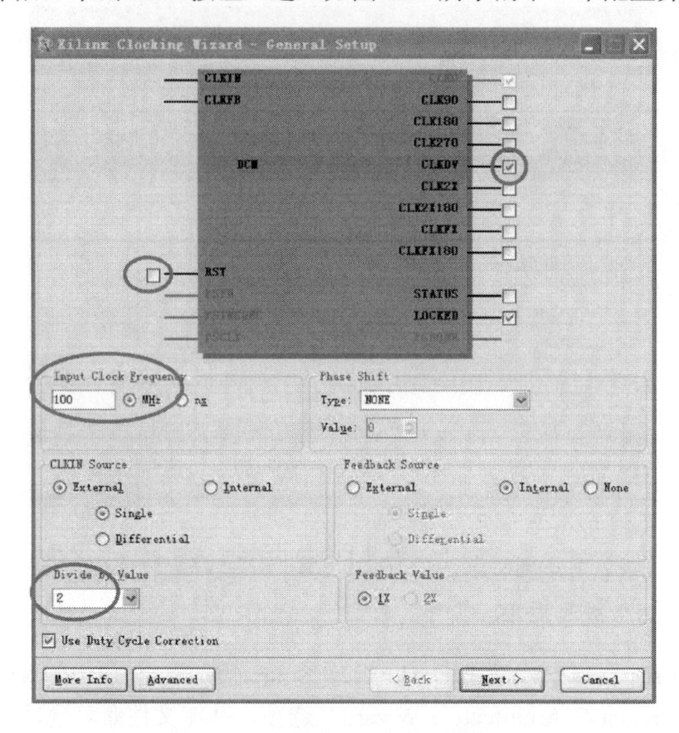

图 4.79　DCM 配置参数配置之一

（3）图 4.80 所示的时钟配置主要对 DCM 输出信号是否全局作出选择，本例要求输出为全局信号，因此可选默认配置。单击 Next 按钮，在弹出的界面中单击 Finish 按钮，ISE 将生成 DCM 内核，并将 VgaDCM.xco 文件自动添加到 ISE 工程中。

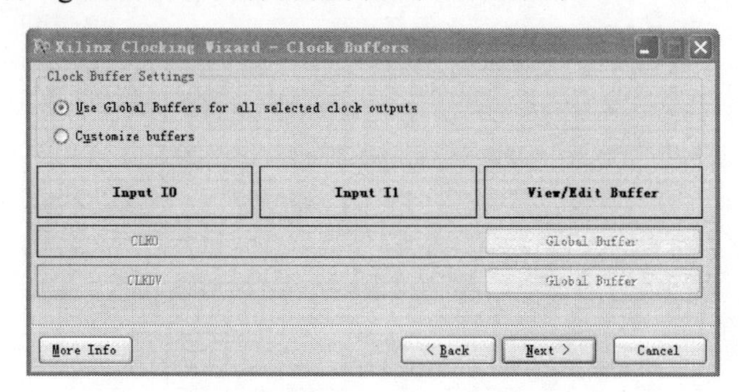

图 4.80　DCM 配置参数配置之二

（4）将产生的 DCM 内核应用于设计中。如图 4.81 所示，在 Sources 窗口中，选中 VgaDCM，双击 Process 窗口的 View HDL Instantiation Template 选项，内核 DCM 的实例描述模板将在文件编辑窗口中显示。将模板复制至顶层文件 IPCore_top.v，根据设计要求，将实例描述修改为：

```
VgaDCM DCMInst(
    .CLKIN_IN(clk),
```

```
.CLKDV_OUT(sys_clk),
.CLKIN_IBUFG_OUT(),
.CLK0_OUT(),
.LOCKED_OUT());
```

将上述实例描述加到顶层文件 IPCore_top.v 即可。

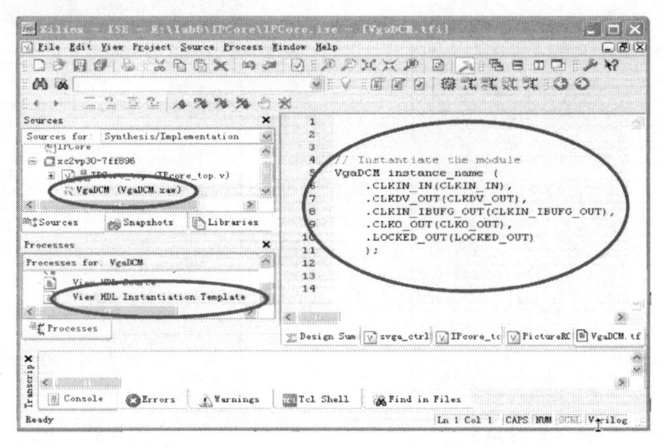

图 4.81　展开 PictureROM.v 文件

3. IP 内核的仿真

（1）新建一个仿真文件夹，如 E:\lab5\sim，复制下列仿真需要的文件。

① 测试文件 IPCore_svga_tb.v。仿真思路为读取一帧图像的红、绿和蓝三基色数据，并以 RGB24 格式存储于 rgb.rgb24 文件中，最后用 RGB 播放器进行播放验证。由于实验工程涉及 VGA 仿真，对初学者来说该测试文件可能较难理解，所以读者可在完成实验 12 后再来理解 VGA 测试文件。

另外，由于涉及 DCM 仿真，一般要求仿真精度达到 1ps，否则可能造成延时型锁相环失锁现象。

② 顶层模块 IPcore_top.v 和 VGA 控制子模块 svga_ctrl.v。

③ DCM 内核模块的行为模型 VgaDCM.v。

④ ROM 内核模块的行为模型 PictureROM.v 和数据交换文件 PictureROM.mif。

（2）仿真环境的建立，编译 Xilinx 仿真库，该步骤见附录 D 介绍。

（3）与实验 1 步骤相同，建立 ModelSim 工程，给工程添加 IPCore_svga_tb.v、IPcore_top.v、svga_ctrl.v、VgaDCM.v 和 PictureROM.v 文件，并编译所有文件。

（4）指定 IP 核所在的仿真库。

① 选择菜单 Simulate⇨Start Simulate 命令打开，如图 4.82 所示对话框。单击 Libraries 标签，再单击 Add 按钮，根据向导在 Search Libraries 栏中添加已经编译好的仿真库，一般需添加 simprim_ver、unisim_ver 和 xilinxcorelib_ver 三个仿真库。

② 单击 Design 标签，如图 4.83 所示，选中要仿真的文件 IPCore_svga_tb，在 Design Unit(s) 栏中会自动加入“work.IPCore_svga_tb”，单击 OK 按钮启动仿真执行。下面的步骤与实验 1 相似，这里不再介绍。

仿真将生成 rgb.rgb24 文件，利用 RGB24 播放器播放此文件，将会在屏幕中间看到一幅彩色图片。

4. 完成实验

仿真正确后，实现工程并下载至 XUP Virtex-II Pro 开发实验板，接入 VGA 显示器，VGA 中间会显示一幅 128×128 像素彩色图片。

单击 Left 按钮（RomEn 按钮），观看图片的变化，理解存储器的使能输入端 en 的作用。

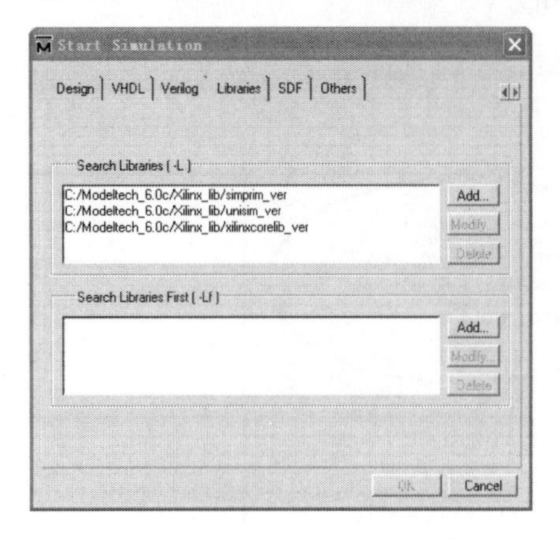

图 4.82　Start Simulate 对话框

图 4.83　启动仿真对话框

五、相关实验练习

（1）设计一个容量为 2048×8bit 的单端口 ROM 存放 ASCII 点阵码，不需要读出使能信号。初始化文件 ascii.coe 存放在光盘的 lab5\data 文件下。

（2）设计一个双端口 RAM，A、B 端口相对独立，并有使能信号，容量各为 64×64bit。

（3）设计一个双端口 RAM，容量为 2048×8bit，A 端口负责数据写入，有使能信号。B 端口负责数据读出，不需要使能信号。

（4）生成一个频率合成的 DCM 模块，输入频率为 100MHz，输出频率为 36MHz。

提示：在生成 DCM 模块过程中，在图 4.79 所示界面中，输出选中 CLKFX（CLKDV 不要选中），填写好输入频率后，单击 Next 按钮，根据向导填写乘、除因子。

六、思考题

（1）什么是 IP 内核模块？IP 内核模块分哪几类？为什么要使用 IP 内核模块？

（2）Xilinx DCM 内核主要由哪几个部分组成？各部分作用是什么？

（3）对具有 IP 内核的系统进行仿真，为什么在进行仿真前需要对厂家的仿真库进行预编译？

（4）如何在 ModelSim 中指定 Xilinx 的仿真库？

实验 6　ModelSim、ISE 的后仿真实验

一、概述

在实验 1 中详细介绍了 ModelSim 的功能仿真，本实验将通过一个简单实验介绍门级仿真和时序仿真流程。

门级仿真也称为综合后功能仿真。绝大多数的综合工具除了输出一个标准网表文件之外，还可以输出 Verilog 或者 VHDL 网表，这个 Verilog 或者 VHDL 网表可以供仿真使用。之所以

叫门级仿真是因为综合工具给出的仿真网表与 FPGA 生产厂家器件的底层元件模型是对应的，所以为了进行门级仿真必须在仿真过程中加入厂家的器件库，对仿真器进行一些必要的配置，否则仿真器会因无法识别其中的底层元件而无法进行仿真。ISE Project Navigator 并不支持综合后仿真，而是使用映射前门级仿真代替。

时序仿真也称为布局布线后仿真，ISE 在布局布线完成后提供一个时序仿真模型，这个模型包括器件的信息和 SDF 延时标注文件。

二、实验设备

装有 ISE 软件和 ModelSim SE 软件的计算机。

三、设计代码

1. 设计要求

设计一个具有同步清零的 4 位二进制加法计数器，选用 XC2V30-F896-7 器件综合、实现并用 ModelSim 进行时序仿真。

2. Verilog HDL 代码

计数器及其测试文件存放在光盘的 lab6\src 文件夹中，模块文件说明如下。

（1）counter.v：二进制计数器，参数 N 为计数器的位数，默认为 4 位二进制计数器。

（2）counter_tb.v：4 位二进制计数器的测试文件。

光盘中除了计数器 Verilog HDL 代码 counter.v 和测试文件 count_tb.v 外，还提供 ISE 约束文件 counter.ucf.。

四、实验步骤

本书使用 ModelSim SE 6.0c 和 ISE 9.2i 两个版本软件。由于采用的硬件语言形式是 Verilog HDL，所以书中只介绍 Verilog HDL 的后仿真流程。实际上，VHDL 的仿真方法与 Verilog HDL 相差不大，只是在建库方面有点差别而已。仿真环境的建立详见附录 D。

1. 在 ISE 环境下生成后仿真所需文件

（1）将光盘的 lab6\counter 文件夹复制到硬盘上，本例复制到 E 盘上。打开 ISE 工程文件 counter_ise.ise，对工程进行综合、实现。

（2）生成“后仿真”需要的文件。在 Sources 窗口，选择 Synthesis/Implementation 选项，并选中文件 counter.v。在如图 4.84 所示的 Processes 窗口，单击 Synthesize-XST 选项左侧的“+”号展开程序组，双击 Generate Post-Synthesis Simulation Model 选项，可产生综合后仿真文件 counter_synthesis.v，存储在文件夹\netgen\ synthesis 中。

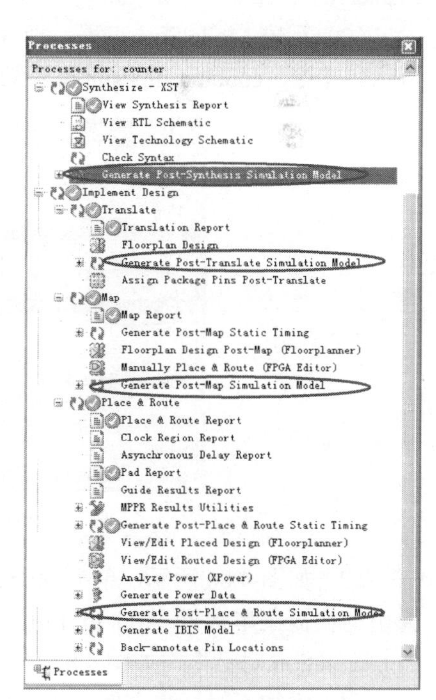

图 4.84　产生仿真文件的命令

如图 4.84 所示，ISE 的 Implement Design 过程分为翻译、映射、布局布线三个阶段，因此对应三个阶段有三种仿真。根据需要单击相应的选项，生成 ModelSim 后仿真所需要的文件。表 4.3 对生成的文件和生成这些文件需要单击的选项进行说明。生成的文件分别存储在文件夹 netgen 下的 translate、map 和 par 子文件夹中。

表 4.3 Implement Design 三个阶段的仿真文件

单击的选项	生成文件及存储位置
Generate Post-Translate Simulation Model	counter_translate.v 存储在文件夹\netgen\ translate 中
Generate Post-Map Simulation Model	counter_map.v，counter_map.sdf 存储在文件夹\netgen\ map 中
Generate Post-Place & Route Simulation Model	counter_timesim.v，counter_timesim.sdf 存储在文件夹\netgen\ par 中

在这 3 种仿真中，只有第一种仿真没有生成 sdf 文件。也就是说，在 ModelSim 仿真中，只有第一种仿真可以不用把 sdf 文件添加到仿真器中。到这时，所有为后仿真所做的准备工作就都完成了。

由于篇幅所限，下面只介绍布局布线后仿真，即时序仿真。

2. 用 ModelSim 进行时序仿真

（1）新建一个文件夹，如在 E:\lab6\counter 下新建文件夹 sim，ModelelSim 的工程文件存放在该文件夹下。另外，将文件夹 netgen 复制到该新建的文件夹里，注意必须将整个 netgen 文件夹复制。时序仿真总共需添加 3 个*.v 文件：一是 ISE 生成的 counter_timesim.v；二是模块的测试文件 counter_tb.v；最后一个是 glbl.v 文件，这个文件在 Xilinx 安装路径 C:\Xilinx92i\verilog\src 下。

（2）新建 ModelSim 工程，把 3 个文件添加到这个工程里并编译这 3 个文件，如图 4.85 所示。注意，counter_timesim. v 不要复制到 sim 文件夹下，继续留在 sim\netgen\par 中。

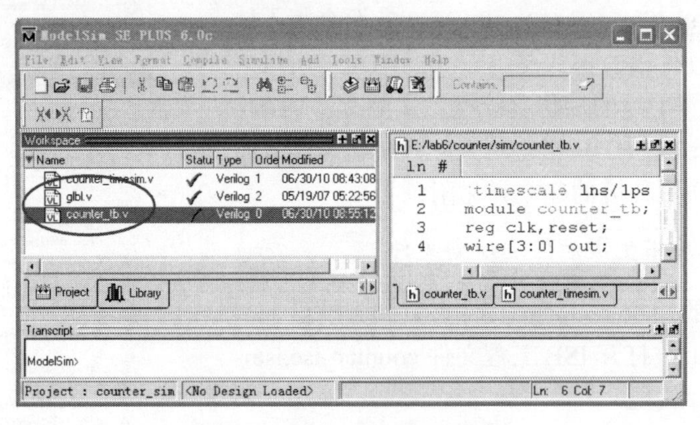

图 4.85 建立 ModelSim 工程

（3）如图 4.86 所示，单击 ModelSim 主窗口的工作区中 Project 标签，在工作区右击，在弹出的快捷菜单选择 Add to Project⇨Simulation Configuration 命令，弹出 Add Simulation Configuration 对话框，如图 4.87 所示。

（4）添加延时标注文件。如图4.87所示，在 Simulation Configuration Name 文本框中，可以给该仿真取名，本例为 Timing _Simulation。

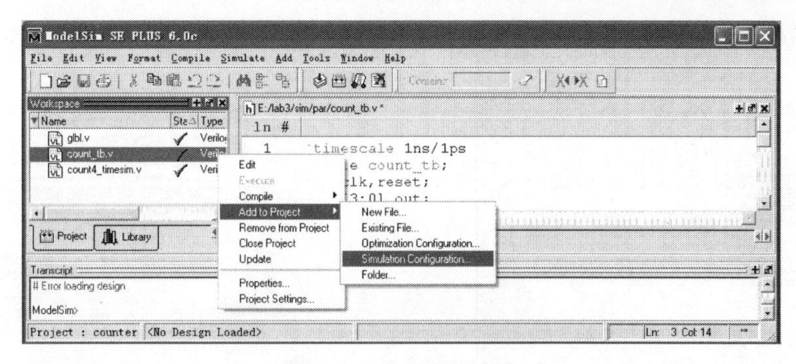

图 4.86　仿真配置命令

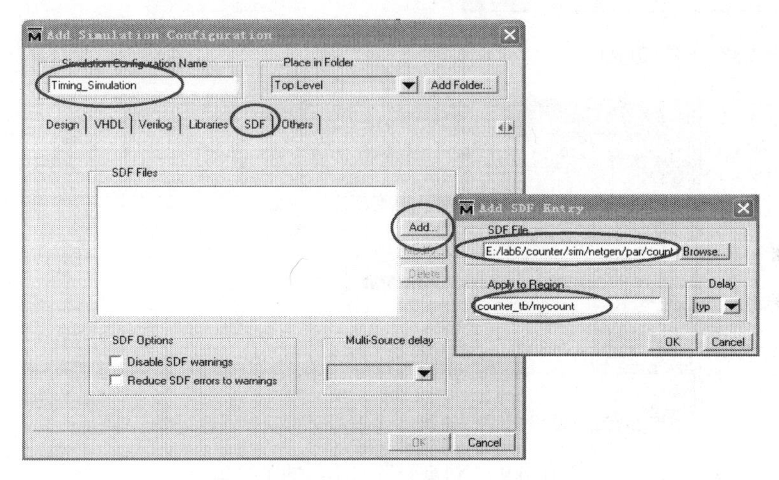

图 4.87　Add Simulation Configuration 对话框

选择 SDF 选项卡，单击 Add 按钮，添加 ISE 生成的延时标注文件 counter_timesim.sdf。特别注意的是，Apply to Region 文本框一定要填写正确，它对应的是测试文件名和调用的顶层模块实例名。本例的测试文件是 counter_tb.v，例化顶层模块 counter.v 的实例名为 mycount，那么正确的写法应该是 counter_tb/mycount。

如果是转换（translate）后仿真，则此步骤可以省略。

（5）添加 library。如图 4.88 所示，选择 Libraries 选项卡，单击 Add 按钮，添加 3 个 Xilinx 仿真库：simprim_ver、unisim_ver 和 xilinxcorelib_ver。

（6）选择要仿真的模块。如图 4.89 所示，选择 Design 选项卡，单击 work 左边的“+”号展开模块，选择 counter_tb 和 glbl 两个模块，注意要选的仿真模块不止一个。选好后单击 OK 按钮。

（7）进行后仿真。

完成上一步后，ModelSim 主窗口的工作区新增加一项 Timing_Simulation，如图 4.90 所示。双击 Timing_Simulation 选项进入仿真操作。后面的步骤很简单，参看实验 1。

图 4.91 所示为部分仿真波形，在仿真波形图中可明显看出输出信号相对时钟上升沿的时延。

至此，时序仿真步骤全部完成。另外需要指出，对于 IP 核的仿真，也可采用后仿真方式进行仿真。

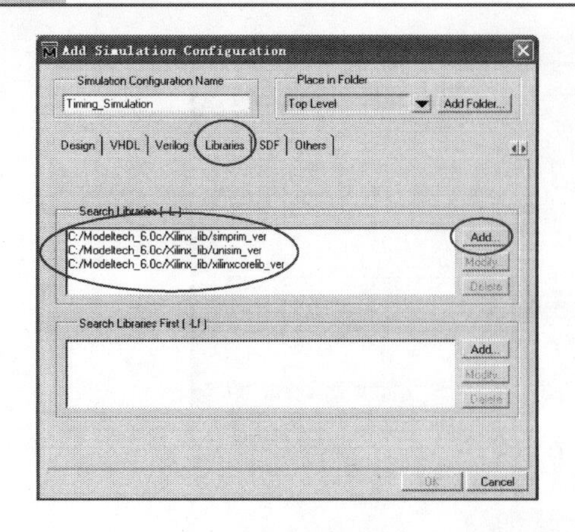

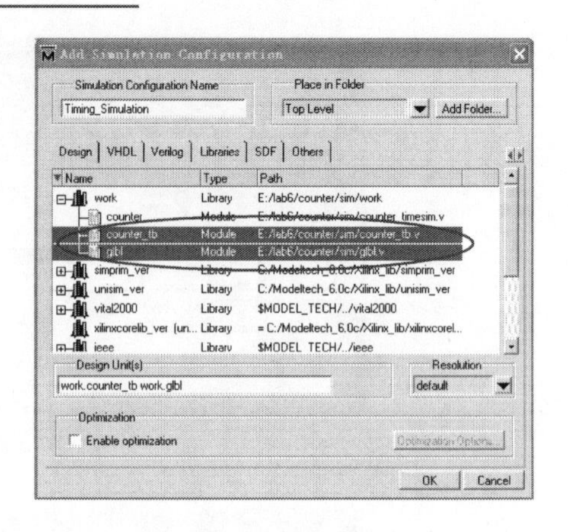

图 4.88 添加仿真库　　　　图 4.89 选择仿真的模块

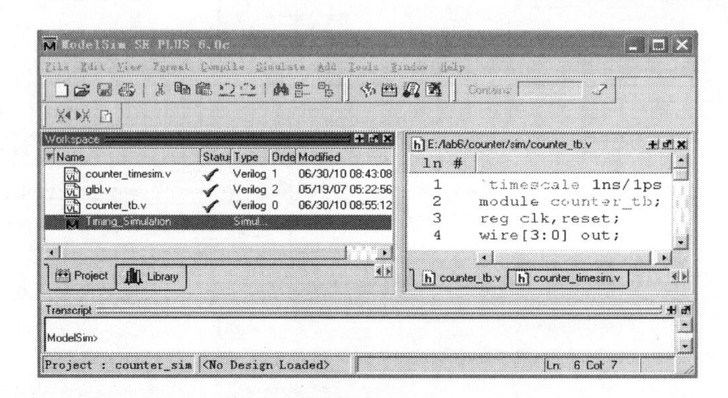

图 4.90 仿真设置完毕后的主窗口

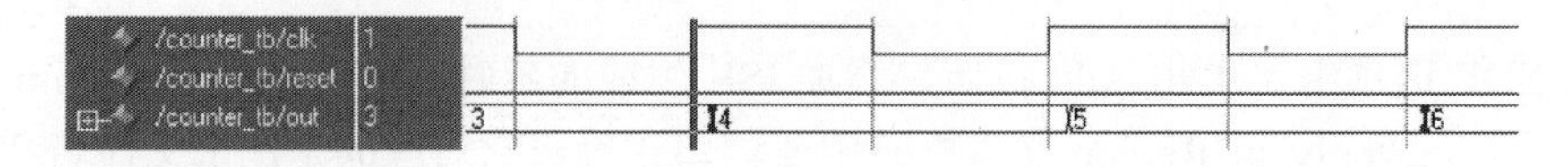

图 4.91 时序仿真结果

五、相关实验练习

光盘 lab4\multiplier 文件夹中有 8 位乘法器的 Verilog HDL 代码和测试代码，选用 XC2V30-F896-7 器件进行综合、实现并用 ModelSim 进行门级仿真和时序仿真。

六、思考题

（1）时序仿真需要哪些文件？

（2）什么是延时标注文件？它在仿真过程中的地位是什么？该文件是怎样生成的？

第5章 数字系统设计的基础实验

加法器、乘法器等运算电路是数字系统中的基本逻辑单元。在图像、语音、加密等数字信号处理领域中，加法器、乘法器扮演着重要的角色，并在很大程度上左右着系统的性能。如何以最少的资源实现运算电路的最高速度是运算电路的主要研究方向，本章的前 4 个实验正是围绕这个研究方向来进行运算电路的设计。

输入、输出设备是数字系统必不可少的部件。常用的输入设备有开关、按钮、键盘和鼠标等；常用的输出设备有 LED 指示灯、数码显示器、VGA 显示器等。实验 11 主要介绍开关或按钮的输入同步化和防颤动处理；实验 13 和 14 则分别介绍 PS2 键盘和 PS2 鼠标的输入接口方法。相对来说，输出设备接口设计简单些，本书只在实验 12 介绍 VGA 显示器的接口设计方法。

本章的后几个实验在某种意义上也可算是系统级实验。通过这些实验的学习，读者能够初步理解“自顶而下”的设计方法，掌握利用算法流程图进行控制器设计的方法，为后面的综合性实验积累知识。

实验 7　快速加法器的设计和应用

一、实验目的

（1）掌握全加器、先行进位加法器的设计。

（2）掌握快速加法器的设计。

（3）熟悉流水线技术。

（4）熟悉 testbench 的编写，熟悉 ModelSim 后仿真的工作流程。

二、实验任务

（1）用 Verilog HDL 描述一位全加器并用 ModelSim 进行功能仿真。

（2）用 Verilog HDL 描述四位先行进位加法器。

（3）用下列三种不同的方法设计 32 位二进制加法器，采用 ModelSim 后仿真技术对三种设计方法的时延进行分析比较：

① 用一位全加器扩展成 32 位串行进位二进制加法器；

② 用四位先行进位加法器扩展成 32 位二进制加法器；

③ 采用“进位选择加法”技术设计 32 位加法器。

（4）采用四级流水线技术设计 32 位加法器并用 ModelSim 进行功能仿真。

（5）设计一个 16 位补码加法电路并用 ModelSim 进行功能仿真。

三、实验原理

1. 一位全加器的设计

一位全加器有三个输入位：两个加数 A_i、B_i 和低位的进位 C_{i-1}，全加器输出的本位和 S_i

及进位 C_i 的表达式为

$$\begin{cases} S_i = A_i \oplus B_i \oplus C_{i-1} \\ C_i = A_iB_i + B_iC_{i-1} + A_iC_{i-1} \end{cases} \tag{5.1}$$

全加器可采用门级结构描述，也可采用 assign 语句赋值。

2. 四位先行进位加法器的设计

两个加数分别为 $A_3A_2A_1A_0$ 和 $B_3B_2B_1B_0$ ，C_{-1} 为最低位进位。设两个辅助变量分别为 $G_3G_2G_1G_0$ 和 $P_3P_2P_1P_0$： $G_i = A_i \,\&\, B_i$、$P_i = A_i + B_i$ 。

一位全加器的逻辑表达式可转化为

$$\begin{cases} S_i = P_i\overline{G_i} \oplus C_{i-1} \\ C_i = G_i + P_iC_{i-1} \end{cases} \tag{5.2}$$

利用上述关系，一个四位加法器的进位计算就变转化为

$$\begin{cases} C_0 = G_0 + P_0C_{-1} \\ C_1 = G_1 + P_1C_0 = G_1 + P_1G_0 + P_1P_0C_{-1} \\ C_2 = G_2 + P_2C_1 = G_2 + P_2G_1 + P_2P_1G_0 + P_2P_1P_0C_{-1} \\ C_3 = G_3 + P_3C_2 = G_3 + P_3G_2 + P_3P_2G_1 + P_3P_2P_1G_0 + P_3P_2P_1P_0C_{-1} \end{cases} \tag{5.3}$$

由式（5.3）可以看出，每一个进位的计算都直接依赖于整个加法器的最初输入，而不需要等待相邻低位的进位传递。理论上，每一个进位的计算都只需要三个门延迟时间，即产生 $G[i]$、$P[i]$ 的与门和或门，输入为 $G[i]$、$P[i]$、C_{-1} 的与门，以及最终的或门。同样道理，理论上最终结果 sum 的得到只需要四个门延迟时间。

实际上，当加数位数较大时，输入需要驱动的门数较多，其 VLSI 实现的输出时延增加很多，考虑到互连线的延时情况将会更加糟糕。因此，通常在芯片实现时先设计位数较少的超前进位加法器结构，而后以此为基本结构来构造位数较大的加法器。

3. 进位选择加法器的结构

实际上，由超前进位加法器级联构成的多位加法器只是提高了进位传递的速度，其计算过程与行波进位加法器同样需要等待进位传递的完成。

借鉴并行计算的思想，人们提出了进位选择加法器结构，或者称为有条件的加法器结构（conditional sum adder)，其算法的实质是增加硬件面积换取速度性能的提高。二进制加法的特点是进位或者为逻辑 1，或者为逻辑 0，二者必居其一。将进位链较长的加法器分为 M 块分别进行加法计算，对除去最低位计算块外的 $M-1$ 块加法结构复制两份，其进位输入分别预定为逻辑 1 和逻辑 0。于是，M 块加法器可以同时并行进行各自的加法运算，然后根据各自相邻低位加法运算结果产生的进位输出，选择正确的加法结果输出。图5.1 所示为 12 位进位选择加法器的逻辑结构图。12 位加法器划分为 3 块，最低一块（4 位）由 4 位超前进位加法器直接构成，后两块分别假设前一块的进位为 0 或 1 将两种结果都计算出来，再根据前级进位选择正确的和与进位。如果每一块加法结构内部都采用速度较快的超前进位加法器结构，那么进位选择加法器的计算时延为

$$t_{CSA} = t_{carry} + (M-2)t_{MUX} + t_{sum} \tag{5.4}$$

其中，t_{sum}、t_{carry} 分别为加法器的和与加法器的进位时延，t_{MUX} 为数据选择器的时延。

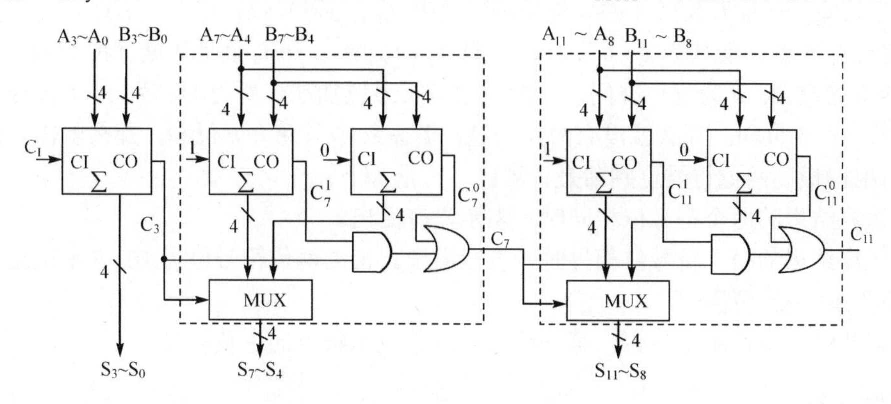

图 5.1　12 位进位选择加法器原理图

4. 流水线加法的设计

在数字系统中，如果完成某些复杂逻辑功能需要较长的时延，就会使系统很难运行在较高的工作频率上。流水线设计（pipeline design）是经常用于提高系统运行速度的一种有效方法，即在长时延的逻辑功能块中插入触发器，将复杂的逻辑操作分步进行，减少每个部分的操作，从而提高系统的运行速度。

图5.2所示为采用 4 级流水线技术的 32 位加法器的原理框图，采用了 5 级锁存、4 级 8 位加法。整个加法只受 8 位加法器工作速度的限制，从而提高了整个加法器工作速度。

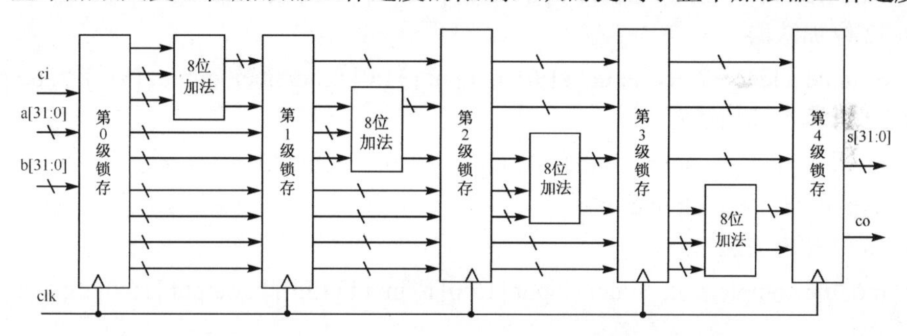

图 5.2　采用 4 级流水线技术的 32 位加法器原理框图

5. 补码加法

（1）补码加法运算法则如下：

① 参加运算操作的两个加数都用补码表示；

② 数据的符号位与数据一样参与加法运算；

③ 加法的进位应该丢弃；

④ 运算结果为补码。

（2）溢出判断。

在运算过程中，会存在运算结果超出了数的表示范围，这种现象称为溢出。若运算结果为正，则当绝对值超过表示范围时，称为正溢；若运算结果为负，则当绝对值超过表示范围时，称为负溢。判断溢出常用的方法之一是采用双符号位进行运算。

若 $A_{n-1}A_{n-2}\cdots A_0$ 为数据 A 的 n 位补码，其中 A_{n-1} 为符号位，那么只需在符号位前加一位符号位就可将数据 A 变换为 $n+1$ 位补码，即 $A_{n-1}A_{n-1}A_{n-2}\cdots A_0$ 就是数据 A 的 $n+1$ 位补码。

若两个加数 A、B 为 n 位补码，一般采用双符号位加法，所得的和为 $n+1$ 位补码。如果系统中容许 $n+1$ 位和，那么就没有溢出问题；若系统中只允许 n 位和，那么就需要给出溢出标志。可根据最高两位符号位判断是否溢出，方法如下：

① 运算结果的两个符号位相同时，表示没有溢出。

② 运算结果的两个符号位相异时，表示溢出。最高两位符号位为 01 表示正溢，最高两位符号位为 10 表示负溢。

③ 运算结果不论溢出与否，第一符号位总是表示结果的正负符号。

四、实验设备

装有 ISE、ModelSim SE 和 ChipScope Pro 软件的计算机。

五、提供的代码

本实验提供各实验任务的测试代码，因此 Verilog HDL 文件端口说明必须有如下描述：

（1）一位全加器

module full_adder(input a, input b, input ci ,output s ,output co);

（2）四位先行进位加法器

module adder_4bits(input [3:0] a, input [3:0] b, input ci, output [3:0] s, output co);

（3）32 位加法器

module adder_32bits(input [31:0] a, input [31:0] b, input ci, output [31:0] s, output co);

（4）32 位流水线加法器

module pipeline_adder (input clk, input [31:0] a, input [31:0] b, input ci,
output[31:0] s, output co);

（5）16 位补码加法

module complement_adder (input [15:0] a, input [15:0] b, output [16:0] s);

六、预习内容

（1）查阅相关资料，了解加法器的设计原理和应用场合。

（2）复习仿真的相关知识，理解 ModelSim 时序仿真的工作流程。

七、实验内容

（1）编写一位全加器的 Verilog HDL 代码，并用 ModelSim 软件进行功能仿真。

（2）编写四位先行进位加法器的 Verilog HDL 代码，并用 ModelSim 软件进行功能仿真。

（3）用三种方法编写 32 位加法器的 Verilog HDL 代码，分别对三种 32 位加法器用 XC2VP30-F896-7 可编程器件综合、实现，然后用 ModelSim 软件进行时序仿真，并对三种 32 位加法器的时延进行分析比较。

（4）编写采用 4 级流水线技术的 32 位加法器的 Verilog HDL 代码，用 XC2VP30-F896-7 可编程器件综合、实现，然后用 ModelSim 软件进行时序仿真。

（5）编写 16 位补码加法器的 Verilog HDL 代码，并用 ModelSim 软件进行功能仿真。注意，本实验输入为两个 16 位补码，输出和为 17 位补码，不需要给出溢出标志。

八、实验报告要求

（1）写出设计原理、列出 Verilog HDL 代码并对设计作适当说明。

（2）记录 ModelSim 仿真波形，并对仿真波形作适当解释，分析是否符合预期功能。

（3）记录实验结果，分析设计是否正确。

（4）记录实验中碰到的问题和解决方法。

九、思考题

（1）在设计仿真 32 位加法器时，发现用全加器扩展成的 32 位串行进位二进制加法器与用 4 位先行进位加法器扩展成的 32 位加法器的时延基本相同，这是为什么？

（2）在补码加法中，如果不采用双符号位加法，怎样判断运算结果是否溢出？

（3）采用流水线技术有什么优缺点？

实验 8　浮点数加法器的设计

一、实验目的

（1）熟悉 ModelSim、ISE、ChipScope Pro 等软件的使用。

（2）掌握用 Verilog HDL 设计组合电路的方法。

（3）熟悉 testbench 的编写。

二、浮点数的基本概念

8 位 μ-律浮点数 f 由两个数 M 和 E 来表示：$f = M \times 2^E$，其中 M 为 5 位尾数，即 $M = m_4m_3m_2m_1m_0$；E 为 3 位阶码（也称为指数），$E = e_2e_1e_0$。E 处于高 3 位，M 处于低 5 位，即浮点数 f 用 $e_2e_1e_0m_4m_3m_2m_1m_0$ 来表示。本实验假设 M、E 均为无符号数，所以 f 可近似表示 0～3968（31×2^7）范围的数字。

浮点数表示数字的最大误差为 2^E。规格化的浮点数要求阶码 E 尽可能小，目的就是为了减小误差。例如，十进制数 40 可表示为（$E = 2$，$M = 10$）和（$E = 1$，$M = 20$），显然后者为规格化的浮点数。

三、实验任务

（1）用 Verilog HDL 设计简易的浮点数加法器。本实验有两个假设：

① 尾数 M 和阶数 E 均为无符号数；

② 两个输入加数 aIn、bIn 均为规格化浮点数。

（2）本实验采用 ChipScope Pro 的 VIO 验证实验结果。实验的顶层（top）文件的示意框图如图5.3 所示，虚框内的 float_adder 就是需要读者设计的浮点数加法器模块。由于本实验已提供 testbench、ISE 工程等相关文件，所以设计的浮点数加法器文件端口说明必须有如下描述：

module float_adder(input[7:0] aIn, input[7:0] bIn, output[7:0] result, output overflow);

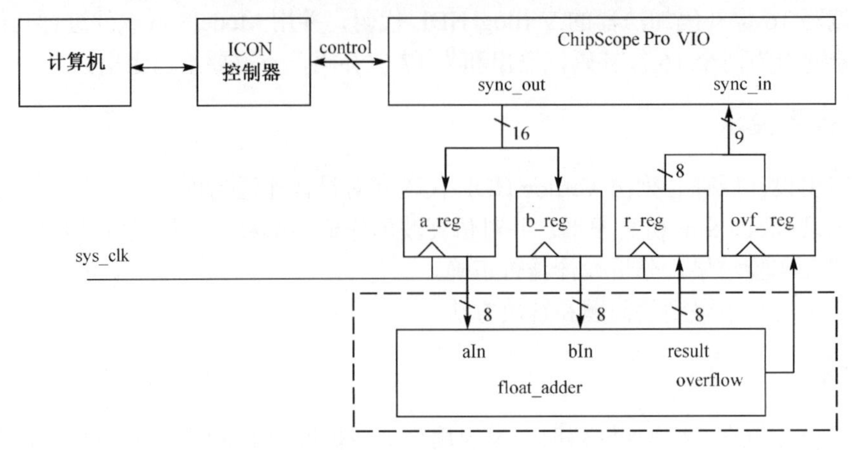

图 5.3　float_adder_top 顶层结构示意框图

四、实验原理

1. 浮点数加法运算规则

设有两个浮点数 a 和 b，分别为 $a=2^{\mathrm{Ea}}\times \mathrm{Ma}$、$b=2^{\mathrm{Eb}}\times \mathrm{Mb}$，则

$$\begin{cases} a+b=(\mathrm{Ma}\times 2^{\mathrm{Ea-Eb}}+\mathrm{Mb})\times 2^{\mathrm{Eb}} & (\mathrm{Ea}<\mathrm{Eb}) \\ a+b=(\mathrm{Ma}+\mathrm{Mb}\times 2^{\mathrm{Eb-Ea}})\times 2^{\mathrm{Ea}} & (\mathrm{Ea}\geq \mathrm{Eb}) \end{cases} \tag{5.5}$$

其中，Ea、Eb 分别为 a、b 的阶码，Ma、Mb 分别为 a、b 的尾数。

完成浮点加法运算的操作过程大体分为三步：① 比较阶码大小并完成对阶；② 尾数进行相加；③ 结果规格化并进行舍入处理。

1）对阶

两浮点数进行加法，首先要看两数的阶码是否相同，即小数点位置是否对齐。若两数阶码相同，就可以直接进行尾数的相加运算。反之，若两数阶码不同，则必须先使两数的阶码相同，这个过程称为对阶。

若 Ea ≠ Eb，则要通过尾数的移位来改变 Ea 或 Eb，使之相等。由于浮点表示的数大多是规格化浮点数，所以尾数左移会引起最高有效位的丢失，造成很大误差；而尾数右移虽引起最低有效位的丢失，但造成的误差较小。因此，在对阶时，对阶操作总是使小阶向大阶看齐，即小阶的尾数向右移位，每右移一位，其阶码加 1，直到两数的阶码相等为止，右移的位数等于阶差ΔE。

2）尾数求和

对阶完毕后就可对尾数求和。

3）规格化

由于本实验假设 M、E 均为无符号数，且两个输入加数均为规格化浮点数，所以规格化非常简单：当尾数求和的结果产生进位，即尾数之和大于 M 表示范围时，需要向右规格化，即尾数右移 1 位，阶码加 1；没有产生进位则不需要规格化。

4）舍入

在对阶或向右规格化时，尾数要向右移位，这样，被右移的尾数的低位部分会被丢掉，从而造成一定误差，因此要进行舍入处理。

常用的舍入方法有两种：一种是“0 舍 1 入”法，即如果右移时被丢掉数位的最高位为 0 则舍去，为 1 则将尾数的末位加 1；另一种是“只舍不入”法，只要数位被移掉即可。本实验采用“只舍不入”法。

5）溢出处理

浮点数加法的溢出表现为其阶码的溢出：若阶码正常，则运算正常结束；若阶码溢出，则要进行相应的溢出处理，设置溢出标志。

2. 浮点数加法的功能框图

根据浮点数加法运算规则可得图5.4所示的原理框图，由对阶、尾数求和、规格化三部分组成。

阶码逻辑（Exp Logic）对两个加数的阶码进行比较，并输出比较结果 agtb（Ea≥Eb 时为 1，否则为 0）、大的阶码 ge，并且求出两数的阶差 de。数据选择器（MUX）选出小阶码的尾数并送入移位器（Shift）完成对阶，右移位数由阶差 de 决定。同时数据选择器（MUX）选出的大阶码的尾数直接送入尾数求和加法器。

当尾数求和产生进位，即 sm[5]=1 时，尾数规格化中的移位器右移一位，否则不需移位，也可理解为移 0 位。规格化中移位器结果的低 5 位即为和的尾数。另外，还需要对和的阶码进行规格化，方法很简单：只需将大的阶码 ge 与尾数加法器的最高位 sm[5]相加即可。

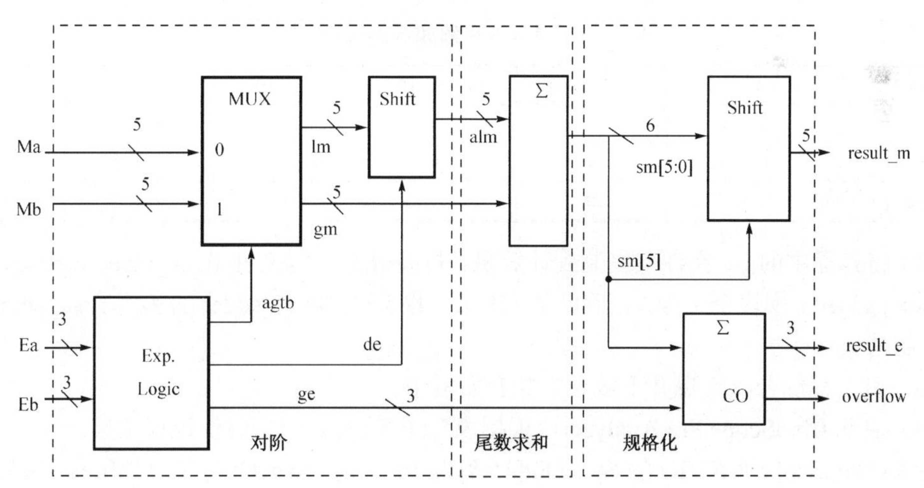

图 5.4　浮点数加法原理框图

五、提供的文件

（1）sim 文件夹中，提供 float_adder 模块的测试文件 float_adder_tb.v。

（2）ise 文件夹中，提供 ISE 工程相关文件，包括 top 文件、约束文件、ChipScope Pro 文件等，如图5.5所示。

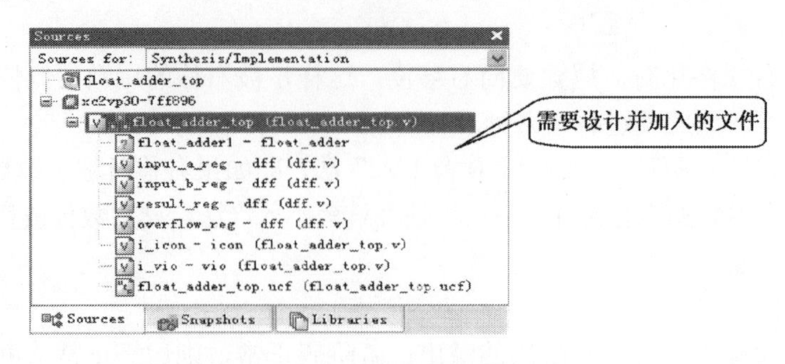

图 5.5 ISE 工程文件的层次结构

六、实验设备

（1）装有 ISE、ModelSim SE 和 ChipScope Pro 软件的计算机。

（2）XUP Virtex-II Pro 开发系统一套。

七、预习内容

（1）查阅浮点数的相关知识，了解浮点数基本概念和运算规则。

（2）复习 ChipScope Pro 软件的使用方法，理解用 ChipScope Pro 的虚拟输入输出（VIO）来验证多输入、多输出组合电路的方法。

八、实验内容

（1）编写浮点数加法的 Verilog HDL 代码并用 ModelSim 仿真，根据表5.1验证设计结果。

表 5.1 浮点数加法验证表

aIn	100_10101	111_10000	111_11110	010_10101	101_11001	001_11110
bIn	001_10011	001_10000	110_11000	100_11011	101_11100	011_11101
result	100_10111	111_10000	□	101_10000	110_11010	100_10010
overflow	0	0	1	0	0	0

（2）将光盘中的 ise 文件夹复制到计算机，打开 ISE 工程文件 float_adder_top.ise。添加设计的 float_adder.v 模块至工程，正确添加文件后，图5.5中 float_adder 的实例 float_adder1 前的“？”将消失。

（3）对工程综合、实现并下载至实验开发板中。

（4）启动 ChipScope Pro Analyzer，根据表5.1的输入要求来验证设计结果。

注意：ChipScope Pro VIO 的 SyncOut[15:8]为 aIn 信号，SyncOut[7:0]为 bIn 信号；SyncIn[8]为 overflow 信号，SyncIn [7:0]为 result 信号。

九、实验报告要求

（1）写出设计原理、列出 Verilog HDL 代码并对设计作适当说明。

（2）记录 ModelSim 仿真波形，并对仿真波形作适当解释，分析是否符合预期功能。

（3）记录实验结果，分析设计是否正确。

（4）记录实验中碰到的问题和解决方法。

十、思考题

如果实验的两个假设条件不存在，即尾数 M 和阶数 E 均为有符号补码，图5.4浮点数加法原理框图应作如何改动？

实验 9　乘法器的设计

一、实验目的

（1）掌握 ModelSim、ISE、ChipScope Pro 等软件的使用。
（2）掌握常用乘法运算电路的设计方法。

二、实验任务

（1）用 Verilog HDL 设计 16 位 ×16 位无符号数的组合乘法器，并用 ModelSim 进行功能仿真和时序仿真，分析乘法器性能。
（2）用 Verilog HDL 设计16位 ×16 位无符号数的时序乘法器，并用 ModelSim 进行功能仿真。

三、实验原理

1. 组合（并行）乘法器

乘法器的“移位加”算法是模拟笔算的一种比较简单的算法。A 与 B 相乘过程如图5.6 所示。A 与 B 都是 4 位二进制无符号数，每一行称为部分积，它表示左移的被乘数根据对应的乘数数位乘以 0 或 1，所以二进制数乘法的实质就是部分积的移位和相加。

				A_3	A_2	A_1	A_0	$=A$
			×)	B_3	B_2	B_1	B_0	$=B$
				A_3B_0	A_2B_0	A_1B_0	A_0B_0	部分积 0
			A_3B_1	A_2B_1	A_1B_1	A_0B_1		部分积 1
		A_3B_2	A_2B_2	A_1B_2	A_0B_2			部分积 2
+)	A_3B_3	A_2B_3	A_1B_3	A_0B_3				部分积 3
P_7	P_6	P_5	P_4	P_3	P_2	P_1	P_0	$=P$

图 5.6　乘法运算过程

最基本最直观的乘法器结构如图5.7所示，由简单的全加器和与门构成。研究图5.7所示电路的时延，最坏的情况为图中粗线所示的关键路径，所以乘法器的速度主要取决于此关键路径。

2. 时序（串行）乘法器

时序乘法器的实质是使用累加器来完成部分积的相加，每一个时钟周期完成一个部分积相加。图5.8所示为 16 位 ×16 位时序乘法器的原理框图。左移移位寄存器（LeftShift）、右移移位寄存器（RightShift）和数据选择器（MUX）完成部分积运算，32 位累加器（ACC）对部分积进行累加。

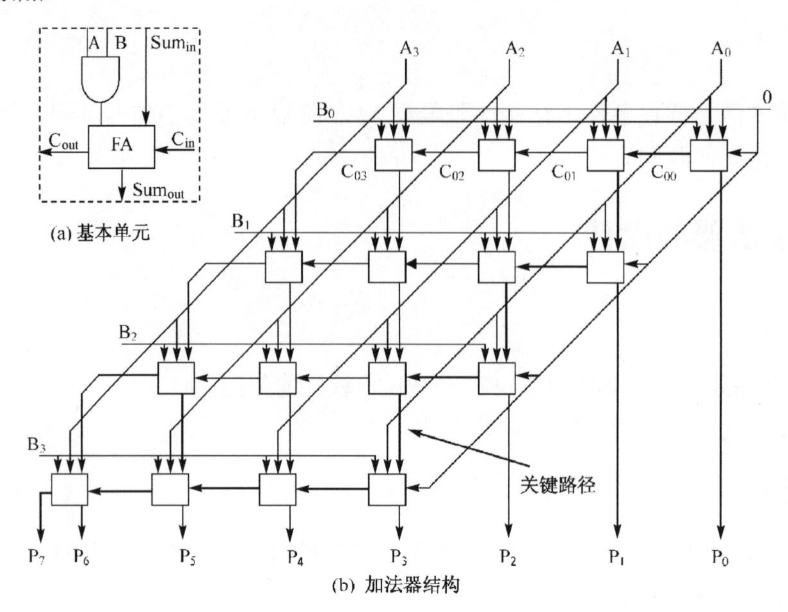

图 5.7　4 位二进制乘法器的并行结构

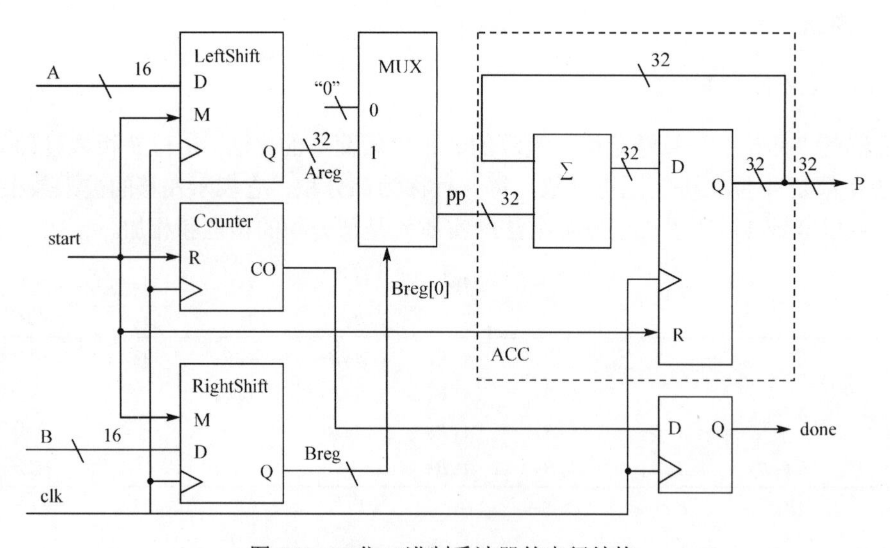

图 5.8　16 位二进制乘法器的串行结构

图5.8中的 LeftShift 为被乘数的 32 位移位寄存器，输入 M 为工作模式控制信号：M = 0 时，移位寄存器为左移操作；M = 1 时，移位寄存器为置数操作。RightShift 为乘数的 16 位移位寄存器，输入 M 为工作模式控制信号：M = 0 时，移位寄存器为右移操作；M = 1 时，移位寄存器为置数操作。十六进制加法计数器 Counter 用来计算部分积累加次数，CO 为进位输出。信号 done 为一次乘法结束标志，只有当 done 为高电平时，积 P 才有效。

时序乘法器的工作流程图如图5.9所示，start 高电平脉冲启动一次乘法，完成一次 16 位 ×

16 位乘法需要 17 个时钟周期。

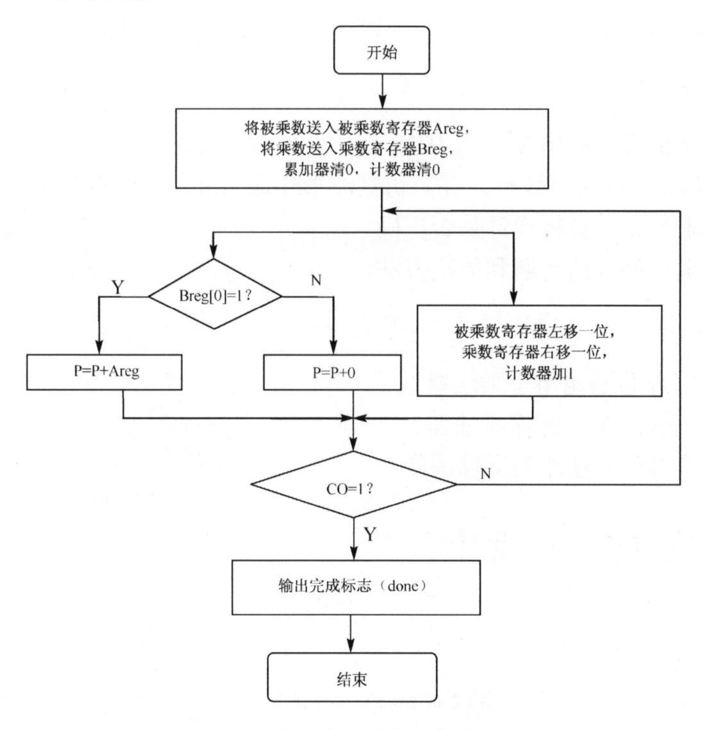

图 5.9　时序乘法器的工作流程图

四、实验设备

（1）装有 ISE、ModelSim SE 和 ChipScope Pro 软件的计算机。
（2）XUP Virtex-II Pro 开发系统一套。

五、预习内容

查阅有关乘法器相关资料，了解乘法器的应用场合和乘法器的各种设计方法。

六、实验内容

1. 组合乘法器的设计

（1）编写 16 位× 16 位无符号数组合乘法器的 Verilog HDL 代码。
（2）编写乘法器的测试代码并用 ModelSim 进行功能仿真。
（3）以 Xilinx 公司的 Virtex-II Pro 系列的 XC2VP30-F896-7 为目标器件，对组合乘法器进行工程综合、实现，并生成时序仿真所需文件。
（4）用 ModelSim 进行时序仿真，求出乘法器的最大时延。

2. 时序乘法器的设计

（1）编写 16 位 × 16 位无符号数时序乘法器的 Verilog HDL 代码。
（2）编写乘法器的测试代码并用 ModelSim 进行功能仿真。
（3）以 Xilinx 公司的 Virtex-II Pro 系列的 XC2VP30-F896-7 为目标器件，对时序乘法器进

行工程综合、实现，并生成时序仿真所需文件。

（4）用 ModelSim 进行时序仿真，求出时序乘法器的最高工作频率。

七、实验报告要求

（1）写出设计原理、列出 Verilog HDL 代码并对设计作适当说明。

（2）记录 ModelSim 仿真波形，并对仿真波形作适当解释，分析是否符合预期功能。

（3）记录实验结果，分析设计是否正确。

（4）记录实验中碰到的问题和解决方法。

八、思考题

（1）怎样编写 N 位通用组合乘法器？

（2）怎样编写 N 位通用时序乘法器？

（3）怎样提高多位乘法器的运算速度？

实验 10 快速乘法器的设计

一、实验目的

（1）掌握 ModelSim、ISE、ChipScope Pro 等软件的使用。

（2）掌握快速运算电路的设计方法。

（3）进一步熟悉 testbench 的编写。

二、设计任务

1. 基本任务

用 Verilog HDL 设计 8 位补码乘法器，要求：

（1）输入被乘数 a、乘数 b 均为 8 位二进制补码，要求输出乘积 p 也用 16 位二进制补码表示；

（2）本设计主要考虑工作速度，不必考虑芯片资源的耗用。

注意：本实验采用 ChipScope Pro 的 VIO 验证实验结果，实验的 top 文件的示意框图如图 5.10 所示，图中的 booth_multiplier 模块就是需要读者设计的 8 位乘法器模块。由于本实验已提供 testbench 文件、ISE 工程等相关文件，因此设计的乘法器模块端口说明必须有如下描述：

```
module booth_multiplier ( input [7:0] a, input [7:0] b，output [15:0] p);
```

2. 高级任务

用 Verilog HDL 设计 16 位 Booth 补码乘法器，用 XC2VP30-F869-7 器件进行综合和实现，并用 ModelSim 进行时序仿真。

三、实验原理

在实验 19 中，分析乘法器的运算过程可以分解为部分积的产生和部分积的相加两个步骤。部分积的产生非常简单，实现速度较快；而部分积相加的过程是多个二进制数相加的加法问题，实现速度通常较慢。以 0.18μmCMOS 工艺标准单元实现的 8 位 ×8 位乘法器为例，部分积的产生过程只占 5%的时延，而 8 个部分积的逐步累加过程占据 95%的时延。由此可以看出，解决乘法器速度问题需要分别从以下两个方面入手：减少部分积的个数，提高部分积相加运算的速度。

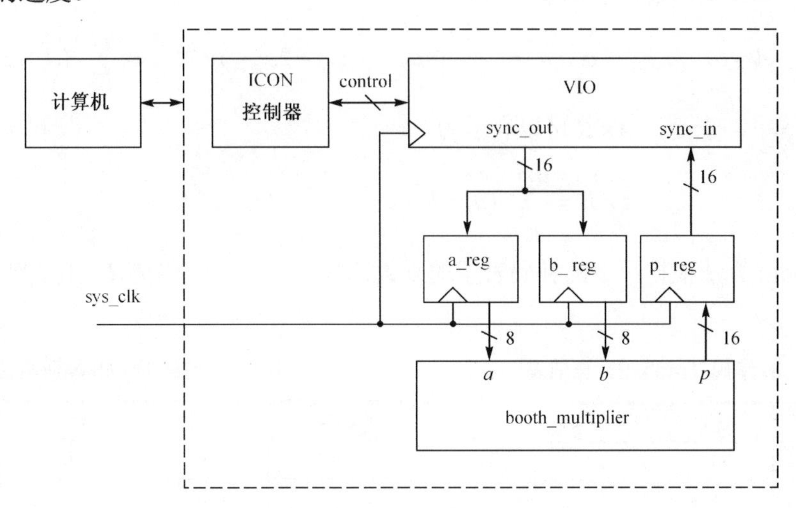

图 5.10　顶层结构示意框图

1. Booth 算法

从上述分析可以知道，乘法运算的时延主要消耗在部分积累加的过程，因此为了提高乘法运算速度，首先考虑采用 Booth 算法以减少部分积的数目。Booth 算法有两方面的优势，其一是 Booth 算法针对的是二进制补码表示的符号数之间的乘法运算，即可以同时处理二进制正数/负数的相乘；其二是 Booth 算法乘法器可以减少乘法运算部分积的个数，提高乘法运算的速度。

下面讨论一个 M 位 × N 位乘法器基本单元的设计。设乘数 A 为 M 位有符号数补码，相应各位的值为 $a_i(i=0,1,\cdots,M-2,M-1)$，用位串可表示为

$$A=a_{M-1}a_{M-2}\cdots a_2a_1a_0 \tag{5.6}$$

设被乘数 B 为 N 位有符号数补码，相应各位的值为 $b_i(i=0,1,\cdots,N-2,N-1)$，用位串可表示为

$$B=b_{N-1}b_{N-2}\cdots b_2b_1b_0 \tag{5.7}$$

符号数 A 可表示为

$$A=a_{M-1}a_{M-2}\cdots a_2a_1a_0=-a_{M-1}2^{M-1}+\sum_{i=0}^{M-2}(a_i\times 2^i)=\sum_{i=0}^{M-1}\left[(a_{i-1}-a_i)\times 2^i\right] \tag{5.8}$$

这里 $a_{-1}=0$。于是，$A\times B$ 可以表示为

$$A\times B=B\sum_{i=0}^{M-1}(a_{i-1}-a_i)2^i=\sum_{i=0}^{M-1}(d_i\times B\times 2^i)=\sum_{i=0}^{M-1}(P_i\times 2^i) \tag{5.9}$$

式(5.9)中，d_i 为乘数 A 的 Booth 编码值，由 A 中各相邻比特的图案决定，其真值表如表 5.2

所示。

基本 Booth 算法中需要相加的部分积数为 M，数目比较多。MacSoley 提出了一种改进算法，将需要相加的部分积数减少了一半，大大提高了乘法速度。改进 Booth 算法对乘数 A 中相邻 3 个比特进行编码，符号数 A 可表示为

$$A = a_{M-1}a_{M-2}\cdots a_2a_1a_0 = \sum_{i=0}^{M/2-1}\left[(a_{2i-1} + a_{2i} - 2a_{2i+1})\times 2^{2i}\right] = \sum_{i=0}^{M/2-1}(d_i \times 2^{2i}) \tag{5.10}$$

这里 $a_{-1}=0$。于是，$A\times B$ 可以表示为

$$A\times B = \sum_{i=0}^{M/2-1}(d_i \times B \times 2^{2i}) = \sum_{i=0}^{M/2-1}(P_i \times 2^{2i}) \tag{5.11}$$

改进 Booth 算法根据用 2 的补码表示的乘数比特图案给出编码值 d_i，其真值表如表5.3 所示。

表 5.2 Booth 编码（radix-2）真值表

a_i	a_{i-1}	d_i
0	0	0
0	1	1
1	0	–1
1	1	0

表 5.3 改进 Booth 编码真值表

a_{2i+1}	a_{2i}	a_{2i-1}	d_i
0	0	0	0
0	0	1	1
0	1	0	1
0	1	1	2
1	0	0	–2
1	0	1	–1
1	1	0	–1
1	1	1	0

图5.11 以列式表示改进 Booth 算法的 8 位乘法器的 4 个部分积产生方法。应用改进 Booth 算法的乘法器运算过程与图 5.7 所示的以全加器构成的移位相加乘法器相比，仍然包括 Booth 编码过程、部分积产生、部分积相加这三个过程。所不同的是，其部分积产生采用了改进 Booth 算法，令产生的部分积个数减少到原来的一半，因此其后的部分积相加过程变得更为简单，速度更快。

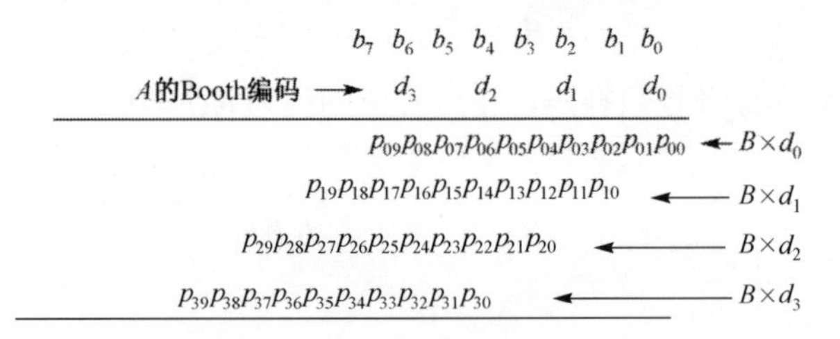

图 5.11 改进 Booth 算法的计算实例

对于部分积还需作三点说明：

① 由于编码值 d_i 达到±2，所以部分积有 10 位；

② $-B$ 算法是指将符号数 B 的各位取反（包括符号位），然后加 1；±2B 是指将±B 扩展一位，再左移一位，末位添 0；

③ 部分积符号扩展问题。

由上面分析，各部分积的符号位所处的位置不同。由于 2 的补码运算的特殊性，Booth 乘法器中每个部分积都需要进行符号扩展，要求将需相加的部分积符号扩展到统一的最高位，才能够保证计算结果的正确性。例如，前两个部分积 P_0、P_1 相加，因为 P_1 有 12 位，所以应将部分积 P_0 扩展到 12 位（P_0、P_1 两个部分积采用 12 位相加不会溢出），具体做法如下：

$$P_{09}P_{08}P_{07}P_{06}P_{05}P_{04}P_{03}P_{02}P_{01}P_{00} = P_{09}P_{09}P_{09}P_{08}P_{07}P_{06}P_{05}P_{04}P_{03}P_{02}P_{01}P_{00} \tag{5.12}$$

式(5.12)中的 P_{09} 为补码的符号位，即在高位添加的符号位。

2. Wallace 树加法

在采用改进 Booth 算法将部分积数目减少为原来的一半之后，乘法运算的主要问题就是处理多个多位二进制操作数相加的问题了。最直观的算法是将多个操作数（乘法运算中称为部分积）逐一累加，每一次的加法运算都需要等待耗时严重的进位传递的完成，总共需要完成 n–1 次进位传递，计算时延巨大。考虑利用全加器 3-2 压缩（3 级加法运算转换为 2 级加法运算）的特性，将每一次全加器加法计算得到的一串进位保留作为下一次全加器加法运算的输入，依此类推，仅有最后一次多位加法运算需要完成全部的进位传递过程，因而节省了大量的计算时延。这种结构如图 5.12 所示，称为进位保留加法结构（Carry-Save Adder，CSA）。

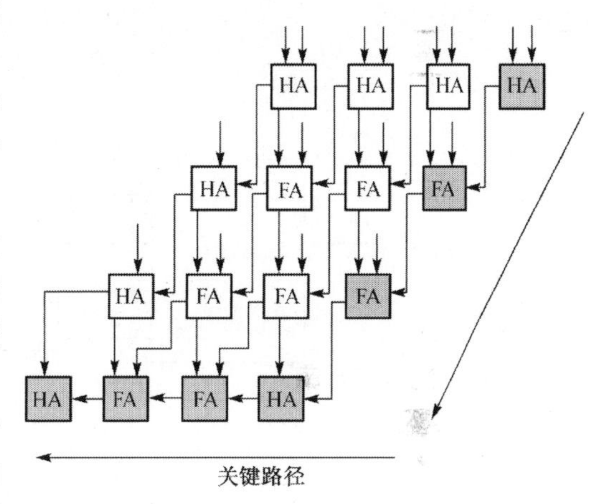

图 5.12　CSA 加法器的原理图

CSA 加法器的计算时延大部分在多个操作数的累加运算上，如 8 个数相加，需要完成 7 次加法运算。CSA 结构的优点是结构简单规范、容易扩展；缺点是延时大、速度慢，这是因为 CSA 结构中的关键路径首先要穿越所有的全加器（或者半加器），然后再穿过最后用于计算进位传递的快速加法器。

Wallace 在 1964 年提出采用树形结构减少多个数累加次数的方法，称为 Wallace 树结构加法器。如图5.13(b)、(c)所示，Wallace 树充分利用全加器 3-2 压缩的特性，随时将可利用的所有输入和中间结果及时并行计算，因而可以将 N 个部分积的累加次数从 $N-1$ 次减少到 $\log_2 N$ 次，大大节省了计算时延。图5.13所示为 CSA 结构与 Wallace 树结构的对照。全加器或者半加器都可以构成 Wallace 树结构，其结构的关键特征在于利用不规则的树形结构对所有准备好输入数据的运算及时并行处理。

Wallace 树结构一般用于设计高速乘法器，其显著优点是速度快，尤其对处理多个数相加的情况具有相当的优越性；缺点是其逻辑结构形式不规整，在 VLSI 设计中对布局布线的影响较大。另一方面，把 Wallace 树结构乘法器改成乘法器/累加器结构很方便，只需要将累加输入值作为一个特殊的部分积输入 Wallace 树加法器就行了。

3. 8 位 ×8 位乘法器结构框图

改进 Booth 乘法器的结构和运算过程可以分解为两步，如图5.14 所示。首先是部分积的产生，即 Booth 编码过程。对 8 位乘数进行 Booth 编码，得到 4 个部分积。第二步是部分积的相加，采用 Wallace 树对 4 个部分积进行并行相加，得到乘积结果。

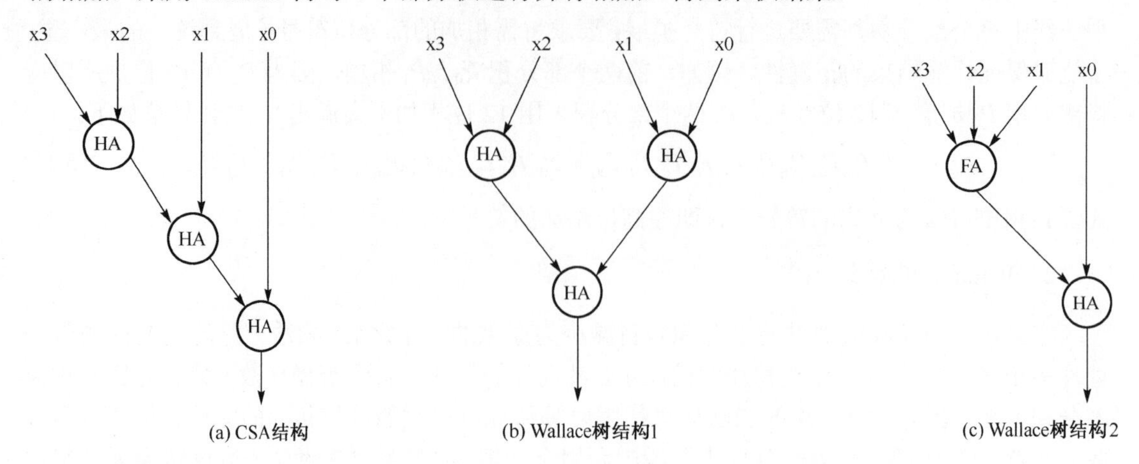

图 5.13　CSA 与 Wallace 树的结构原理

需要说明的是，因为整个过程并没有舍入误差，所以最后一个 12 位补码加法不会溢出。

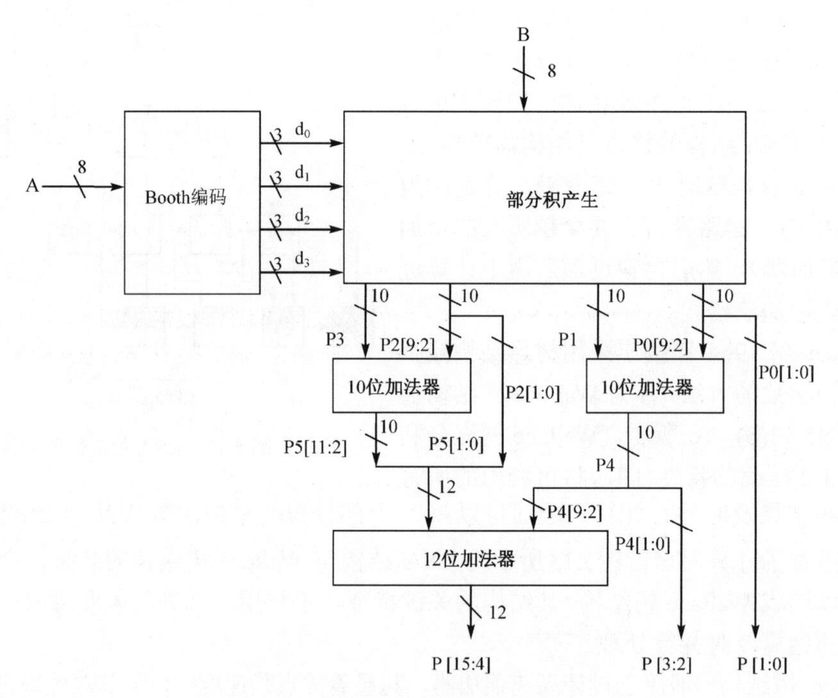

图 5.14　Booth 乘法器计算步骤

四、提供的文件

（1）sim 文件夹中，提供 booth_multiplier 模块的测试文件 booth_multiplier_tb.v。

（2）ise 文件夹中， 提供 ISE 工程相关文件，包括 top 文件、约束文件、ChipScope Pro 文件等，如图5.15所示。

图 5.15　ISE 工程文件的层次结构

五、实验设备

（1）装有 ISE、ModelSim SE 和 ChipScope Pro 软件的计算机。

（2）XUP Virtex-II Pro 开发系统一套。

六、实验内容

（1）编写 Booth 编码乘法器的 Verilog HDL 代码并用 ModelSim 仿真，根据表5.4验证设计结果。

表 5.4　浮点数加法验证表

a	25（19h）	−16（f0h）	98（62h）	−2（feh）	−128（80h）	127（7fh）
b	96（60h）	63（3fh）	−123（85h）	127（7fh）	−128（80h）	127（7fh）
p	2400（0960h）	1008（fc10h）	−12054（d0eah）	−254（ff02h）	16384（4000h）	16129（3f01h）

（2）将光盘中的 ISE 文件夹复制到计算机，打开 ISE 工程文件 booth_multiplier_top.ise。添加设计的 booth_multiplier.v 模块，正确添加文件后， booth_multiplier 的实例 booth_multiplier1 前的“？”将消失。

（3）对工程综合、实现并下载至实验开发板中。

（4）启动 ChipScope Pro Analyzer，根据表5.4的输入要求来验证设计结果。

注意：

① ChipScope Pro VIO 的 SyncOut[15:8]为 a 信号，SyncOut[7:0]为 b 信号；SyncIn [15:0]为 p 信号。

② ChipScope Pro VIO 中无法输入负号“−”，因此，a、b 信号可用十六进制表示，而 p 信号用十进制有符号数表示更直观。

七、实验报告要求

（1）写出设计原理、列出 Verilog HDL 代码并对设计作适当说明。

（2）记录 ModelSim 仿真波形，并对仿真波形作适当解释，分析是否符合预期功能。

（3）记录实验结果，分析设计是否正确。

（4）记录实验中碰到的问题和解决方法。

八、思考题

（1）Wallace 树有什么优点？

（2）能否编写一个 N 位通用型 Booth 编码乘法器？

实验 11　异步输入的同步器和开关防颤动电路的设计

一、实验目的

（1）掌握减少亚稳态的方法，理解减少亚稳态给系统带来的危害。

（2）掌握开关颤动的概念和消除的方法。

（3）初步了解控制器的设计。

二、概述

异步输入信号主要有两种，其一为开关（或按键）输入，其二为来自不同时钟域的由不同时钟同步的信号。异步输入信号对系统的影响有以下几点。

（1）异步输入不是总能满足（它们所馈送的触发器）建立和保持时间的要求。因此，异步输入常常会把错误的数据锁存到触发器，或者使触发器进入亚稳定的状态。在该状态下触发器的输出不能识别为 1 或 0，如果没有正确地处理，亚稳态会导致严重的系统可靠性问题。

（2）异步输入信号的宽度是不确定的，因此系统可能采样不到宽度小于一个时钟周期的异步输入，也可能对大于一个时钟周期的异步输入进行多次采样。

（3）如果是开关（或按键）输入，当弹簧开关被按下或释放时，机械触点将立刻振动几毫秒，产生一个不稳定的开关信号。

针对异步输入信号的特点，可采取以下措施解决：

（1）输入增加同步器，减少触发器进入亚稳定状态的概率；

（2）采用脉冲宽度变换电路，将异步输入信号的宽度变换成一个时钟周期；

（3）如果是开关（或按键）输入，在同步器与脉冲宽度变换电路之间插入一个开关防颤动电路。

三、实验任务

设计一个 4 位二进制计数器，在 XUP Virtex-II Pro 开发实验板上实现用 UP 按键控制计数，即按一下 UP 按键，计数器加 1 计数。其组成框图如图5.16所示。

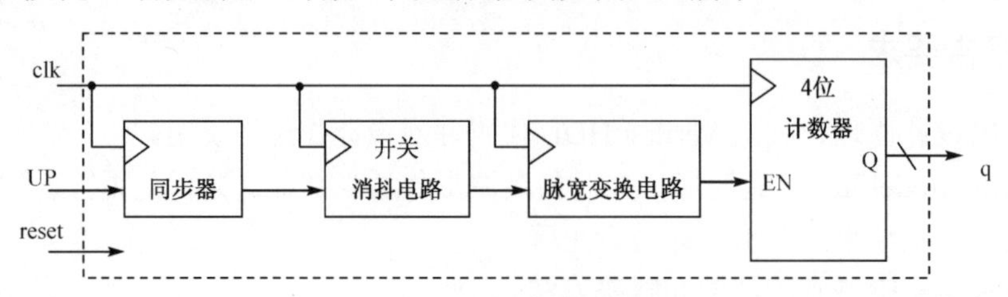

图 5.16　实验组成框图

四、实验原理

1. 同步器的设计

在异步设计中，完全避免亚稳态是不可能的。因此，设计的基本思路应该是：首先尽可能减少出现亚稳态的可能性，其次是尽可能减少出现亚稳态给系统带来危害的可能性。如图5.17(a)所示，采用双锁存器法，即将输入异步信号用两个锁存器连续锁存两次，理论研究表明这种设计可以将出现亚稳态的几率降低到一个很小的程度，但这种方法同时带来了对输入信号的延时，在设计时需要加以注意。

随着技术发展，工作时钟的周期越来越小，有时两级锁存还不能够解决亚稳态问题，因此目前在高速数字电路中会采用 3 级甚至 4 级锁存器级联来减少出现亚稳态的几率。

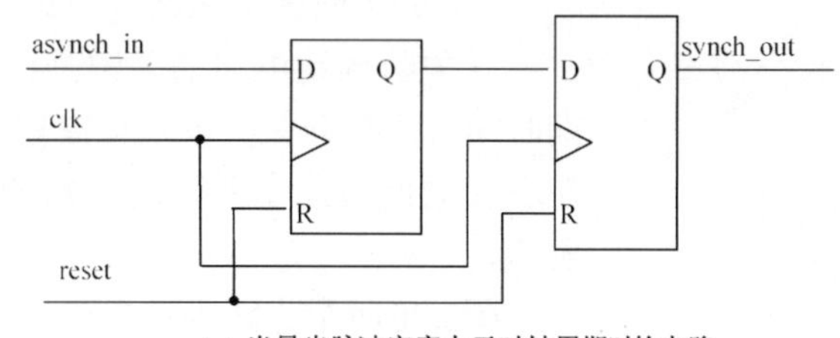

(a) 当异步脉冲宽度大于时钟周期时的电路

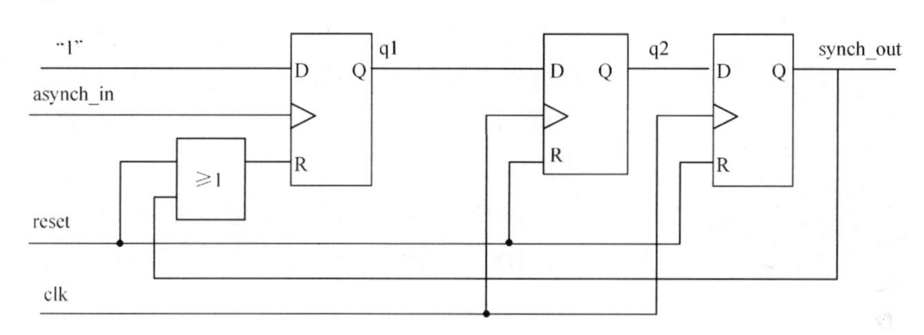

(b) 当异步脉冲宽度小于时钟周期时的电路

图 5.17　同步器的两种基本类型

当异步脉冲宽度小于时钟周期时，采用图 5.17(a)所示的电路可能无法采样到输入信号，这时应该采用图5.17(b)所示的电路。由于异步输入 asynch_in 到来时间的不确定性，第 2 级也有可能出现亚稳态，可由第 3 级锁存器避免亚稳态。另外，该电路的输出 synch_out 的宽度为两个时钟周期。

2. 开关防颤动电路的设计

1）开关的颤动及开关防颤动电路的功能

人们完成一次按键操作的指压力如图5.18(b)所示，按键开关从最初按下到接触稳定要经过数毫秒的颤动，按键松开时也有同样问题。因此，按键被按下或释放时，都有几毫秒的不稳定输出，从逻辑电平角度来看不稳定输出期间，其电平在“0”、“1”之间无规则摆动。因此，一次按键操作的输出如 5.18(c)所示。按键操作时间 t_a 因人而异，一般开关 t_a<100ms。

开关防颤动电路的目的是：按一次按键，输出一个稳定脉冲，即将开关的输出作为开关防颤动电路的输入，而开关防颤动电路的输出为理想输出，如图5.18(d)所示。

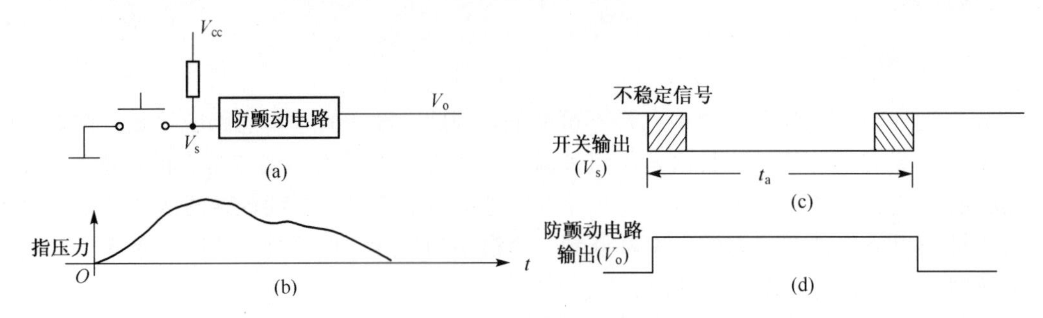

图 5.18 按键开关的颤动

2）开关防颤动电路的设计

开关防颤动电路的关键是避免在颤动期采样。颤动期时间长短与开关类型及按键指压力有关，一般为 10ms 左右。据此可画出防颤动电路的设计流程图，如图 5.19 所示。

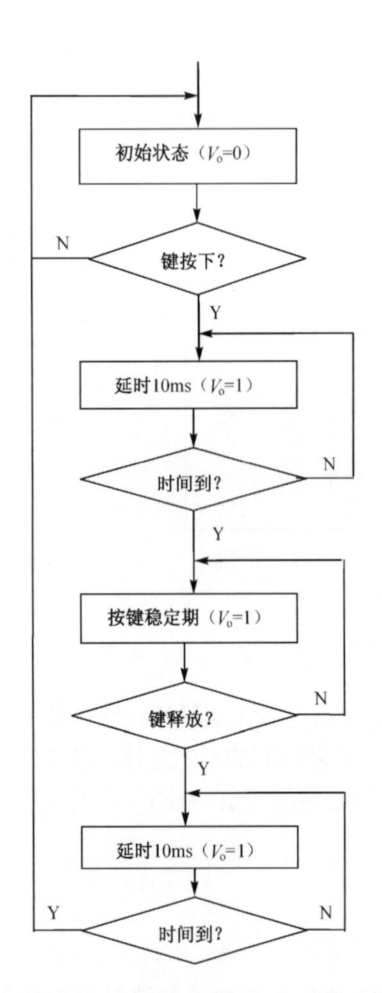

图 5.19 防颤动电路的工作流程图

图5.20所示为防颤动电路的原理框图。由于实验输入时钟 clk 的频率为 100MHz，2^{17} 分频器将产生周期约为 1.31ms 的脉冲 en，en 的宽度为一个时钟 clk 周期。当电路有多个按键需防颤动时，该分频器电路可共用。综合原理框图和工作流程图可画出控制器的算法流程图，如图5.21所示。

注意：本防颤动电路对定时时间没有严格要求，因此，10ms 定时可设计为 3 位二进制计数器，实际定时时间约为 10.5ms。信号 timer_clr 为计数器的同步清 0 输入，高电平有效。计数器的进位输出 timer_done 即可当做定时结束标志。

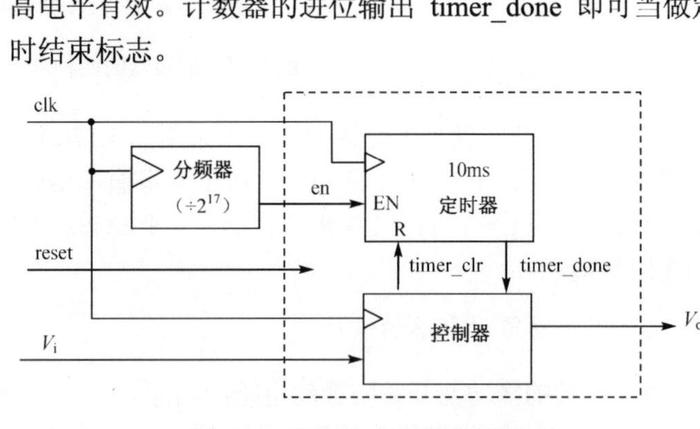

图 5.20 防颤动电路的原理框图

3. 脉宽变换电路的设计

从上面分析得知，开关或按键的输入信号宽度远远大于一个时钟周期，脉宽变换电路的作用是将输入信号宽度变换成一个时钟周期。由于输入已是同步的且宽度大于一个时钟的脉冲，所以脉宽变换电路的设计就变得非常简单，图5.22所示为其原理图。

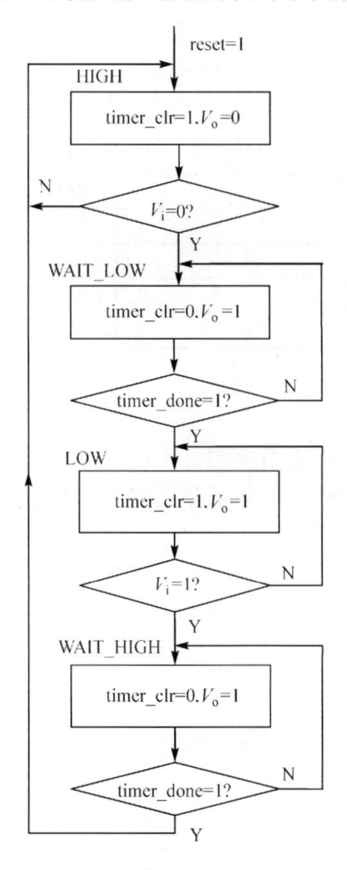

图 5.21　控制器的算法流程图

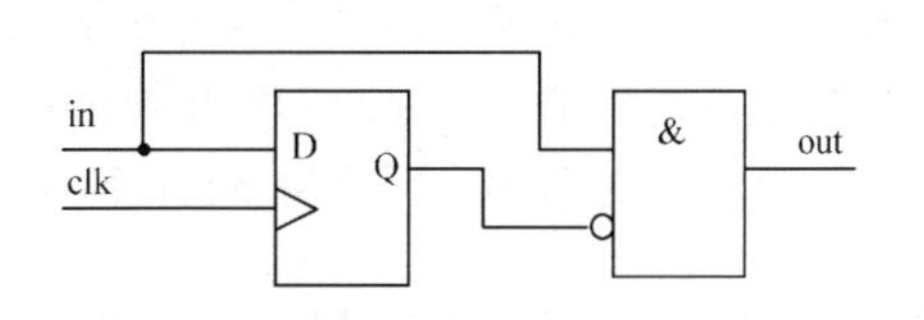

图 5.22　脉宽变换电路

五、实验设备

（1）装有 ISE、ModelSim SE 和 ChipScope Pro 软件的计算机。

（2）XUP Virtex-II Pro 开发系统一套。

六、预习内容

（1）查阅相关资料，了解亚稳态的产生机理与消除方法。

（2）查阅相关资料，了解各种开关的颤动时间和防颤动的必要性。

七、实验内容

（1）编写同步器、防颤动电路及脉宽变换电路各模块（包括子模块）的 Verilog HDL 代码及其测试代码，并用 ModelSim 仿真。

（2）编写实验的顶层模块的 Verilog HDL 代码。

（3）建立实验的工程文件，对工程进行综合、约束和实现。本实验的引脚约束如表5.5 所示。

（4）下载工程文件到 XUP Virtex-II Pro 开发实验板中。

（5）按一下 UP 按键，观察指示灯变化，验证实验结果正确与否。

表 5.5 FPGA 引脚约束内容

引脚名称	I/O	引脚编号	说明
clk	Input	AJ15	系统 100MHz 主时钟
reset_n	Input	AG5	Enter 按键
UP	Input	AH4	UP 按键
Q0	Output	AC4	LED0 指示灯
Q1	Output	AC3	LED1 指示灯
Q2	Output	AA6	LED2 指示灯
Q3	Output	AA5	LED3 指示灯

八、实验报告要求

（1）写出设计原理、列出 Verilog HDL 代码并对设计作适当说明。
（2）记录 ModelSim 仿真波形，并对仿真波形作适当解释，分析是否符合预期功能。
（3）记录实验结果，分析设计是否正确。
（4）记录实验中碰到的问题和解决方法。

九、思考题

（1）同步器中的锁存器级数与什么因素有关？
（2）在本实验中，如果对 UP 开关信号不作脉宽变换处理，那么将会造成什么结果？
（3）为什么对系统复位信号 reset 不需要进行防颤动处理？

实验 12　SVGA 显示接口实验

一、实验目的

（1）了解 SVGA 扫描显示的工作原理，掌握行、帧同步电路的设计方法。
（2）掌握控制器设计方法。
（3）熟悉 DCM 内核的设计和应用。
（4）了解 SVGA 的仿真方法。

二、VGA 显示基本原理

VGA（Video Graphic Array）作为一种标准的显示接口在视频和计算机领域得到了广泛的应用。VGA 支持在 640 × 480 像素的较高分辨率下同时显示 16 种色彩或 256 种灰度，同时在 320 × 240 像素的分辨率下可以同时显示 256 种颜色。SVGA（Super VGA）是在 VGA 基础上，支持更高分辨率，如 800 × 600 像素或 1024 × 768 像素，以及更多的颜色种类的显示模式。

1. VGA 显示器原理

常见的彩色显示器一般由 CRT（阴极射线管）构成，彩色是由 R、G、B（红、绿、蓝）三基色组成。大部分 CRT 采用逐行扫描方式实现图像显示，由 VGA 控制模块产生的水平同步信号和垂直同步信号控制阴极射线枪产生电子束，打在涂有荧光粉的荧光屏上，产生 R、G、B

三基色，合成一个彩色像素。如图5.23所示，扫描从屏幕的左上方开始，由左至右，由上到下，逐行进行扫描，每扫完一行，电子束回到屏幕下一行的起始位置。在回扫期间，CRT对电子束进行消隐，每行结束是用行同步脉冲Hsynch进行行同步。扫描完所有行，再由帧同步脉冲Vsynch进行帧同步，并使扫描回到屏幕的左上方，同时进行帧消隐，预备下一帧的扫描。

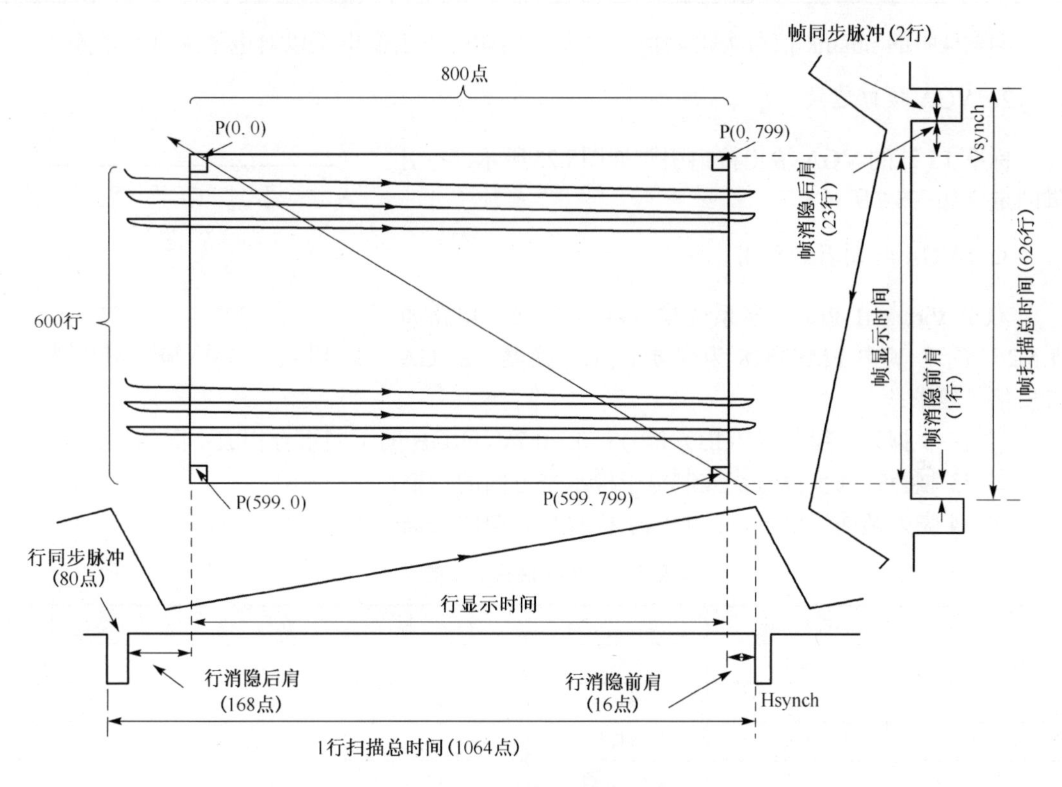

图5.23　显示器屏幕与时序对应关系

行同步信号Hsync和帧同步信号Vsync是两个重要的信号。在显示过程中，图像格式800 × 600@75Hz的行同步信号Hsync和帧同步信号Vsync的时序图如图5.24所示。行同步信号Hsync和帧同步信号Vsync均由同步脉冲时间（synch）、消隐前肩（fp）、消隐后肩（bp）和有效显示区（active）组成，时序参数如表5.6所示，像素时钟clk频率约为50MHz（1064 × 626 × 75）。

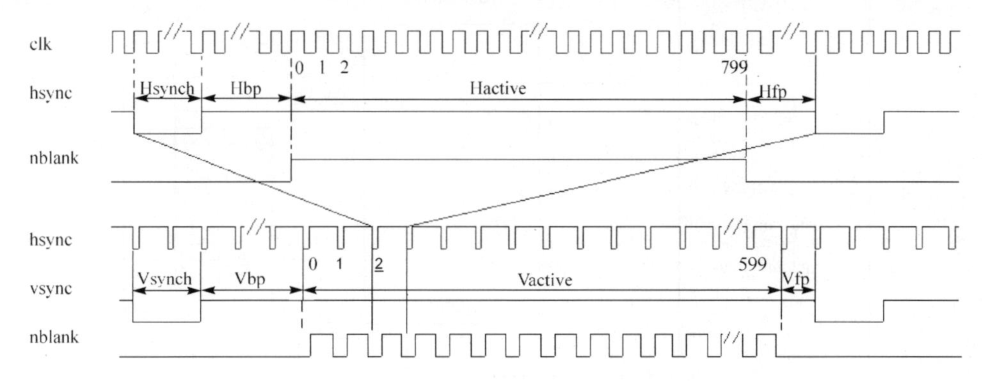

图5.24　行、帧同步信号的时序图

表 5.6　图像格式 800 × 600@75Hz 的时序参数

行同步信号 HS 参数/像素					帧同步信号 VS 参数/行				
Hactive	Hfp	Hsynch	Hbp	Htotal	Vactive	Vfp	Vsynch	Vbp	Vtotal
800	16	80	168	1064	600	1	2	23	626

图5.24中的 nblank 信号为消隐信号，在回扫期间输出低电平以对电子束进行消隐。

2. VGA 接口连接

标准 15 针的 VGA 输出接口引脚如图5.25所示。各引脚的定义如表5.7所示。

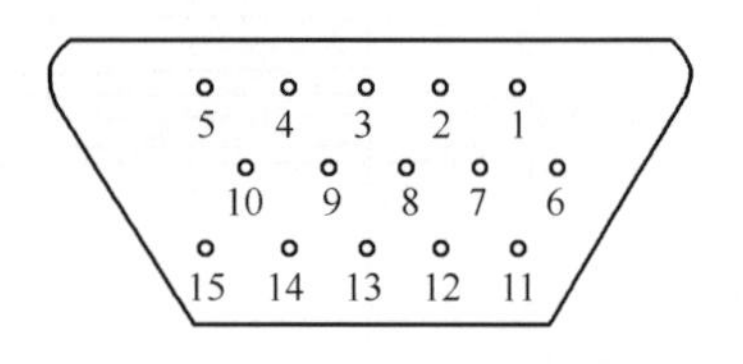

图 5.25　VGA 输出接口引脚

3. SVGA 控制器的作用

XUP Virtex-II Pro 开发系统与 SVGA 的接口电路如图5.26所示，其中 FMS3818 为视频 D/A 转换器。SVGA 接口信号要求：

① 1～3 脚为红绿蓝（RGB）信号：0～0.7V，RGB 的不同组合构成不同的颜色；

② 13 脚为行同步信号，控制电子枪水平方向的扫描；

③ 14 脚为帧同步信号，控制电子枪垂直方向的扫描。

表 5.7　VGA 接头引脚的定义

引　脚	名　称	功　能	引　脚	名　称	功　能
1	red	红基色	9	V_{DC}	5 V 直流供电
2	green	绿基色	10	GND	信号地
3	blue	蓝基色	11	n/c	未用（空脚）
4	n/c	未用（空脚）	12	SDA	I^2C 数据线
5	GND	信号地	13	hsync	行同步信号
6	red_gnd	红基色地	14	vsync	帧同步信号
7	green_gnd	绿基色地	15	SLC	I^2C 时钟线
8	blue_gnd	蓝基色地			

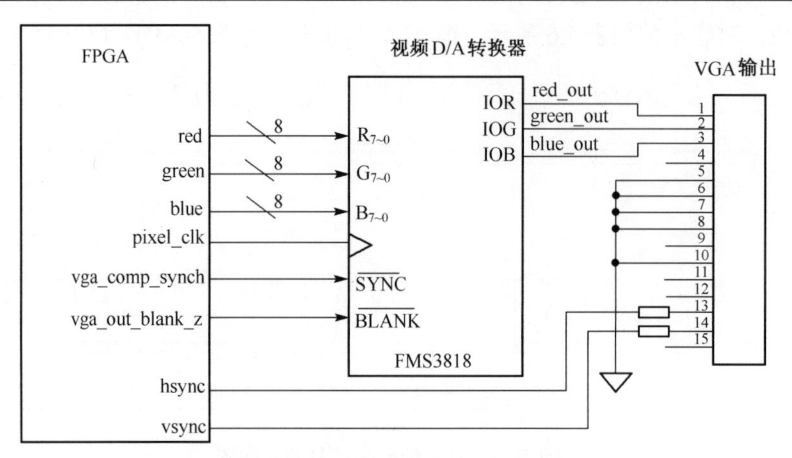

图 5.26　XUP Virtex-II Pro 开发系统的 VGA 接口电路

视频 D/A 转换器 FMS3818 的功能与使用方法详见厂家手册，其输入输出关系为

$$\begin{cases} green\_out = (G_{7\sim0}\ \&\ \overline{BLANK} + \overline{SYNC} \times 112)/256 \times 0.7\text{mV} \\ blue\_out = B_{7\sim0}\ \&\ \overline{BLANK}/256 \times 0.7\text{mV} \\ red\_out = R_{7\sim0}\ \&\ \overline{BLANK}/256 \times 0.7\text{mV} \end{cases} \tag{5.13}$$

从式(5.13)可看出，当 $\overline{BLANK}=0$ 时，输出为 0 电平（黑电平，消隐），当 $\overline{BLANK}=1$ 时，D/A 转换器正常输出。因此，$\overline{BLANK}$ 应接入图 5.24 所示的消隐信号 nblank 信号，即 vga_out_blank_z 信号。

$\overline{SYNC}$ 信号的作用是给绿基色加上同步信号，如图5.27所示。本实验系统因有行、帧同步信号直接接入 VGA，故无需给绿基色加上同步信号，$\overline{SYNC}$ 可直接接低电平。因此，vga_comp_synch 输出低电平即可。

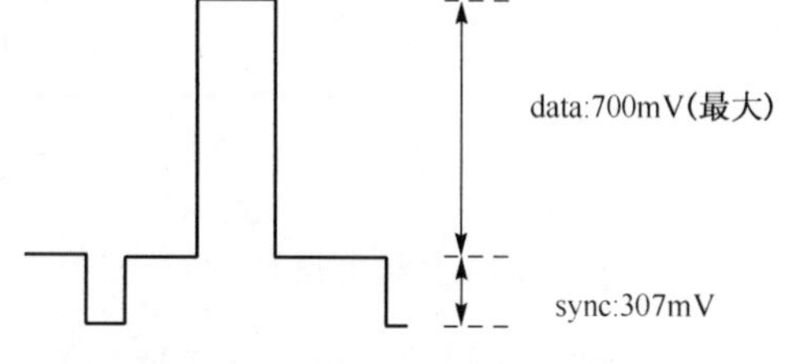

图 5.27　视频信号电平示意图

由上面分析可知，SVGA 控制显示电路主要作用就是产生三基色分量的数据（red、green 和 blue）、行和帧两个方向的同步信号（hsync、vsync）、像素时钟（pixel_clk）、消隐信号（vga_out_blank_z）等。

三、实验任务

设计一个在 VGA 屏幕上显示彩条信号和黑白方格信号电路，要求如下：

（1）800 × 600@75Hz 格式。

（2）设置一个显示方式控制开关 display_mode。开关 display_mode 置 ON 时，屏幕显示彩条信号，从左至右的彩条为白、黄、青、绿、紫、红、蓝、黑；开关 display_mode 置 OFF 时，屏幕显示黑白相间的方格信号，方格大小为 64 × 64 像素。彩条的三基色分量如表5.8 所示。

表 5.8　彩条的三基色合成

彩　条	红基色（red）分量	绿基色（green）分量	蓝基色（blue）分量	彩　条	红基色（red）分量	绿基色（green）分量	蓝基色（blue）分量
白	255	255	255	紫	255	0	255
黄	255	255	0	红	255	0	0
青	0	255	255	蓝	0	0	255
绿	0	255	0	黑	0	0	0

四、实验原理

根据实验任务可画出如图5.28 所示的原理框图。DCM 模块为二分频电路，产生 50MHz 的系统主时钟 sys_clk，该信号即为像素时钟 pixel_clk；vga_ctrl 模块产生行同步信号 hsync、帧同步信号 vsync、有效显示区的扫描坐标 x_pos、y_pos 和消隐信号 nblank。vga_data 模块产生三基色（RGB）信号。

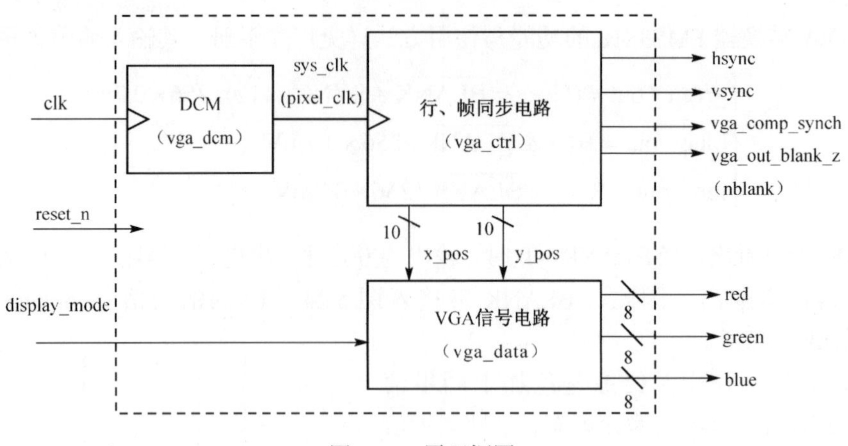

图 5.28 原理框图

1. 行、帧同步电路设计

行、帧同步电路可以用计数器的方法设计，为了使读者更好地理解控制器的设计方法，这里用控制器方法来设计行、帧同步电路。图5.29所示为行、帧同步电路的结构框图。

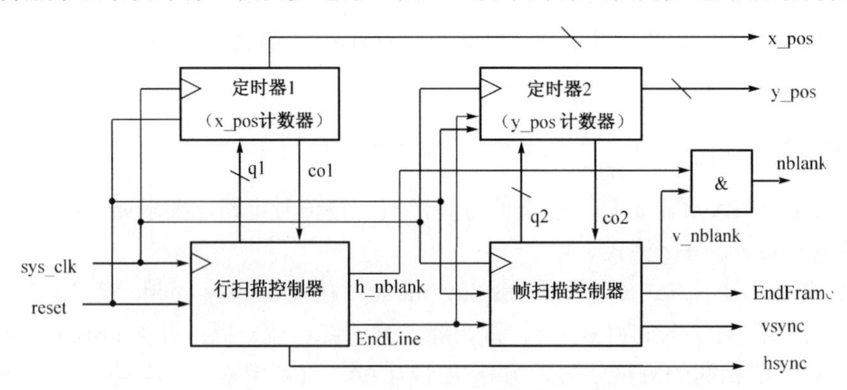

图 5.29 行、帧同步电路的结构框图

行同步信号由同步（Hsynch）、消隐前肩（Hfp）、消隐后肩（Hbp）和有效显示区（Hactive）4 个阶段组成，因此行扫描控制器有相应的 4 个状态。因为每个阶段持续时间不同，即在不同阶段定时器的定时时间不同，所以定时器应由行扫描控制器的状态来决定定时时间。信号 co1 为定时结束标志，宽度为一个像素时钟周期。同时，co1 还使定时器复位。

行扫描控制器的输出 EndLine 为一行的结束信号，宽度也为一个像素时钟周期，该信号可作为帧扫描控制器的时钟使能信号；帧结束信号 EndFrame 用于仿真，不必作为输出。

行扫描控制器的算法流程（ASM）图如图5.30所示。

定时器 1 实质上是可控多模计数器，定时器在行同步、行消隐后肩、有效显示区和行消隐前肩 4 个阶段的模分别为 80、168、800 和 16。定时结束标志 co1 即为计数器的进位，最后一个阶段（行消隐前肩）的进位即为行结束标志 EndLine。另外，只有在有效显示区（Hactive）显示坐标才有意义，因此定时器和显示坐标计数器可共用。

帧扫描控制器设计与行扫描控制器设计类似，只需注意两点：一是只有在 EndLine=1 时，状态才有可能转换；二是在消隐前肩阶段，不需要定时器。图 5.31 所示为帧扫描控制器的算法流程图，设计方法不再赘述。

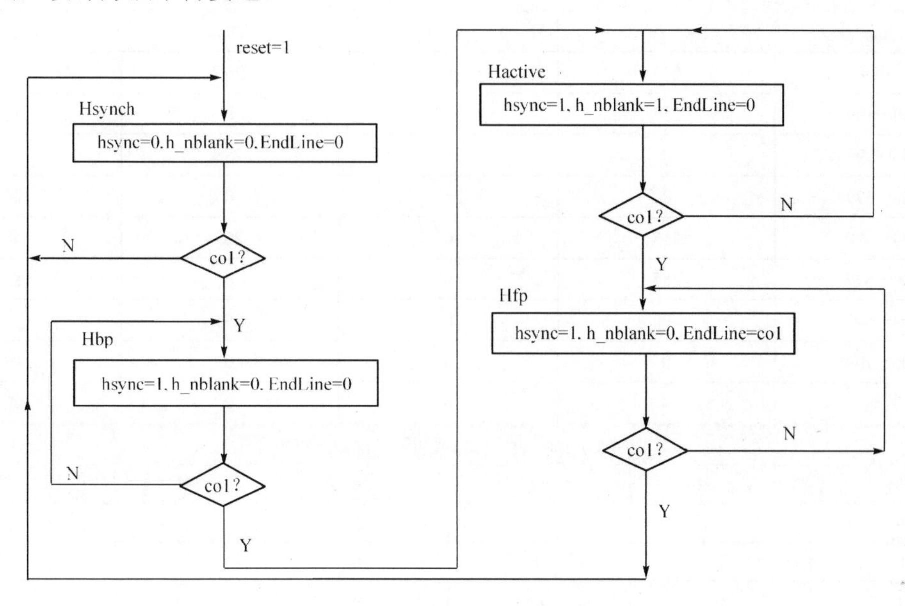

图 5.30　行扫描控制器的算法流程图

2. VGA 信号电路的设计

VGA 信号电路是一个组合电路。彩条信号只与 x 坐标有关；由于黑白方格大小为 64 × 64 像素，且黑白方格相间，所以黑白方格信号只与 x_pos[6]、y_pos[6]有关。VGA 信号电路的功能表如表5.9所示。

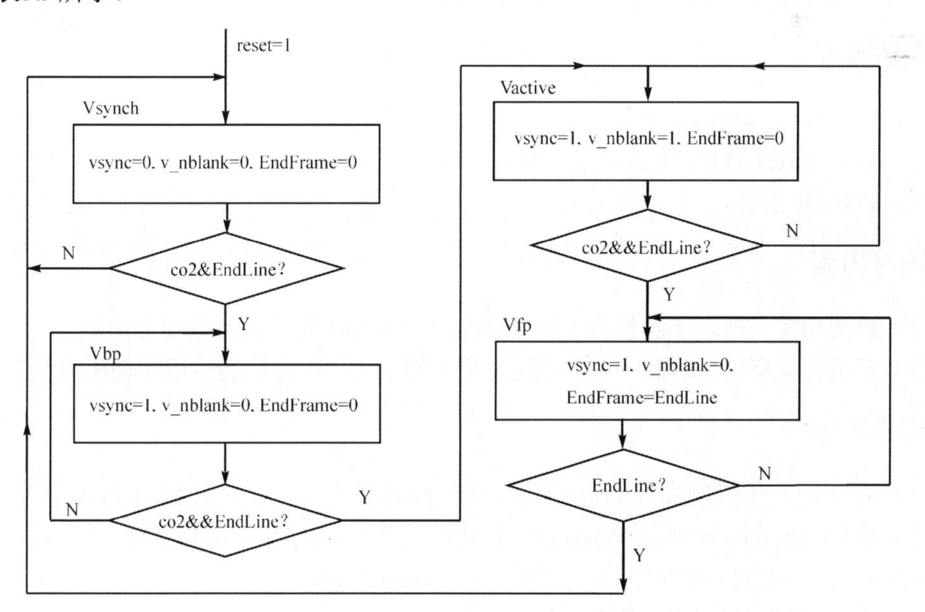

图 5.31　帧扫描控制器的算法流程图

表 5.9 vga_data 模块的功能表

display_mode=0（置 on 位）：彩条信号				
x_pos	red	green	blue	颜色
0～99	255	255	255	白
100～199	255	255	0	黄
200～299	0	255	255	青
300～399	0	255	0	绿
400～499	255	0	255	紫
500～599	255	0	0	红
600～699	0	0	255	蓝
700～799	0	0	0	黑
其他	0	0	0	黑

display_mode=1（置 off 位）：黑白方格信号					
x_pos[6]	y_pos[6]	red	green	blue	颜色
0	0	255	255	255	白
0	1	0	0	0	黑
1	0	0	0	0	白
1	1	255	255	255	黑
其他	其他	0	0	0	黑

五、提供的文件

本实验提供 VGA 仿真文件 svga_tb 供读者参考，使用时必须修改 testbench 相应的端口名、变量名及模块的实例名以适应读者自己的设计。

六、实验设备

（1）装有 ISE、ModelSim SE 和 ChipScope Pro 软件的计算机。
（2）XUP Virtex-II Pro 开发系统一套。
（3）VGA 显示器。

七、预习内容

（1）查阅相关资料，了解视频 D/A 转换器 FMS3818 的功能及使用方法。
（2）查阅相关资料，理解 DCM 模块工作原理和 DCM 内核的生成和使用方法。

八、实验内容

（1）编写 vga_ctrl 模块的 Verilog HDL 代码及其测试代码，并用 ModelSim 仿真。
（2）编写 vga_data 模块的 Verilog HDL 代码及其测试代码，并用 ModelSim 仿真。
（3）编写 VGA 接口实验的 top 文件，并用 ModelSim 仿真。
（4）建立 VGA 接口实验的 ISE 工程文件。
（5）对工程综合、约束、实现并下载到实验开发板中。引脚约束内容如表5.10所示。

表 5.10　FPGA 引脚约束内容

名　称	I/O	引脚编号	说　明	名　称	I/O	引脚编号	说　明
clk	Input	AJ15	系统 100MHz 主时钟	green[0]	Output	G10	
reset_n	Input	AG5	Enter 按键	green[1]	Output	E10	
display_mode	Input	AF8	拨码开关 SW_2	green[2]	Output	D10	
pixel_clk	Output	H12	像素时钟	green[3]	Output	D8	绿基色
vga_comp_synch	Output	G12		green[4]	Output	C8	
vga_blank _z	Output	A8	消隐信号	green[5]	Output	H11	
hsync	Output	B8	行同步信号	green[6]	Output	G11	
vsync	Output	D11	帧同步信号	green[7]	Output	E11	
red [0]	Output	G8		blue[0]	Output	D15	
red [1]	Output	H9		blue[1]	Output	E15	
red [2]	Output	G9		blue [2]	Output	H15	
red [3]	Output	F9	红基色	blue [3]	Output	J15	蓝基色
red [4]	Output	F10		blue [4]	Output	C13	
red [5]	Output	D7		blue [5]	Output	D13	
red [6]	Output	C7		blue [6]	Output	D14	
red [7]	Output	H10		blue [7]	Output	E14	

九、实验报告要求

（1）写出设计原理、列出 Verilog HDL 代码并对设计作适当说明。
（2）记录 ModelSim 仿真波形，并对仿真波形作适当解释，分析是否符合预期功能。
（3）记录实验结果，分析设计是否正确。
（4）记录实验中碰到的问题和解决方法。

十、思考题

（1）若在扫描回扫期间（非有效显示区）不进行消隐，那么显示屏幕上会出现什么现象？
（2）在 testbench 文件中，怎样引用模块实例中的常量和变量？

实验 13　PS2 键盘接口实验

一、实验目的

（1）了解双向同步串行通信的协议。
（2）了解 PS2 键盘接口协议和工作原理。
（3）掌握 PS2 键盘接口电路的设计方法。

二、PS2 协议简介

1. 接口的物理特性

PS2 接口用于许多现代的鼠标和键盘，由 IBM 最初开发和使用。物理上的 PS2 接口有 5

脚的 DIN 和 6 脚的 mini-DIN 两种类型的连接器。表5.11 为现在最常用的 mini-DIN 类型的连接器的引脚定义。在使用中，由主机（host）提供+5V 电源给设备（device，键盘或鼠标）。

表 5.11 PS2 接口连接器的引脚定义

插座（male）	插头（female）	6 脚 mini-DIN
		1—数据（data）
		2—保留（not implemented）
		3—电源地（ground ）
		4—+5V
插头(plug)	插座(socket)	5—时钟（clock）
		6—保留（not implemented）

2. 接口协议的原理

PS2 接口采用一种双向同步串行协议，即每在时钟线上发一个脉冲，就在数据线上发送一位数据。在相互传输中，主机拥有总线控制权，即它可以在任何时候抑制设备的发送，方法是把时钟线一直拉低，设备就不能产生时钟信号和发送数据。在两个方向的传输中，时钟信号都是由设备产生，clock 频率为 20～30kHz。

1）设备到主机的通信

设备的 clock 和 data 引脚都是集电极开路的，平时都是高电平。当设备要发送数据时，首先检查 clock 以确认其是否为高电平。如果是低电平，则认为是主机抑制了通信，此时它必须缓冲需要发送的数据直到重新获得总线的控制权（一般 PS2 键盘有 16 字节的缓冲区，而 PS2 鼠标只有一个缓冲区仅存储最后一个要发送的数据）。如果 clock 为高电平了，则设备便开始将数据发送到主机。发送时一般都是按照图 5.32 所示的数据帧格式顺序发送。数据帧为 11 位，包括 1 位起始位（低电平）、8 位数据（低位在前）、1 位奇检验位和 1 位停止位（高电平）。其中，数据在 clock 为高电平时准备好，在 clock 的下降沿由主机采样读入。

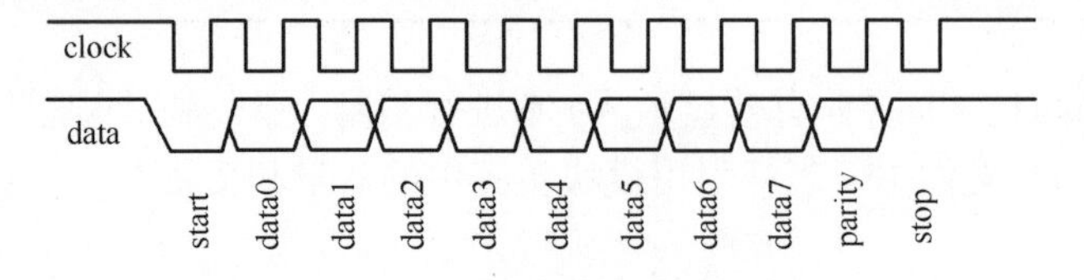

图 5.32 设备到主机的通信时序

2）主机到设备的通信

如果主机要发送数据，那么它必须控制设备产生时钟信号。主机首先下拉时钟线至少 100μs 以抑制通信，然后再下拉数据线，最后释放时钟线，通过这一时序控制设备产生时钟信号。当设备检测到这个时序状态，会在 10ms 内产生时钟信号并且在时钟脉冲控制下接收 8 个数据位和 1 个停止位，并发送 1 个应答位。主机到设备之间传输数据帧的时序如图5.33 所示。数据帧为 12 位，包括 1 位起始位（低电平）、8 位数据（低位在前）、1 位奇检验位和 1 位停止位（高电平），以及设备发送的应答位 ack（0 表示正确接收，1 表示错误）。主机在 clock 低电平时改变数据，并在时钟上升沿被设备锁存数据，这与发生在设备到主机通信的过程中正好相反。另外注意应答位时序，数据改变发生在时钟为高电平时，不同于其他 11 位。

在主机到设备的通信时，时钟改变后的 5μs 内不应该发生数据改变的情况。

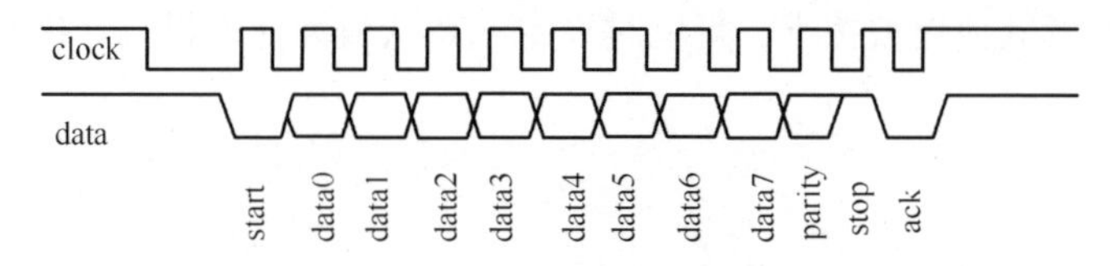

图 5.33　主机到设备的通信时序

3. PS2 键盘协议数据包格式

如果有键被按下释放或按住，键盘将发送扫描码的数据包到主机。扫描码有“通码”和“断码”两种不同的类型。当一个键被按下或按住就发送通码，而当一个键被释放就发送断码。每个按键被分配了唯一的通码和断码，这样主机通过查找唯一的扫描码就可以判定是哪个按键按下或释放。

图5.34 所示的每个按键上的十六进制数字即按键的通码，多数通码为 1 字节，少数扩展通码为 2～4 字节，以 E0h 开头。

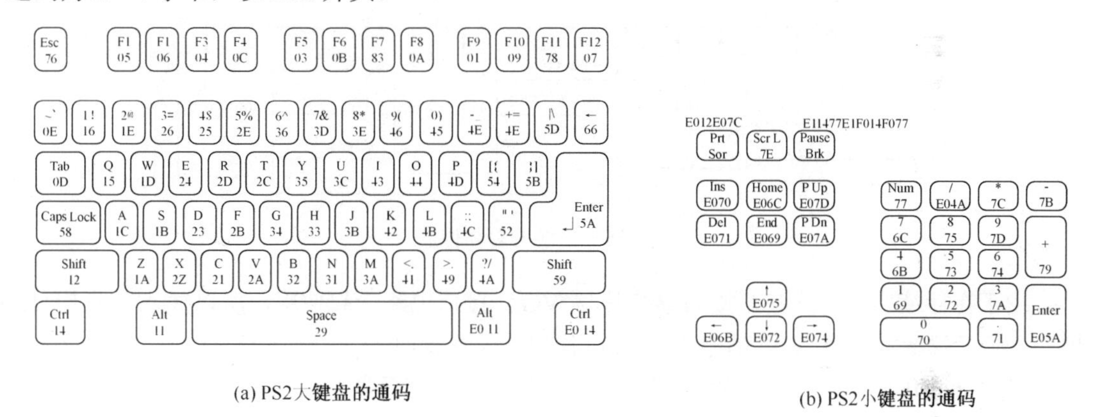

(a) PS2大键盘的通码　　(b) PS2小键盘的通码

图 5.34　PS2 键盘的通码

按键的断码与通码之间存在着必然的联系，多数按键的断码有两字节长，它们的第一个字节是 F0h，第二个字节是这个键的通码。扩展按键的断码通常在 E0h 后插一个字节 F0h。表 5.12 列出了几个按键的通码和断码。例如，平时按下 Shift + A 键，相当于按下 Shift、按下 A、释放 A、释放 Shift 四个动作，因此按下 Shift + A 键产生的扫描码为 12h、1Ch、F0h、1Ch、F0h、12h。

表 5.12　部分按键的通码和断码

按　键	通　码	断　码
A	1C	F0,1C
5	2E	F0,2E
F10	09	F0,09
→	E0, 74	E0, F0, 74
右 Ctrl	E0, 14	E0, F0, 14

当某个键被按下并按住，这个键就变成了机打，这就意味着键盘将一直发送这个键的通码直到它被释放或者其他键被按下。复位时设定的默认值为允许机打，机打延时为500ms，机打速率为 10.9 字符/s。

三、实验任务

设计一个 PS2 键盘控制 XUP Virtex-II Pro 实验板上指示灯电路，要求如下。

（1）4 个指示灯 LED0～3 分别代表 a(A)、w(W)、s(S)、d(D)按键按下；当其他 ASCII 键按下时，LED0～3 全熄灭。

（2）LED0～3 指示最后一次按键情况。

四、实验原理

根据实验任务可将系统划分为二分频（dcm）、PS2 通信接口（interface）、数据处理（data_process）和指示灯控制（indication）四个模块，如图5.35所示。

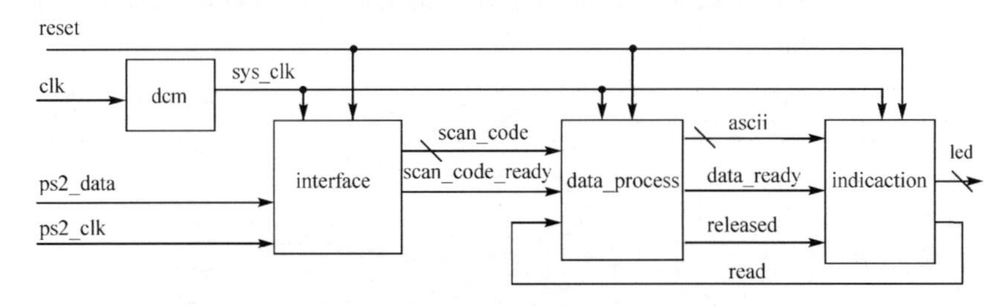

图 5.35　系统的总体框图

由于在后续实验中，PS2 接口电路常与 VGA 接口电路一起使用，所以插入二分频 dcm 模块，使 PS2 接口电路与 VGA 接口电路可使用同一系统时钟。

模块 interface 完成与 PS2 键盘的通信接口功能，接收键盘发送的串行扫描码，并将串行扫描码转换成并行扫描码输出。

模块 data_process 负责将并行的扫描码翻译成按键的通码、断码、Shift 按键、扩展码、ASCII 码等信息。

模块 indication 根据按键按下情况控制 LED 指示灯点亮或熄灭。

1. 模块 interface 的设计

在数字系统中，常用键盘作为输入设备。大多情况下，可采用键盘的复位工作模式，这样人们不需要对键盘发送命令。根据 PS2 的 D 设备到主机的通信协议，可画出图5.36所示的 PS2 接口电路的结构示意图。

图5.36中的 D 触发器（d_ff）为同步器电路，对输入信号 ps2_clk 和 ps2_data 作同步化处理。

移位寄存器（shift_reg）用于接收串行的数据串并转为并行扫描码，shift_en = 1 时允许移位。

位计数器（bit_counter）用于计数接收的位数，其功能如表5.13所示。bit_counter 为十二进制计数器，计数器的进位输出信号 CO 就是一帧结束标志 scan_code_ready。

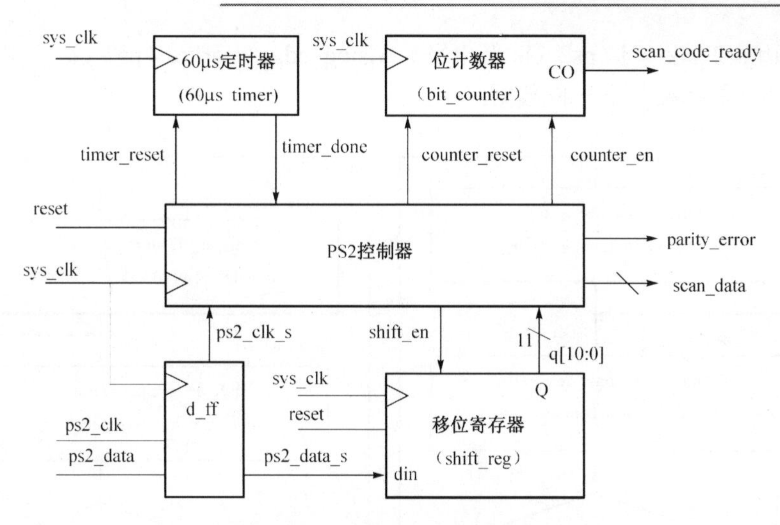

图 5.36　PS2 接口电路的结构图

表 5.13　位计数器的功能表

counter_reset	counter_en	sys_clk	功　能
1	×	↑	同步清零
0	1		加法计数
0	0		保持

60μs 定时器为“看门狗”定时器电路，目的是保证帧同步，即当某种原因引起 ps2_clk 错误、系统工作不正常时，“看门狗”将使电路回到初始状态。当信号 timer_reset = 0 时，定时器清 0；当 timer_reset = 1 时，定时器启动。信号 timer_done 为定时结束标志。

PS2 控制器是接口电路的核心，协调各单元电路工作。控制器模块的端口信号含义如表5.14所示。

表 5.14　控制器模块的端口信号含义

引 脚 名 称	I/O	引 脚 说 明
sys_clk	Input	系统时钟，频率为 50MHz
reset	Input	复位信号，高电平有效
ps2_clk	Input	PS2 时钟
timer_done	Input	“看门狗”定时器定时结束标志，高电平有效
q[10:0]	Input	数据帧
timer_reset	Output	“看门狗”定时器复位信号，高电平有效
counter_reset	Output	bit_counter 的复位信号，高电平有效
counter _en	Output	bit_counter 的使能信号，高电平有效
shift _en	Output	移位寄存器的使能信号，高电平有效
scan_data[7:0]	Output	扫描码
parity_error	Output	帧数据的检验结果，高电平表示奇检验结果错误

PS2 键盘控制器的算法流程图如图 5.37 所示，系统复位或帧不同步时，控制器进入 start 状态初始化，一个时钟周期后，进入 ps2_clk_s_h 状态，该状态为 ps2_clk_s 高电平状态。当控制器检测到 ps2_clk_s 下沿时，进入 falling_edge_marker 状态接收一位数据，且位计数器加

1。控制器经历 ps2_clk_s_l（ps2_clk 低电平）、rising_edge_marker（ps2_clk 上沿）两个状态回到 ps2_clk_s_h，等待接收下一位数据。

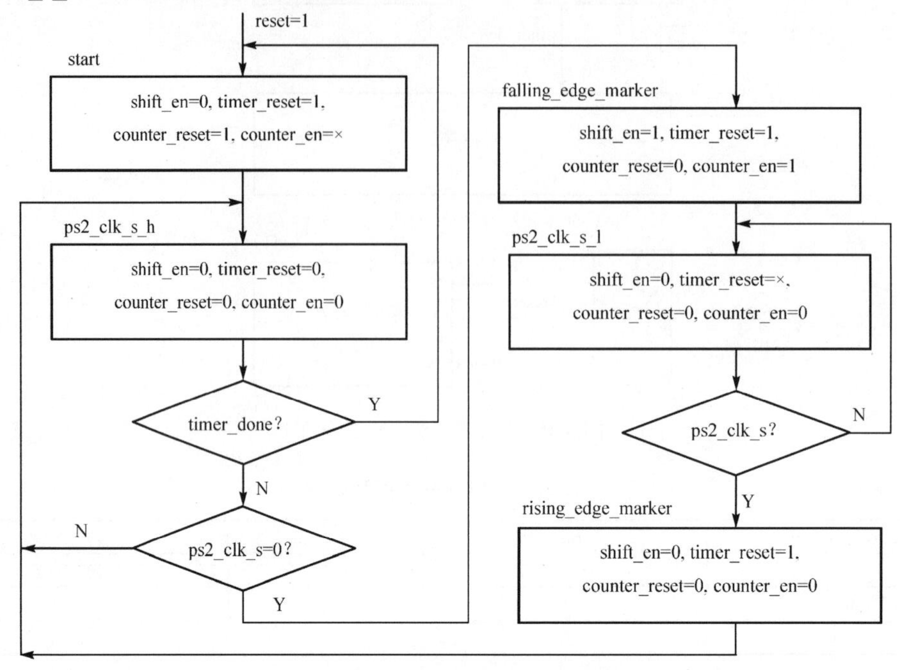

图 5.37　PS2 键盘控制器的算法流程图

位计数器的进位输出信号 scan_code_ready 即一帧结束标志，当 scan_code_ready = 1 时，表示一帧扫描码接收完毕，此时输出的扫描码 scan_data 和检验结果 parity_error 有效。scan_data 和 parity_error 表达式为

$$scan\_data = q[8:1] \tag{5.14}$$

$$parity\_error = \hat{}q[9:1] \tag{5.15}$$

2. 模块 data_process 的设计

模块 data_process 负责将扫描码翻译成 ASCII 码等按键信息，并将按键信息传送到 indication 模块。图5.38所示为模块的功能示意图。

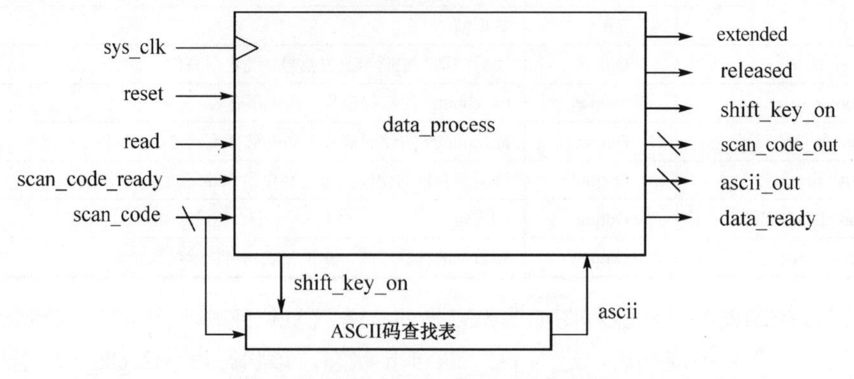

图 5.38　模块 data_process 功能示意图

模块 data_process 的引脚含义，如表5.15所示。

表 5.15　模块 data_process 引脚含义

引脚名称	I/O	引脚含义
sys_clk	Input	50MHz 时钟信号
reset	Input	复位信号，高电平有效
scan_code	Input	扫描码输入
scan_code_ready	Input	扫描码有效标志，高电平有效
read	Input	来自用户模块的接口信号，高电平表示用户模块已取走按键信息
extended	Output	扩展码标志，高电平有效
released	Output	断码标志，高电平有效
shift_key_on	Output	上挡键按下标志，高电平表示 Shift 键按下
ascii_out	Output	ASCII 码（非 ASCII 码键取值为 ffh）
scan_code_out	Output	扫描码输出，非 ASCII 码键时使用
data_ready	Output	按键输出信息有效标志，高电平有效

模块 data_process 的算法流程图如图5.39所示。需要说明的是关于组合键的使用，该流程只适用于简单的两键组合。

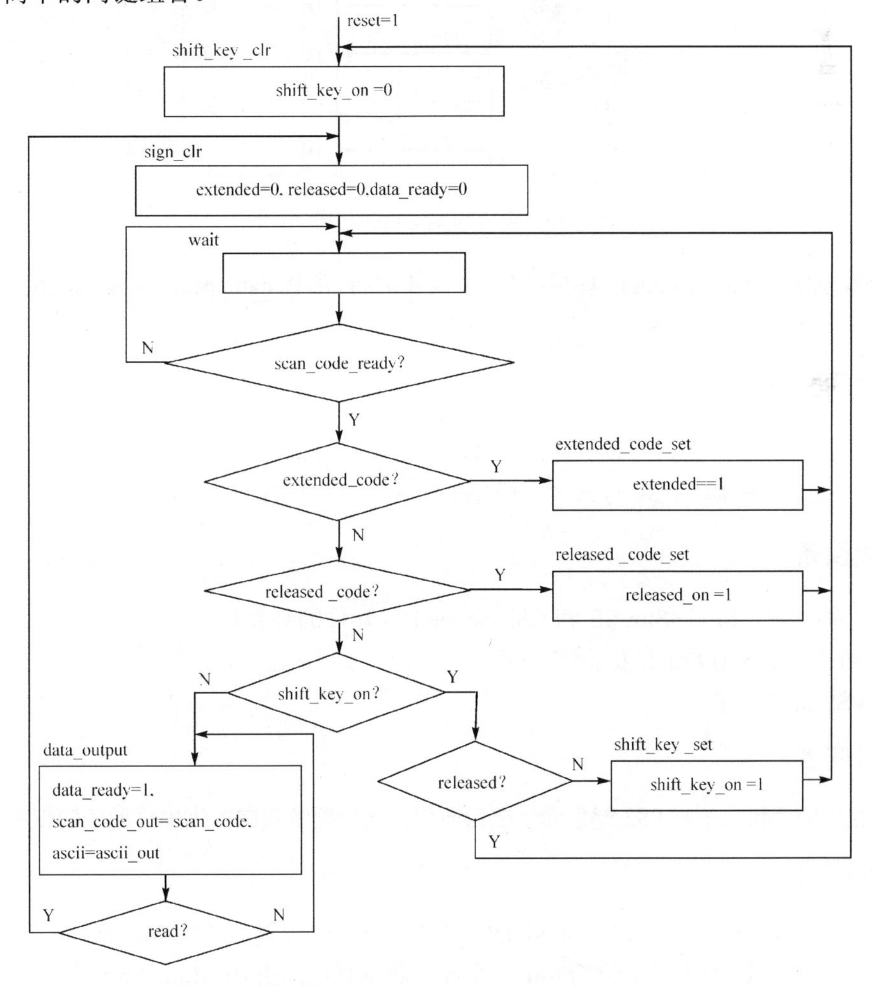

图 5.39　模块 data_process 的算法流程图

3. 模块 indication 的设计

根据按键按下情况控制 LED 指示灯点亮或熄灭。本模块设计较为简单，图 5.40 所示为模块的电路框图。D_reg 为带时钟使能和清 0 功能的 D 型寄存器。驱动组合电路的表达式为

$$\begin{cases} key\_on = data\_ready \&\& (!released) \&\& (!ascii[7]) \\ a\_on = (ascii == a\_ASCII\_CODE) \| (ascii == A\_ASCII\_CODE) \\ w\_on = (ascii == w\_ASCII\_CODE) \| (ascii == W\_ASCII\_CODE) \\ s\_on = (ascii == s\_ASCII\_CODE) \| (ascii == S\_ASCII\_CODE) \\ d\_on = (ascii == d\_ASCII\_CODE) \| (ascii == D\_ASCII\_CODE) \end{cases} \tag{5.16}$$

式(5.16)中的 a_ASCII_CODE 表示字母 a 的 ASCII 码，其他的类推。

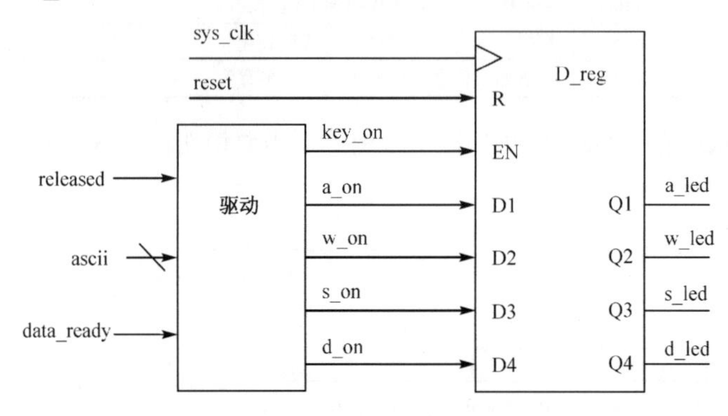

图 5.40 模块 indication 的电路框图

由于本模块与 data_process 模块共用一个同步时钟，所以 data_process 模块的应答信号 read 可始终接高电平。

五、提供的文件

为了减轻实验工作量，光盘中提供了 data_process、indication 两个模块的 Verilog HDL 代码。不过，希望读者能自己编写这两个模块的 Verilog HDL 代码。

六、实验设备

（1）装有 ISE、ModelSim SE 和 ChipScope Pro 软件的计算机。
（2）XUP Virtex-II Pro 开发系统一套。
（3）PS2 键盘一个。

七、预习内容

查阅相关的资料，了解 PS2 键盘通信接口协议，充分理解双向同步串行通信协议和工作原理。

八、实验内容

（1）编写模块 interface 的 Verilog HDL 代码及其测试代码，并用 ModelSim 仿真。
（2）编写 PS2 键盘接口实验的 top 文件及其测试代码，并用 ModelSim 仿真。
（3）建立 PS2 键盘接口实验的 ISE 工程文件。

（4）对工程综合、约束、实现。引脚约束内容如表5.16所示。

表 5.16　FPGA 引脚约束内容

引 脚 名 称	I/O	FPGA 引脚编号	说　明
clk	Input	AJ15	系统 100MHz 主时钟
reset_n	Input	AG5	Enter 按键
a_led	Output	AC4	LED0 指示灯
w_led	Output	AC3	LED1 指示灯
s_led	Output	AA6	LED2 指示灯
d_led	Output	AA5	LED3 指示灯
ps2_clk	Input	AG2	键盘接口
ps2_data	Input	AG1	

（5）将 PS2 键盘接入实验开发板 KBD/MOUSE 插座（下面一个），下载工程文件至实验开发板。在键盘输入相应字符，观察实验板上指示灯变化情况，验证设计结果。

九、实验报告要求

（1）写出设计原理、列出 Verilog HDL 代码并对设计作适当说明。
（2）记录 ModelSim 仿真波形，并对仿真波形作适当解释，分析是否符合预期功能。
（3）记录实验结果，分析设计是否正确。
（4）记录实验中碰到的问题和解决方法。

十、思考题

（1）在本实验中，是否可将模块 data_process 的输入信号 read 接高电平？什么条件下可将输入信号 read 接高电平？
（2）怎样选取“看门狗”的定时时间？
（3）画出主机到设备的通信接口的算法流程图或状态机图。

实验 14　PS2 鼠标接口实验

一、实验目的

（1）了解 PS2 鼠标接口协议和工作原理。
（2）掌握 PS2 鼠标接口电路的设计方法。
（3）掌握 PS2 鼠标后续数据处理电路的设计。

二、PS2 鼠标接口协议简介

PS2 鼠标协议接口的物理特性和通信协议与 PS2 键盘相同，在实验 13 已作介绍。下面主要介绍 PS2 鼠标的工作模式和协议数据包格式。

1．PS2 鼠标协议数据包格式

标准的 PS2 鼠标发送位移和按键信息给主机采用 3 字节数据包，其格式如图 5.41 所示。

	Bit7	Bit6	Bit5	Bit4	Bit3	Bit2	Bit1	Bit0
Byte1	Y overflow	X overflow	Y sign bit	X sign bit	Always 1	Middle Btn	Right Btn	Left Btn
Byte2	X Movement							
Byte3	Y Movement							

图 5.41 鼠标扫协议数据包格式

Byte1 中的 Bit0、Bit1、Bit2 分别表示左、右、中键的状态，状态值 0 表示释放，1 表示按下。Byte2 和 Byte3 分别表示 X 和 Y 方向的移动计量值，是 9 位二进制补码，最高位（符号位）出现在数据包的第一个字节 Byte1 中。对于带滚轮三键鼠标，在数据包还会出现第四个字节 Byte4。

2. PS2 鼠标的工作模式

PS2 鼠标有四种标准工作模式。

1）Reset 模式

当鼠标上电或主机发送复位命令 0xFF 给它时，鼠标进入此种模式。进入 Reset 模式后，鼠标执行自检并设置如下的默认值：

- 采样速率为 100 采样点/s；
- 分辨率为 4 个计数值/mm；
- 缩放比例为 1:1；
- 数据报告被禁止。

自检结束后鼠标向主机发送 0xAA（自检测试成功）或 0xFC（自检测试错误）。然后鼠标发送它的设备 ID “0x00”，这个 ID 用来区别设备是键盘还是处于扩展模式中的鼠标。鼠标发送自己的设备 ID 给主机后就进入 Stream 模式。

注意：鼠标设置的默认值之一是数据报告被禁止，这就意味着鼠标在没有收到数据报告允许命令 0xF4 之前不会发送任何位移数据包给主机。

2）Stream 模式

Stream 模式是鼠标的默认模式。当鼠标上电或复位完成后自动进入此模式，鼠标基本上以此模式工作。在此模式中，一旦鼠标检测到鼠标位移，或发现一个或多个鼠标键的状态改变时，就发送位移数据包给主机。

3）Remote 模式

只有在主机发送了模式设置命令 0xF0 后，鼠标才进入 Remote 模式。鼠标在这种模式下只有主机请求数据的时候才发送位移数据包给主机。

4）Wrap 模式

Wrap 模式只用于测试鼠标与主机连接是否正确。

三、实验任务

设计一个 PS2 鼠标的接口模块，并用 VGA 显示鼠标按键状态和位移。要求：

（1）VGA 屏幕显示一个箭头符号，用鼠标移动控制 VGA 屏幕的箭头移动；

（2）屏幕左、右半边分别有一个红色方块和一个绿色方块，鼠标左键按下可使 VGA 屏幕左边的红色方块消失，而鼠标右键按下可使 VGA 屏幕右边的绿色方块消失；

（3）实验采用不带滚轮三键鼠标。

本实验已提供工程架构，包括 VGA 同步扫描模块、VGA 显示控制模块、二分频 DCM 模块和顶层模块的 Verilog HDL 设计代码，读者只需完成鼠标的接口模块 ps2_mouse_interface 的设计即可。为了使设计的 ps2_mouse_interface 模块能嵌入工程中，模块 ps2_mouse_ interface 的端口说明必须符合表5.17所示的要求。

表 5.17　模块 ps2_mouse_interface 的端口含义

引脚名称	I/O	引脚说明
clk	Input	50MHz 时钟信号
reset	Input	复位信号，高电平有效
ps2_clk	Input	PS2 鼠标时钟线
ps2_data	Input	PS2 鼠标数据线
left_button	Output	高电平表示鼠标左键按下
right_button	Output	高电平表示鼠标右键按下
x_increment[8:0]	Output	鼠标的 X 方向的位移量
y_increment[8:0]	Output	鼠标的 Y 方向的位移量
data_ready	Output	与 VGA 显示控制电路的接口信息，宽度为一个时钟周期。高电平表示已完成鼠标位移数据包接收，且输出按键状态和 X、Y 的位移量
error_no_ack	Output	鼠标无应答的错误提示信号

四、实验原理

1. 总体设计

鼠标工作流程如图5.42所示。主机复位后，首先向鼠标发送初始化命令 0xF4，当鼠标收到命令字后会给出一个应答字节。主机根据应答字节来判断鼠标是否正确应答，应答正确则进行接收鼠标数据包，然后从接收到的数据包中获得鼠标位置及状态数据，并输出给显示模块，显示模块在 VGA 屏幕上显示出当前鼠标的状态和位置。若应答错误，则给出应答错误信息，并停止处理，重新初始化。

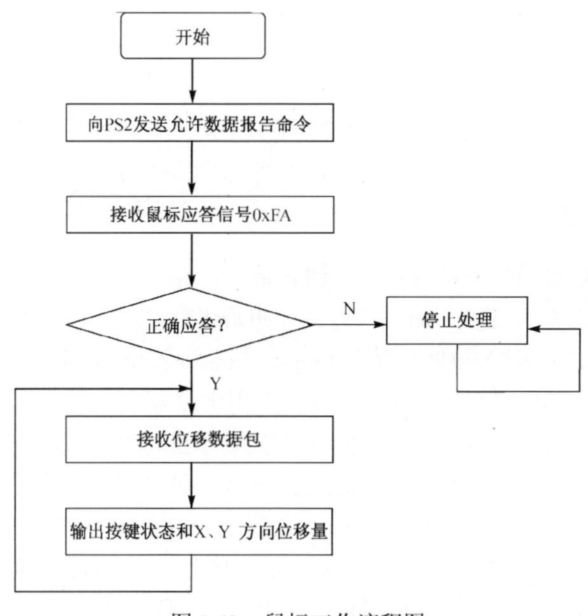

图 5.42　鼠标工作流程图

根据 PS2 通信协议、鼠标接口协议和鼠标工作流程，可画出鼠标接口电路的总体框图，如图5.43所示。

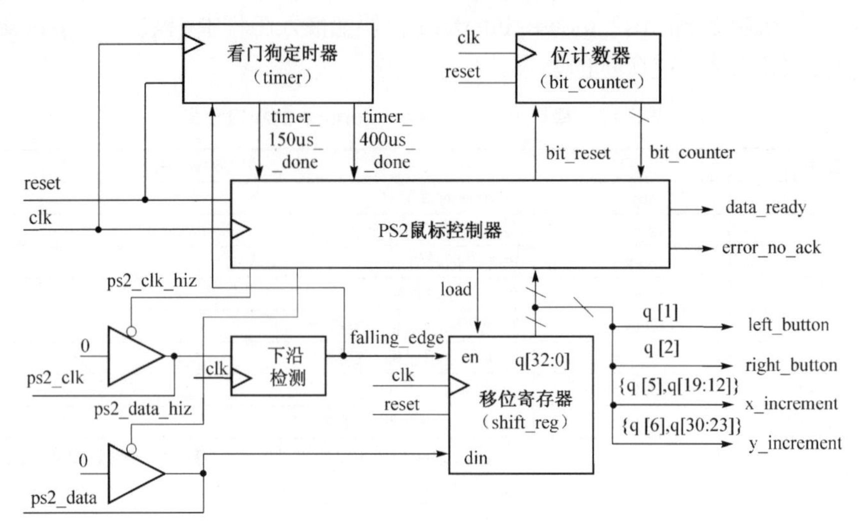

图 5.43 鼠标接口电路的总体框图

由于 ps2_clk、ps2_data 为双向端口，所以用三态门接入。接收数据在 ps2_clk 下沿时进行、发送在 ps2_clk 低电平时更新数据，因此检测 ps2_clk 下沿电路是必不可少的。

发送和接收主要由移位寄存器完成。发送时移位寄存器（shift_reg）将并行命令码转化为串行数据输出；主机接收 PS2 鼠标信息时，移位寄存器将串行的数据转化为并行输出。根据通信协议，在检测到 ps2_clk 下沿时发送或接收数据。由于本实验只发送命令字 0xF4，所以数据恒为{23'h7fffff,1'b0,8'hf4,1'b0}，其中低 11 位为发送数据，包括起始位、命令字、检验位、停止位。当 load=1 时，将发送的数据置入移位寄存器的 q 端。

位计数器（bit_counter）用于计数接收或发送的位数，bit_counter 为三十三进制计数器。当 bit_reset=1 时，计数器清零。

看门狗定时器（timer）有两个作用，一是发送时将 ps2_clk 拉低 100μs 以上，本实验定为 150μs；二是起“看门狗”作用，当某种原因引起 ps2_clk 错误，造成系统帧不同步时，“看门狗”将使电路回到初始状态。

2. PS2 鼠标控制器

PS2 鼠标控制器是接口电路的核心，协调各单元电路工作。PS2 鼠标控制器的算法流程图如图5.44所示。系统复位时，进入 start 状态进行初始化，并在一个 clk 周期后进入 hold_clk_l 状态。该状态将 ps2_clk（时钟线）拉低并保持 150μs，然后进入 transmit 状态发送数据报告允许命令 0xF4，即发送{1'b1,1'b0,8'hf4,1'b0}，共 11 位。发送完毕后主机释放数据线，等待鼠标返回应答位，如应答位错误，则进入 error_ ack 状态，此时握手失败停止处理。否则，进入 wait_response 状态接收鼠标应答字 0xFA，若应答字错误，则进入 error_no_ack 状态停止处理。若应答字正确，则进入接收初始化 receive_start 状态，并在一个 clk 周期后进入 gather 状态，接收鼠标数据包。接收完成后进入 verify 检验状态，检验正确进入 data_output 状态，输出数据，检验出错则丢弃数据。最后返回 receive_start 状态形成了数据接收循环。如果在接收数据过程中出现“看门狗”定时到，则说明系统工作不正常，“看门狗”定时器将使电路回到接收初始化 receive_start 状态。

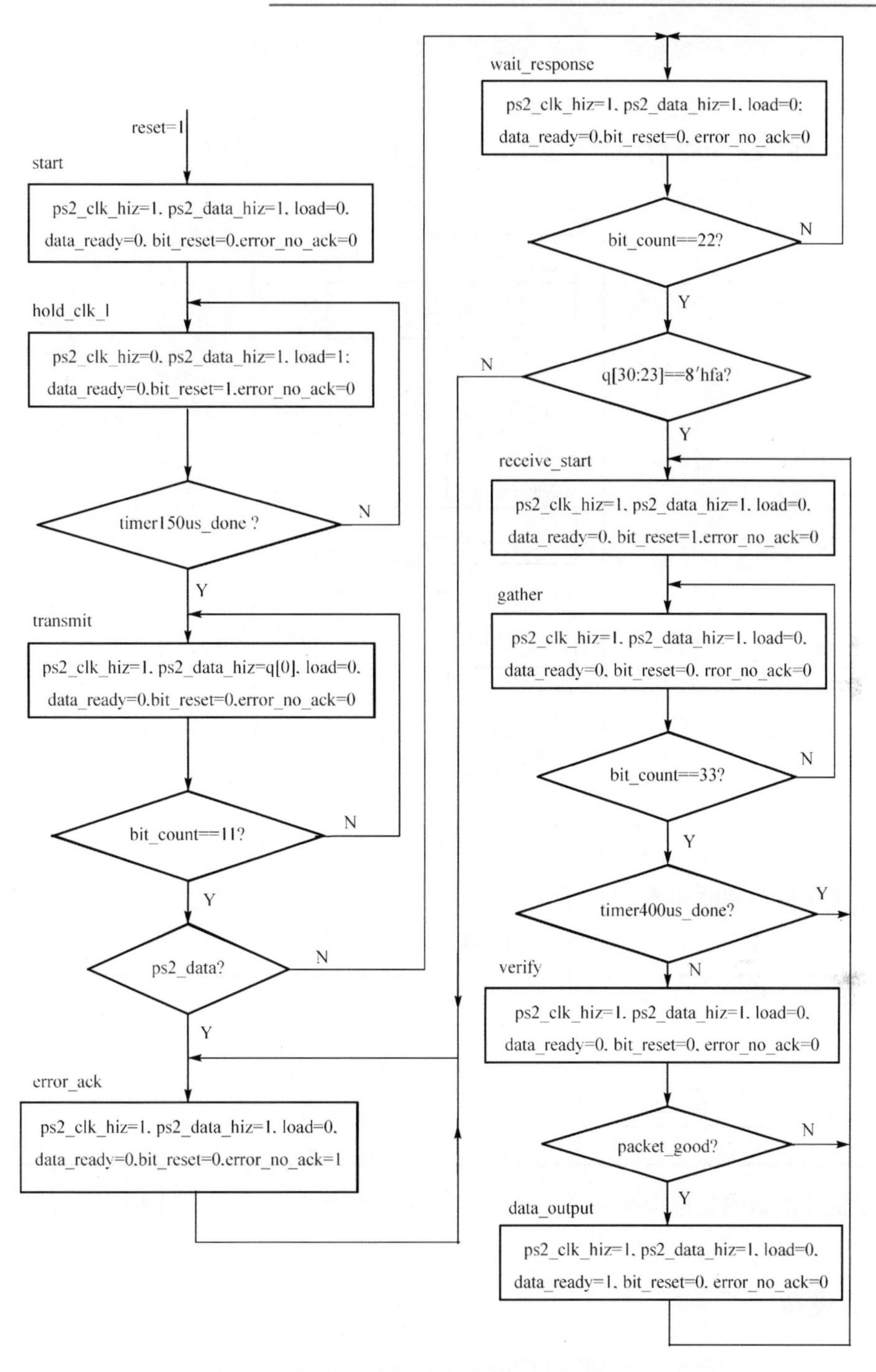

图 5.44　PS2 鼠标控制器的算法流程图

packet_good 为检验结果，表示为

$$packet\_good=((q[9]==\sim\hat{}q[8:1])\ \&\&\ (q[20]==\sim\hat{}q[19:12])\ \&\&\ (q[31]==\sim\hat{}q[30:23])) \tag{5.17}$$

3. ps2_clk 下沿检测电路、移位寄存器电路和位计数器的设计

ps2_clk 下沿检测电路可采用图 5.45 所示的算法流程图来完成，ps2clk_h、ps2clk_falling 和 ps2clk_l 分别表示 PS2 时钟的高电平、下降沿和低电平三种状态。

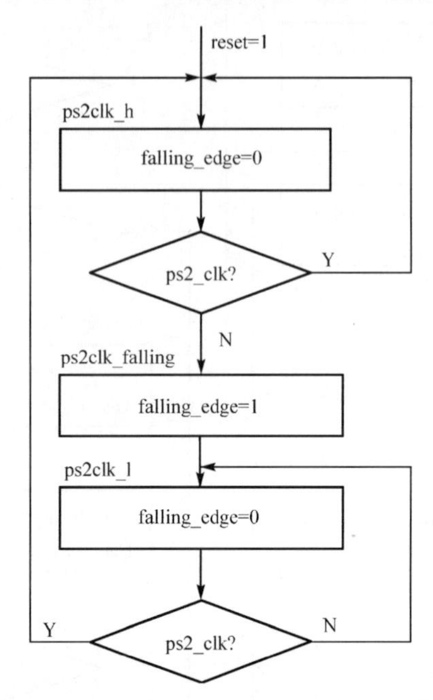

图 5.45 ps2_clk 下沿检测电路的算法流程图

移位寄存器的功能如表5.18 所示。

表 5.18 移位寄存器的功能表

reset	load	en	clk	q	说 明
1	×	×	↑	0	清 0
0	1	×	↑	{23'h7fffff,1'b0,8'hf4,1'b0}	置数
0	0	1	↑	{din, q[31:1]}	右移
0	0	0	↑	q	保持

由于位计数器的复位由控制器决定，所以位计数器实际上就是带同步清 0 的 6 位二进制计数器。

五、实验设备

（1）装有 ISE、ModelSim SE 和 ChipScope Pro 软件的计算机。

（2）XUP Virtex-II Pro 开发系统一套。

（3）PS2 键盘一个。

六、预习内容

查阅 PS2 鼠标接口协议资料，详细了解协议内容。

七、实验内容

（1）编写 ps2_mouse_inteface 模块的 Verilog HDL 代码及其测试代码，并用 ModelSim 仿真。

（2）将光盘中的 ise 文件夹复制到硬盘中，打开 ps2_mouse.ise 工程。

（3）将所设计的 ps2_mouse_inteface 模块加入工程文件。

（4）对工程综合、约束、实现。引脚约束内容如表 5.19 所示。

表 5.19　FPGA 引脚约束内容

名　称	I/O	引脚编号	说　明	名　称	I/O	引脚编号	说　明
clk	Input	AJ15	系统 100MHz 主时钟	ps2_clk	Inout	AG2	鼠标接口信息
reset_n	Input	AG5	Enter 按键	ps2_data	Inout	AG1	
red [0]	Output	G8	红基色	blue[0]	Output	D15	蓝基色
red [1]	Output	H9		blue[1]	Output	E15	
red [2]	Output	G9		blue [2]	Output	H15	
red [3]	Output	F9		blue [3]	Output	J15	
red [4]	Output	F10		blue [4]	Output	C13	
red [5]	Output	D7		blue [5]	Output	D13	
red [6]	Output	C7		blue [6]	Output	D14	
red [7]	Output	H10		blue [7]	Output	E14	
green[0]	Output	G10	绿基色	pixel_clk	Output	H12	像素时钟
green[1]	Output	E10		vga_comp_synch	Output	G12	
green[2]	Output	D10		vga_blank _z	Output	A8	消隐信号
green[3]	Output	D8		hsync	Output	B8	行同步信号
green[4]	Output	C8		vsync	Output	D11	帧同步信号
green[5]	Output	H11		error_no_ack	Output	AA5	指示灯 LED3
green[6]	Output	G11		—	—	—	—
green[7]	Output	E11		—	—	—	—

（5）将 PS2 鼠标接入实验开发板 KBD/MOUSE 插座（上面一个），并将 VGA 显示器接入实验开发板。下载工程文件至实验开发板。操作鼠标，观察 VGA 显示情况，验证设计结果。

八、实验报告要求

（1）写出设计原理、列出 Verilog HDL 代码并对设计作适当说明。

（2）记录 ModelSim 仿真波形，并对仿真波形作适当解释，分析是否符合预期功能。

（3）记录实验结果，分析设计是否正确。

（4）记录实验中碰到的问题和解决方法。

九、思考题

鼠标能否像键盘一样，上电复位后主机不需要向鼠标发送命令就能使鼠标正常工作？为什么？

第6章 数字系统综合设计实验

本章的实验强调设计性、综合性和系统性，强调“自顶而下”的数字系统设计方法，强调算法流程图设计控制器的方法。为了提高实验的积极性和主动性，本着“新颖性、实用性、创造性和趣味性”的原则来设置实验，实验项目可分为三大类。

实验 15 和实验 16 为实用性的小数字系统实验。数字钟、秒表等实用性实验可让学生在短时间内认识到课程的重要性。同时，容易成功的小系统实验让学生富有成就感，从而激发学习兴趣。

实验 17～实验 21 注重“寓教于乐”的教学方式，文本显示、动态显示、点灯游戏和音乐播放等游戏类实验项目可提高学生实验的积极性和主动性。

实验 22～实验 26 强调知识的综合应用，需要在掌握电子线路、电子测量、数字信号处理、通信和数字系统等相关学科知识后才能完成该类实验项目。其中，后两个实验为课程设计类大型实验，要求学生查阅相关资料，自行提出课题的解决方案，进行方案的可行性分析，并实施计划，最终完成课题的设计和实现。

实验 15　数字钟设计

一、实验目的

（1）熟练掌握分频器、各种进制的同步计数器的设计。

（2）熟练掌握同步计数器的级联方法。

（3）掌握数码管的动态显示驱动方式。

二、LED 数码管动态显示原理

数码管显示一般分静态显示和动态显示两种驱动方式。静态驱动方式的主要特点是，每个数码管都有相互独立的数据线，并且所有的数码管被同时点亮；这种驱动方式的缺点是占用 I/O 口线比较多。动态驱动方式则是所有数码管共用一组数据线（a～g），数码管轮流被点亮。因此，动态显示驱动方式中每个数码管都要有一个点亮控制输入端口，该端口即为数码管的共阴极端或共阳极端。图6.1 中的 B5～B0 分别为 6 个数码管点亮控制输入端口。

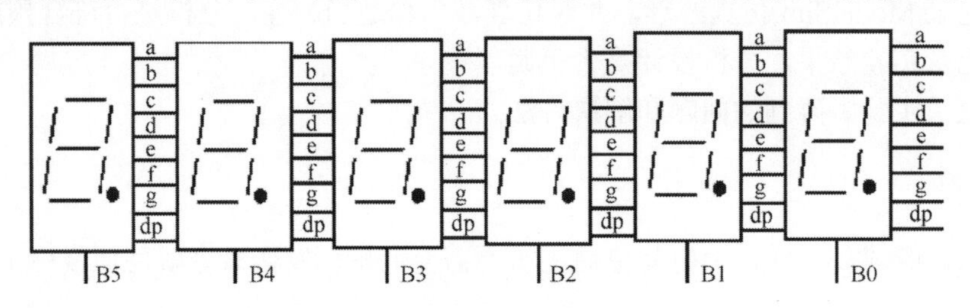

图 6.1　动态显示数码管的接法

下面以共阳极数码管为例，说明 6 位动态扫描显示原理。工作时，6 个数码管轮流显示：控制器先送出第一位数码管的数据（a～g），同时使 B0 为高电平（B1～B5 为低电平），此时只有第一位数码管被点亮；再送出第二位数码管的数据并置 B1 为高电平（B0、B2～B5 为低电平），点亮第二位数码管……；依此类推，循环往复。虽然动态扫描同一时刻只有一个数码管点亮，但当扫描频率较快时（每个数码管每秒显示 50 次以上），可稳定不闪烁地显示 6 个数据。

三、设计任务

（1）设计一个 24 时制的数字钟，用 LED 数码管显示时、分、秒。

（2）具有校时功能，即设置 min_adj、hour_adj 两个按钮，分别对“时”、“分”进行校正。

四、实验原理

暂不考虑校时功能，数字钟电路的原理框图如图6.2 所示，由时钟管理模块（DCM）、分频器模块、计时模块和显示模块组成，下面分别对各模块的功能及要求进行说明。

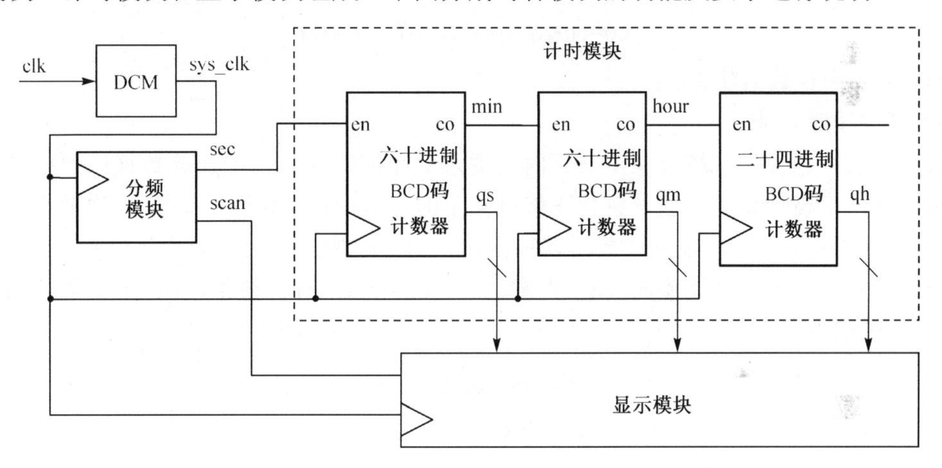

图 6.2　数字钟电路的原理框图

1. DCM 模块

由于数字钟为低速电路，而 XUP Virtex-II Pro 开发系统只提供 100MHz 主时钟，因此需插入 DCM 分频模块以降低系统的工作时钟，从而提高系统可靠性。DCM 可采用 16 分频，输出 6.25MHz 的 sys_clk 信号作为系统的主时钟。

2. 分频器模块

分频器的功能有：

（1）产生用于计时的秒脉冲信号 sec，频率为 1Hz；

（2）产生用于显示模块的扫描脉冲信号 scan，频率为 400Hz。

分频器设计的注意事项：

（1）同步电路要求秒脉冲信号 sec 和扫描脉冲信号 scan 的脉冲宽度为一个系统主时钟信号 sys_clk 的周期；

（2）分频器原理框图如图6.3所示，先设计一个15625分频器，产生400Hz的扫描信号scan，再由scan控制400分频器产生秒脉冲信号sec。

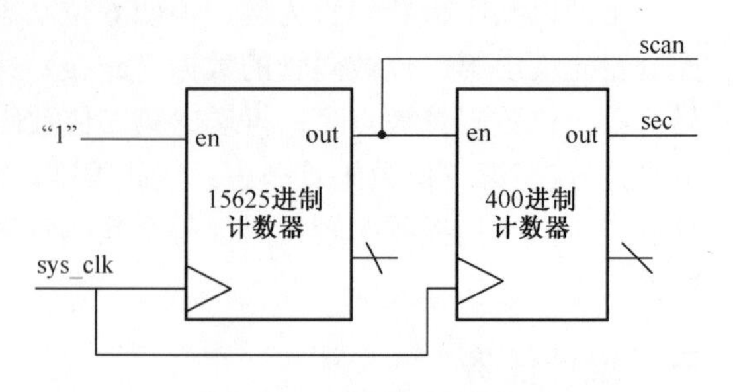

图6.3 分频器原理框图

3. 计时模块

1）不考虑校时功能

如图6.2所示，计时模块实质上是由三个两位BCD码计数器级联而成的。虽然两位BCD码计数器设计比较简单，但必须注意同步计数器的级联方法，即所有计数器的时钟连接在一起，前级计数器的进位（co）控制下级计数器的使能（en）。使用Verilog HDL设计同步计数器时，初学者在进位输出co的设计上容易犯错。实际上，同步计数器是一个Mealy型时序电路，进位输出co与计数使能en和计数器状态有关，如六十进制BCD码计数器的进位输出应为

$$co=en\&\&(q==8'b0101\_1001) \tag{6.1}$$

式(6.1)中的q为计数器状态。

2）考虑校时功能

校时方法：当校时或校分按键按下时，通过对相应的计数器加速计数来达到校时目的。

以分钟校正设计为例，当分钟校正按键按下时（即min_adj为低电平），若将分计数器的使能en接至秒脉冲sec，则分计数器以每秒加一的速度加速计数。因此，加入分钟校正后，需重新设计分计数器的使能输入en：正常计时，en=min；分钟校正，en=sec。综合分析，可得到en表达式为

$$en=(\sim min\_adj)\&\&\ sec\ ||\ min \tag{6.2}$$

通过上述分析，加上校时功能后的计时模块如图6.4所示。

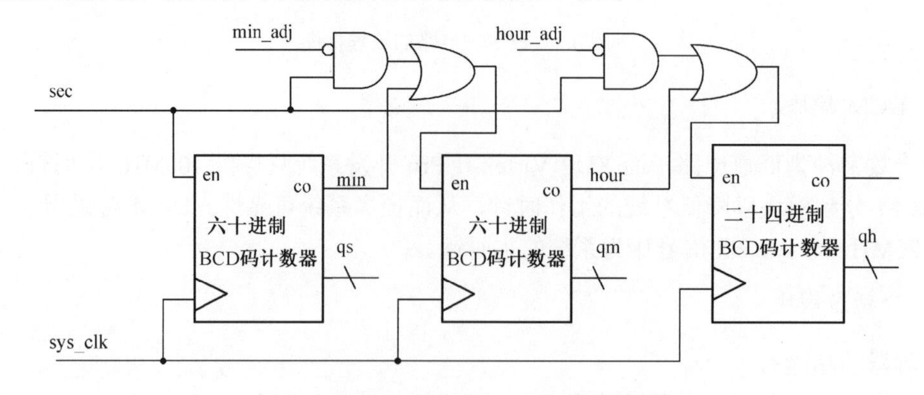

图6.4 带校时功能的计时模块原理框图

4.显示模块

XUP Virtex-II Pro开发系统没有提供数码显示功能，可用自制扩展板上的6位动态显示数码管来显示“时”、“分”、“秒”。动态显示电路的原理框图如图6.5所示。

“时”、“分”、“秒”共有 6 位 BCD 码需显示。六进制计数器状态 q 控制数据选择器依次选出当前显示的 BCD 码（data）送入显示译码器。计数器状态 q 同时表征显示在哪个数码管上，通过二进制译码器输出 position 控制对应的数码管点亮。

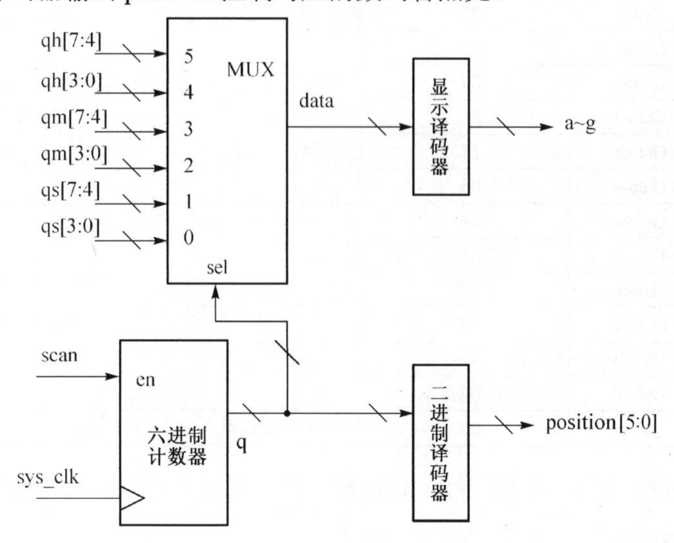

图 6.5　动态显示电路的原理框图

五、实验设备

（1）装有 ISE、ModelSim SE 和 ChipScope Pro 软件的计算机。

（2）XUP Virtex-II Pro 开发系统一套。

（3）DigitIO 扩展板一块。

六、预习内容

（1）查阅相关资料，了解动态扫描相关知识。

（2）阅读附录 B，掌握扩展板的使用方法。

七、实验内容

（1）编写分频器模块、计时模块和显示模块的 Verilog HDL 代码及其测试代码，并用 ModelSim 仿真。

（2）生成系统所需的 DCM 内核。

（3）编写数字钟系统的 top 文件，建立数字钟系统的 ISE 工程文件。

（4）对工程进行综合、约束、实现并下载至 XUP Virtex-II Pro 开发系统中，其中引脚约束内容如表6.1所示。

表 6.1　FPGA 引脚约束内容

引 脚 名 称	I/O	引 脚 编 号	说　明
clk	Input	AJ15	系统 100MHz 主时钟
min_adj	Input	R2	扩展板 SW0 开关
hour_adj	Input	P5	扩展板 SW1 开关

续表

引脚名称	I/O	引脚编号	说明
a	Output	P7	七段码
b	Output	P3	
c	Output	P2	
d	Output	R7	
e	Output	P4	
f	Output	T2	
g	Output	R5	
position[0]	Output	N6	六个数码管的点亮控制端
position[1]	Output	L5	
position[2]	Output	M2	
position[3]	Output	P9	
position[4]	Output	M4	
position[5]	Output	N1	
dp	Output	R3	可对 dp 置高电平来隐匿小数点

（5）接通扩展板电源，分别进行计时和校时功能测试，验证设计是否符合要求。

八、实验报告要求

（1）写出设计原理、列出 Verilog HDL 代码并对设计作适当说明。
（2）记录 ModelSim 仿真波形，并对仿真波形作适当解释，分析是否符合预期功能。
（3）记录实验结果，分析设计是否正确。
（4）记录实验中碰到的问题和解决方法。

九、思考题

（1）同步计数器的级联特点是什么？
（2）简要说明动态扫描显示的特点。

实验 16　数字式秒表

一、实验目的

（1）掌握计数器的功能和应用。
（2）理解开关防颤动的必要性。
（3）掌握简单控制器的设计方法。

二、实验任务

设计一个数字秒表电路。设计要求：
（1）计时范围 0′0.0″～59′59.9″，分辨率为 0.1s，用数码管显示计时值；
（2）秒表有一个按键开关。

当电路处于“初始”状态时，第一次按键，计时开始（“计时”状态）；再次按键，计时停止（“停止”状态）；第三次按键，计数器复位为 0′0.0″，且电路回到“初始”状态。

三、实验原理

根据设计要求，可画出秒表电路的原理框图，如图 6.6 所示，秒表电路由时钟管理模块（DCM）、分频器模块、按键处理模块、控制器、计时模块和显示模块组成。

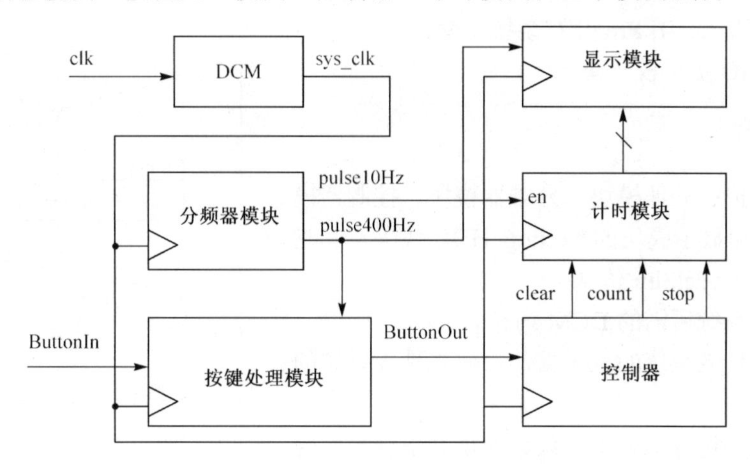

图 6.6　秒表电路的原理框图

DCM 采用 16 分频，DCM 模块输出 6.25MHz 的 sys_clk 信号作为系统的主时钟。

分频器模块产生其他模块所需的控制脉冲信号，其中输出的 pulse400Hz 信号是频率为 400Hz、宽度为一个 sys_clk 周期的脉冲信号，该信号用于动态显示扫描模块和按键处理模块中开关防颤动电路。而 pulse10Hz 信号是频率为 10Hz、宽度为一个 sys_clk 周期的脉冲信号，该信号决定秒表的计时速度。

按键处理模块完成按键输入的同步器、开关防颤动和脉冲宽度变换等功能，即当按键一次，输出一个宽度为 sys_clk 周期的脉冲信号 ButtonOut，该模块的设计方法参见实验 11。

计时模块可由 1 个十进制计数器（十分之一秒计时）、1 个六十进制 BCD 码秒计数器和 1 个六十进制 BCD 码分计数器级联而成。计时模块的输入控制信号 clear、count 和 stop 为互斥信号。计时模块的功能如表6.2所示。

表 6.2　计时模块的功能

clear	stop	count	pulse	clk	功　能
1	×	×	×	↑	同步清 0
0	1	0	×		保持
0	0	1	0		保持
0	0	1	1		计数

控制器是电路的核心，在按键控制下，输出 clear、count 和 stop 三个控制信号分别控制计时模块的工作状态。控制器的算法流程如图6.7所示，Reset、Timing、End 分别代表秒表的初始、计时和停止三个状态。

显示采用数码管动态显示技术，设计原理参见实验15。另外，本实验应在第 2 位显示小数点。

四、实验设备

（1）装有 ISE、ModelSim SE 和 ChipScope Pro 软件的计算机。

（2）XUP Virtex-II Pro 开发系统一套。

（3）DigitIO 扩展板一块。

五、实验内容

（1）编写按键处理模块、分频器模块、控制器模块、计时模块和显示模块的 Verilog HDL 代码及其测试代码，并用 ModelSim 仿真。

（2）生成系统所需的 DCM 内核。

（3）编写秒表系统的 top 文件，建立秒表系统的 ISE 工程文件。

（4）对工程进行综合、约束、实现并下载至实验开发板中。FPGA 引脚约束内容如表6.3所示。

（5）接通扩展板电源，进行秒表的功能测试，验证设计是否符合要求。

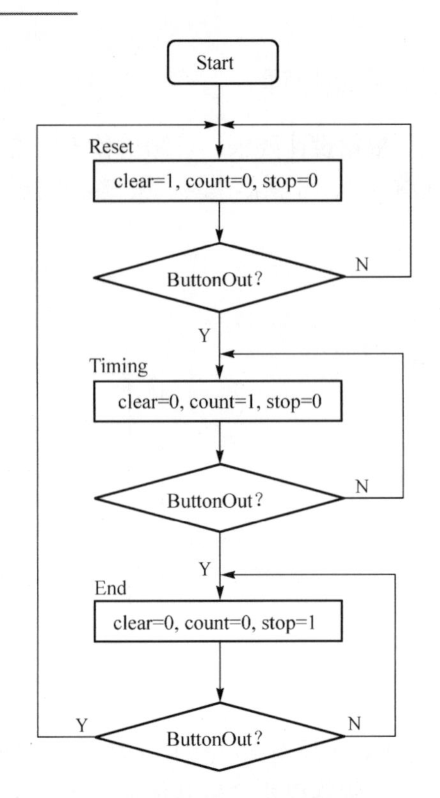

图 6.7　控制器的 ASM 图

表 6.3　FPGA 引脚约束内容

引 脚 名 称	I/O	引 脚 编 号	说　明
clk	Input	AJ15	系统主 100MHz 时钟
ButtonIn	Input	AG5	Enter 按键
a	Output	P7	七段码
b	Output	N3	
c	Output	P2	
d	Output	R7	
e	Output	P4	
f	Output	T2	
g	Output	R5	
position[0]	Output	N6	5 个数码管的点亮控制端
position[1]	Output	L5	
position[2]	Output	M2	
position[3]	Output	P9	
position[4]	Output	M4	
dp	Output	R3	小数点

六、实验报告要求

（1）写出设计原理、列出 Verilog HDL 代码并对设计作适当说明。

（2）记录 ModelSim 仿真波形，并对仿真波形作适当解释，分析是否符合预期功能。

（3）记录实验结果，分析设计是否正确。

（4）记录实验中碰到的问题和解决方法。

七、思考题

说明开关防颤动电路的必要性。

实验 17　文本显示实验

一、实验目的

（1）掌握字符的点阵显示原理，了解少量汉字的点阵的制作方法。

（2）掌握存储器 ROM、RAM 的设计和应用。

二、字符的点阵显示原理

1. 点阵的概念

先看字母“A”和汉字“中”的点阵图，如图6.8所示。一个字的点阵是指这个字符用多少个像素点来描述，以及每个像素点显示什么颜色。在通常情况下，ASCII 字符采用 8 × 16 点阵，而汉字采用 16 × 16 点阵。点阵使用一个位来表示一个像素点的颜色，如果该位值为 1 则表示该像素点是前景色，如果该位数为 0 则表示该像素点显示为背景色。

必须要用数据来记录点阵的信息。通常情况下 8 × 16 点阵的一行可用 1 字节表示，所以用 16 字节来表示 8 × 16 点阵的 ASCII 字符。同样，需要用 32 字节表示 16 × 16 点阵的汉字。数据存放方式为从左到右、自上而下的顺序。

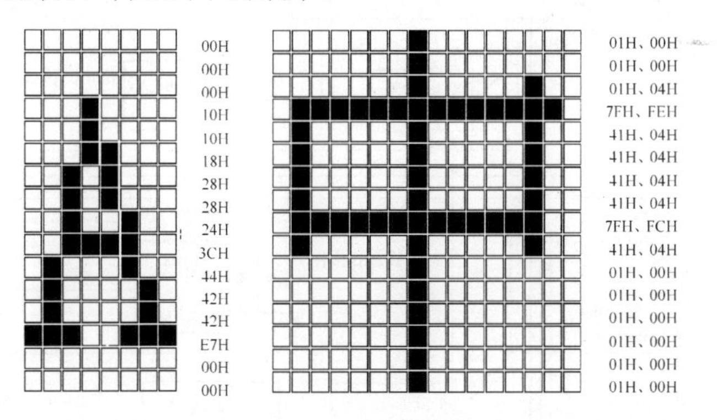

图 6.8　字符显示点阵

2. 字库的概念

ASCII 字库是 127 个 ASCII 码字符点阵数据的集合，根据 ASCII 码的编码顺序存放 127 个 ASCII 码字符的点阵数据。每个 ASCII 码字符点阵由 16 字节数据组成。因此，如果要检索一个 ASCII 码字符的点阵数据，只需将其 ASCII 码值乘以 16，即可得到该字符在字库中的首地址。例如，字符“A”的 ASCII 码值为 41h，可计算出字符“A”在字库的首地址为 41h × 16，即 410h，地址 410h～41fh 的 16 字节为字符“A”的点阵数据。

标准的 16 × 16 点阵汉字字库 HZX16 存放一、二级汉字，本实验不会用到如此大容量的 ROM 来存储汉字字库。因此，针对实验所要用到的汉字，需定制自己的小型字库。

三、实验任务

1. 基本要求

用 PS2 键盘输入字符并在 VGA 显示器屏幕显示，显示模式如下。

（1）800×600@75Hz 的 VGA 显示模式。

（2）屏幕中心的 512×512 像素为字符显示区域，可显示 64 字符×32 行，如图6.9所示。

（3）显示格式为字符的前景色为白色，背景色为黑色；显示区域边框大小为 2 像素，边框颜色为黄色；显示区域外背景色为蓝色。

图 6.9 字符显示格式

2. 扩展要求

（1）屏幕光标定位：光标指示当前输入在屏幕上的位置。

（2）在显示区域右下方显示设计者的中文“姓名”标志。

四、实验原理

如图6.10所示，文本显示电路主要包括 PS2 键盘的输入、SVGA 视频同步发生器、存储单元和 RGB 处理电路等。

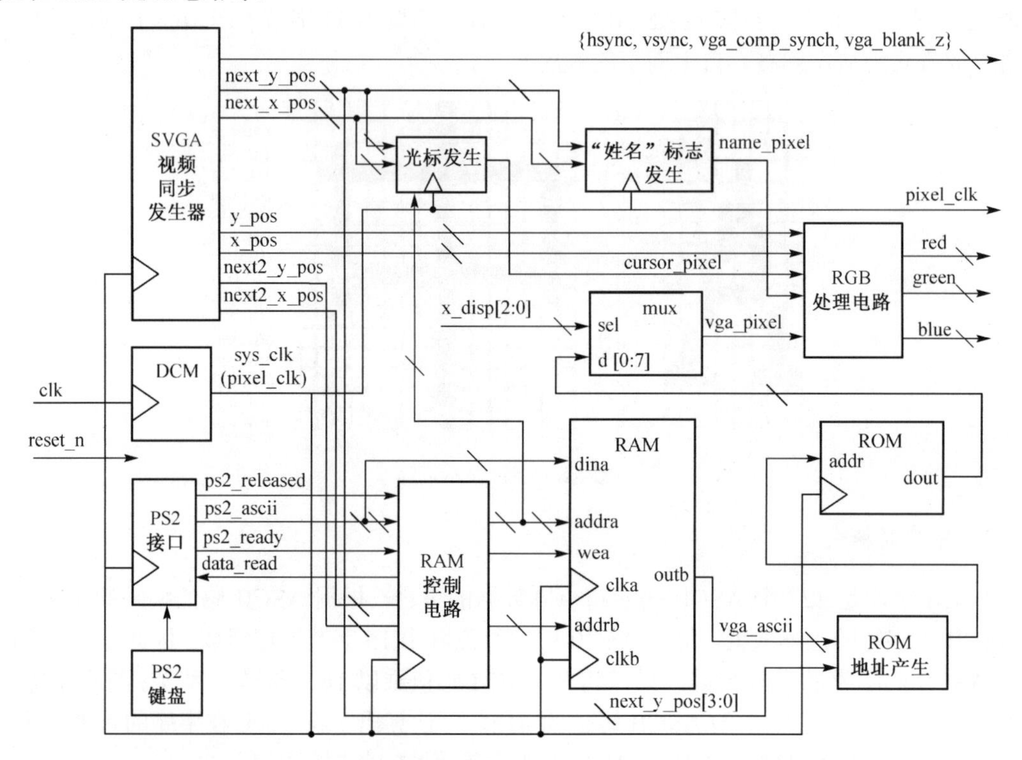

图 6.10 字符显示原理框图

1. SVGA 视频同步发生器

SVGA 视频同步发生器主要产生行、帧同步信号、消隐信号和 SVGA 像素扫描坐标（x_pos，y_pos），SVGA 视频同步发生器的设计方法参考实验 12。这里要强调一下，从图6.10 中可看出，“光标”和“姓名”标志的像素读出需延迟一个时钟周期，而字符的点阵读出则需要延迟两个时钟周期，因此 SVGA 视频同步发生器除输出当前像素扫描坐标（x_pos，y_pos），还需要输出下一个像素坐标（next_x_pos，next_y_pos）及下两个像素坐标（next2_x_pos，next2_y_pos）。由于本实验的显示未使用前两列像素，所以下两个像素坐标、下一个像素坐标与当前像素坐标的关系为

$$\begin{cases} next\_x\_pos = x\_pos + 1 \\ next\_y\_pos = y\_pos \end{cases} \tag{6.3}$$

$$\begin{cases} next2\_x\_pos = x\_pos + 2 \\ next2\_y\_pos = y\_pos \end{cases} \tag{6.4}$$

若有些场合要使用前两列像素，则需要修改 SVGA 同步发生器的设计，具体措施请读者自己思考。

2. PS2 键盘接口

PS2 接口模块负责与 PS2 键盘的通信接口功能，接收键盘发送来的扫描码，同时翻译成 ASCII 码等按键信息，设计方法参考实验 13。

3. 显示缓存器 RAM 和 RAM 控制电路

显示缓存器 RAM 可用一个双端口 RAM 内核实现。显示缓存器 RAM 用于存储输入的 ASCII 字符。因为最多需要显示 64×32 个字符，所以其容量应为 2048（64×32）字节。双端口 RAM 的端口 A 负责数据写入，端口 B 负责数据读出，读、写相对独立，互不影响。

RAM 控制电路的任务有：

（1）接收 PS2 接口电路送来的 ASCII 码，并将 ASCII 码存储在显示缓存器 RAM 中；

（2）根据扫描坐标产生 RAM 读地址，读出要显示字符的 ASCII 码值。

RAM 控制电路的第一个任务要求产生与 PS2 接口电路的应答信号 data_read、写地址 addra、写使能信号 wea。由于 PS2 接口电路与 RAM 控制电路使用同一时钟，所以应答信号 data_read 可恒为高电平。

根据实验要求，每输入一个 ASCII 字符，就将该字符的 ASCII 码值存于 RAM 中，同时使 RAM 地址加一指向下一字符存储地址（光标位置）。

当下列三个条件同时满足时，表明输入一个 ASCII 字符，此时，写使能 wea 号有效：

（1）ps2_ready 为高电平，表明输入一个扫描码；

（2）ps2_ released 为低电平，表明输入为通码；

（3）ps2_ascii≠0ffh，表明按下为 ASCII 字符键。

addra 地址实质是一个模为 2048 的计数器，当上面三个条件同时满足时，addra 地址计数器加 1。

RAM 控制电路的第二个任务要求产生显示缓存器 RAM 的读地址 addrb，addrb 与同步扫描坐标有关。实验要求字符显示在屏幕中心的 512×512 像素范围，以显示区域的左上角为原

点，重新定义显示坐标（x_disp，y_disp），则有

$$\begin{cases} x\_disp = x\_pos - 144 \\ y\_disp = y\_pos - 44 \end{cases} \tag{6.5}$$

同样地，字符的点阵的显示坐标与扫描坐标的关系为

$$\begin{cases} next2\_x\_disp = next2\_x\_pos - 144 \\ next2\_y\_disp = next2\_y\_pos - 44 \end{cases} \tag{6.6}$$

由于使用16×8点阵，即16行×8列的像素为同一字符，所以addrb表达式为

$$addrb=\{next2\_y\_disp[8:4], next2\_x\_disp[8:3]\} \tag{6.7}$$

4. ROM和ROM地址产生电路

ROM是存储ASCII码点阵字库的存储器IP内核，容量为2048×8bit，共有11位地址线。一个 ASCII 字符的点阵由 16 字节组成，其在 ROM 的地址范围为{ASCII,4'b0000}～{ASCII,4b'1111}，因此ROM的高7位地址即为ASCII码（ASCII码的最高位恒为零）；并且点阵的一个字节代表字符的一行像素，所以由y坐标决定取哪一行字节。综上所述，ROM的地址可表示为

$$addr = \{vga\_ascii[6:0], next2\_y\_disp[3:0]\} \tag{6.8}$$

5. 点阵像素vga_pixel的产生

ROM 字库输出字符的一行数据（8 个像素），需要由数据选择器选出正扫描到的像素，显示坐标x_disp的低三位x_disp [2:0]决定选取哪个像素。

6. RGB处理电路

RGB 处理电路根据扫描坐标选择字符、边框、光标、“姓名”标志等。例如，当扫描到字符显示区域，即$144 \le x_pos < 656$且$44 \le y_pos < 556$时，RGB处理电路输出为

$$\begin{cases} red = \{8\{vga\_pixel\}\} \\ green = \{8\{vga\_pixel\}\} \\ blue = \{8\{vga\_pixel\}\} \end{cases} \tag{6.9}$$

式(6.9)表示，当vga_pixel = 1（即字符前景色）时显示白色，当vga_pixel = 0（即字符背景色）时显示黑色。

光标、“姓名”标志的点阵可由一种名为“字模精灵”的软件生成，光标、“姓名”标志产生电路的设计原理留给读者思考，这里不再介绍。

最后强调的是，设计电路时注意扫描显示原理，SVGA 是一行一行扫描，而不是一个一个字符扫描。

五、提供的文件

在src文件夹中，提供16 × 8点阵ASCII字符字库ascii.coe和标准的16 × 16点阵汉字字库HZX16.coe。

六、实验设备

（1）装有 ISE、ModelSim SE 和 ChipScope Pro 软件的计算机。
（2）XUP Virtex-II Pro 开发系统一套。
（3）PS2 键盘一个，SVGA 显示器一台。

七、预习内容

（1）查阅相关资料，了解字符点阵的显示原理。
（2）查阅相关资料，了解汉字点阵的制作方法。

八、实验内容

（1）编写文本显示系统各模块的 Verilog HDL 代码及其测试代码，并用 ModelSim 仿真。
（2）编写文本显示系统的 top 文件及其测试代码，并用 ModelSim 仿真。
（3）建立文本显示系统的 ISE 工程文件，并对工程进行综合、约束、实现。FPGA 引脚约束内容如表6.4所示。
（4）将 PS2 键盘、SVGA 显示器接入实验开发板，下载工程文件至实验开发板中。在键盘输入字符，观察 SVGA 显示器上文本显示情况，验证设计结果。

表 6.4　FPGA 引脚约束内容

引脚名称	I/O	引脚编号	说　明
clk	Input	AJ15	系统 100MHz 主时钟
reset_n	Input	AG5	Enter 按键
red [0]	Output	G8	红基色
red [1]	Output	H9	
red [2]	Output	G9	
red [3]	Output	F9	
red [4]	Output	F10	
red [5]	Output	D7	
red [6]	Output	C7	
red [7]	Output	H10	
green[0]	Output	G10	绿基色
green[1]	Output	E10	
green[2]	Output	D10	
green[3]	Output	D8	
green[4]	Output	C8	
green[5]	Output	H11	
green[6]	Output	G11	
green[7]	Output	E11	
blue[0]	Output	D15	蓝基色
blue[1]	Output	E15	
blue [2]	Output	H15	
blue [3]	Output	J15	
blue [4]	Output	C13	
blue [5]	Output	D13	
blue [6]	Output	D14	
blue [7]	Output	E14	

续表

引脚名称	I/O	引脚编号	说明
pixel_clk	Output	H12	像素时钟
vga_comp_synch	Output	G12	
vga_blank _z	Output	A8	消隐信号
hsync	Output	B8	行同步信号
vsync	Output	D11	帧同步信号
ps2_clk	Input	AG2	键盘接口信息
ps2_data	Input	AG1	

九、实验报告要求

（1）写出设计原理、列出 Verilog HDL 代码并对设计作适当说明。

（2）记录 ModelSim 仿真波形，并对仿真波形作适当解释，分析是否符合预期功能。

（3）记录实验结果，分析设计是否正确。

（4）记录实验中碰到的问题和解决方法。

十、思考题

（1）若在某些场合，需要 SVGA 显示全部 800×600 像素，应怎样修改 SVGA 同步发生器的设计，使其输出下一个像素坐标（next_x_pos、next_y_pos）在全部 800×600 像素内都有效？

（2）怎样在 SVGA 上显示图像？

实验 18　SVGA 动态显示实验

一、实验目的

（1）了解多图层显示原理，了解动画制作的方法，为以后界面设计积累知识。

（2）掌握少量汉字点阵的制作方法。

二、图层显示原理

1. 图层的概念

每一个图层都是由许多像素组成的，而图层又通过上下叠加的方式来组成整个图像。打个比喻，每一个图层就好似一个透明的“玻璃”，而图层内容就画在这些“玻璃”上；如果“玻璃”上什么都没有，那么这就是个完全透明的空图层；当各“玻璃”都有图像时，自上而下俯视所有图层，就形成图像显示效果。

为什么需要实现图层功能呢？

（1）当前许多图像处理和动画制作软件都使用了图层的概念，该概念能够帮助设计者专注于各个图层的设计，以及完成实际效果中景深的显现（物体的前后感觉）。

（2）使用图层能够节约系统大量的内存资源。一幅图像的存储对系统的资源开销是很大的，如一幅 64×64 像素的图像就需要 4096×24bit 的 SRAM 来存储。如果对系统所要显示的每一幅图都进行显示，那么就需要存储很多张图。例如，有两个物体（如一只狗和一个球）分别有 5 个动画，如果每个组合都截取一幅图，那么就需要截取 25 幅图；而运用图层，仅需要存储 10 幅图就足够了。

2. 图层的显示原理

各个图层模块在显示输出时可以根据 SVGA 控制模块产生的坐标信号、用户提供的当前基准坐标值（左上顶点坐标）和动画选择信号判断是否在自己的显示范围内，以此决定自己是否应该输出，并且以 RqFlag 置位来向输出控制模块申请像素点，并判断自己的输出。其申请规则如图 6.11 所示，图层外不申请，留给下面的图层申请；图层内申请，则下面图层的申请将被忽略。

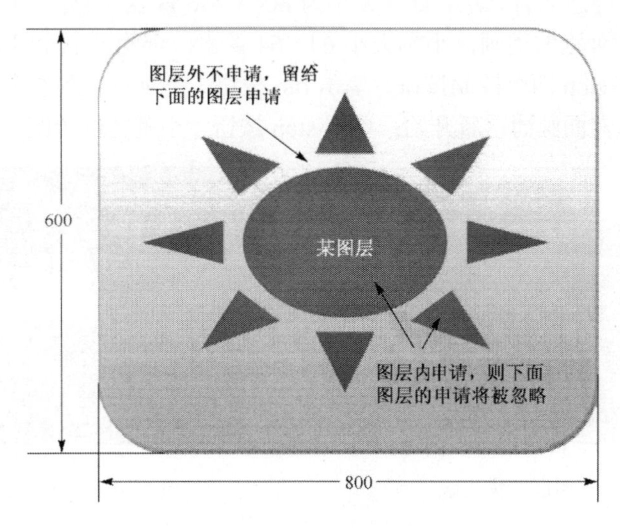

图 6.11　图层显示的申请规则

一个图层是如何判断哪些像素点应该显示，哪些不能显示呢？在设计中使用了一个像素点滤波器，该滤波器的功能是当遇到输出像素值为 FFFFCC（一种与白色色调很相近的颜色）时，就把 RqFlag 屏蔽掉，也就是所有的图层中永远不会出现一个像素点的颜色为 FFFFCC，即该颜色为透明色。于是，如果把一个不规则的图形通过软件处理，将其周围背景做成 FFFFCC，那么就可以把应该透明的空间留出来而不申请。下面的背景还在申请像素点，于是输出就显示出了背景，而上一图层透明的地方就被屏蔽掉了，如图6.12所示。

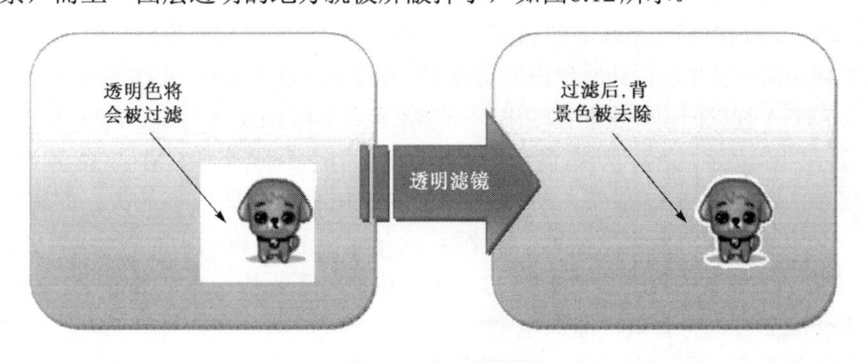

图 6.12　透明滤镜

图层输出选择是在 RqFlag 指导下选择图层。如果只有一个图层申请输出，则输出当前申请图层；如果有多个图层申请，则按照图层优先级顺序选择最高优先级图层来输出，如　　图 6.13 所示。

三、实验任务

1. 基本要求

设计一个小狗奔跑的动画，如图6.14所示，具体要求如下。

（1）800×600@75Hz 的 VGA 显示模式。

（2）共分三个图层：最底层显示“动态显示”四个汉字，汉字大小为 32×32 像素，显示位置自定；中间层为静态的背景层，背景大小为 800×256 像素，显示位置为 192≤y_pos＜447 区间；最上层为小狗奔跑的动画，小狗大小 64×64 像素，奔跑分五个动作。

（3）设置 run 和 stop 两个控制按钮。单击 run 按钮，小狗从左到右奔跑，当小狗跑到右面画面消失后，马上从左面画面重新开始；单击 stop 按钮，小狗暂停奔跑，静立在画面中。

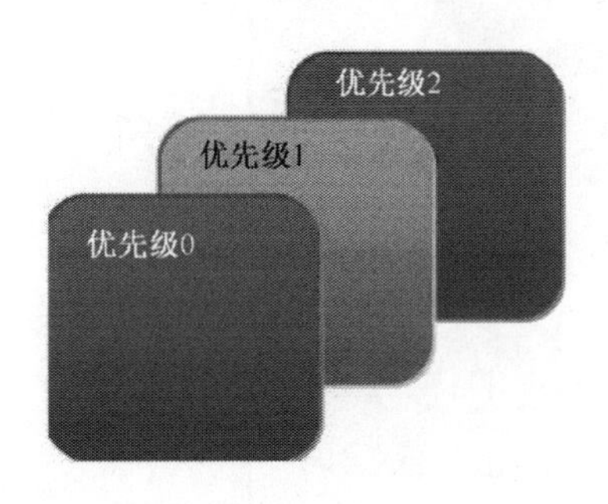

图 6.13 图层的优先级

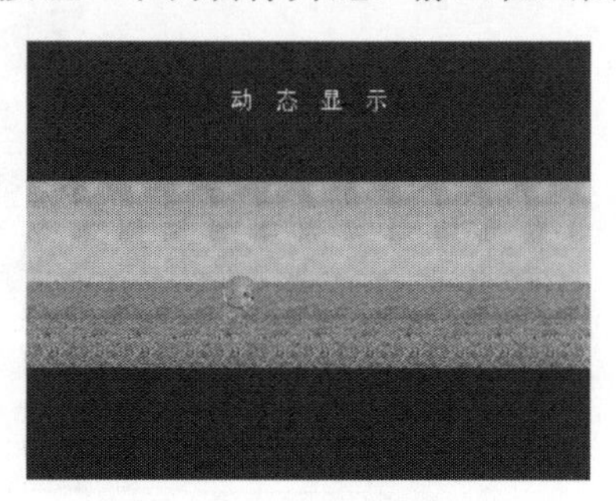

图 6.14 图像显示格式

2. 扩展要求

（1）改变小狗奔跑方式为来回奔跑。

（2）增加图层，比方小狗吃饭、洗澡等图层，并相应增加控制按钮。

（3）用 PS2 键盘控制小狗的各种动作。

四、实验原理

下面只对设计的基本要求部分作简要说明。系统的总体框图如图6.15所示，由 SVGA 视频同步发生器、动画控制（Action Control）、三个图层、图层选择等模块组成。

SVGA 视频同步发生器设计原理详见实验 12。由于从 ROM 内核中读取像素信息要延迟一个时钟，所以 SVGA 视频同步发生器需输出下一个像素点坐标 next_x_pos、next_y_pos 信号。

底层显示四个汉字，提供“动态显示”四个汉字的 16×16 点阵 ROM，文件名为 HzROM.v。由于要求汉字大小为 32×32 像素，所以显示时应将 16×16 点阵汉字放大，即将原来 16×16 点阵中的一个像素用四个像素来显示，即坐标（x_pos [9:1], y_pos [9:1]）所代表的四个像素点显示相同信息。汉字显示方法参考实验 17。最后说明一下，由于该层为底层，所以图层输出申请信号 RqFlag2 可恒为有效，即高电平。

考虑到资源限制，背景层用 64×256 像素的图像水平拼接成大小为 800×256 像素的背景。提供的背景图片文件 bg.coe 为 64×256 像素的 24 位位图，每个像素 24 位，高 8 位为红基色，中间 8 位为绿基色，低 8 位为蓝基色，像素存储次序为从左到右、从上到下。背景层图片读取较为简单，不再详述。另外，当 192≤next_y_pos＜447 时，该图层输出申请 RqFlag1 为高电平，否则 RqFlag1 为低电平。

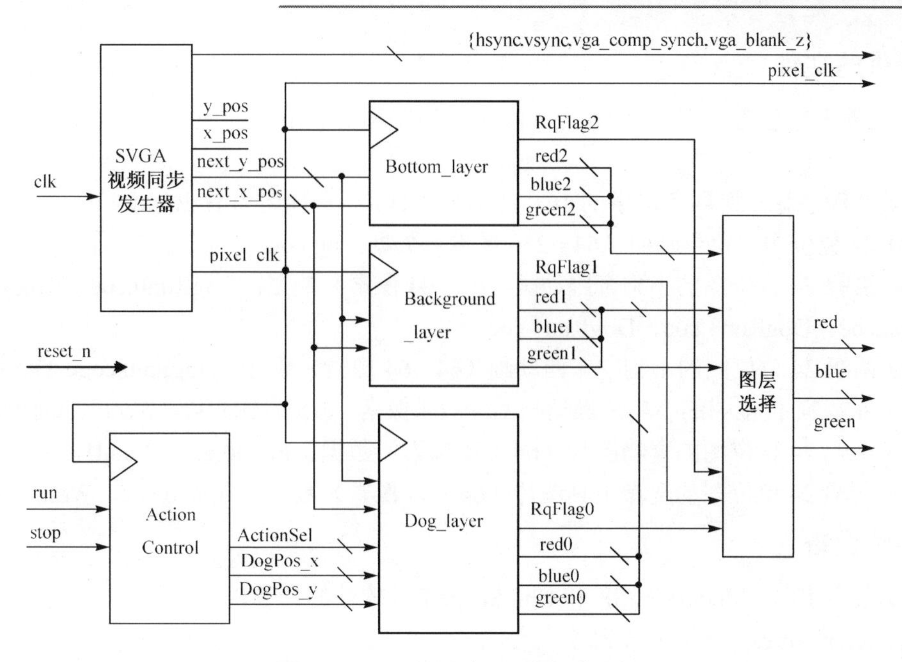

图 6.15　SVGA 动态显示原理框图

小狗奔跑的动画由 5 幅连贯动作画面构成，奔跑图片文件分别为 DogRun0.coe、DogRun1.coe、DogRun2.coe、DogRun3.coe、DogRun4.coe。5 幅图片均为 64 × 64 像素的 24 位位图，具体选择哪幅图片由 Dog_layer 模块的输入信号 ActionSel[2:0]决定。图片的显示位置由坐标输入信号 DogPos_x[9:0]和 DogPos_y[9:0]决定，坐标（DogPos_x[9:0]，DogPos_y[9:0]）为图片左上角位置。Dog_layer 模块中图片内核 ROM 的地址为

$$addr = \{dif\_x[5:0], dif\_x[5:0]\} \tag{6.10}$$

式中，dif_x、dif_y 为显示像素点与图片左上角的两个方向的距离，dif_x、dif_y 的值为

$$\begin{cases} dif\_x = next\_x\_pos - DogPos\_x \\ dif\_y = next\_y\_pos - DogPos\_y \end{cases} \tag{6.11}$$

由于小狗为不规则的图形，所以该层图层输出申请 RqFlag0 有效（高电平）的条件必须满足：

（1）扫描到小狗显示位置，即 DogPos_x≤next_x_pos＜(DogPos_x + 64)，且 DogPos_y≤next_y_pos＜(DogPos_y+64)；

（2）该像素非透明色，即{red0, green0, blue0}≠ffffcc。

动画控制模块的功能为：

（1）系统复位时，小狗处于复位状态（ActionSel=3'd0），位置处于画面的最左面，即 DogPos_x=10'd0；

（2）单击 run 按钮，约 0.2s 更换一下奔跑画面且前进 10 个像素；

（3）单击 stop 按钮，小狗处于暂停状态（ActionSel=3'd0），DogPos_x 保持不变。

该控制电路非常简单，请读者自己画出算法流程图。另外，由于小狗只进行水平方向跑动，所以 DogPos_y 可固定为一个常数。根据背景画面，DogPos_y 取为 320 较为合适。

五、提供的文件

src 文件夹中包含一个 16×16 点阵汉字小字库和实验用到的图片数据（coe 文件），主要有：

（1）"动态显示"四个汉字的 16×16 点阵 ROM：文件名为 HzROM.v。

（2）24 位位图的背景画面（64×256 像素）数据：bg.coe。

（3）五幅 24 位位图的小狗奔跑动画（64×64 像素）数据：DogRun0.coe、DogRun1.coe、DogRun2.coe、DogRun3.coe、DogRun4.coe。

（4）两幅 24 位位图的小狗吃东西动画（64×64 像素）数据：DogEat0.coe、DogEat1.coe。

（5）两幅 24 位位图的小狗洗澡动画（64×64 像素）数据：DogWash0.coe、DogWash1.coe。

（6）两幅 24 位位图的食物图片（64×64 像素）数据：Food0.coe、Food1.coe。

（7）两幅 24 位位图的洗澡工具图片（64×64 像素）数据：Wash0.coe、Wash1.coe。

六、实验设备

（1）装有 ISE、ModelSim SE 和 ChipScope Pro 软件的计算机。

（2）XUP Virtex-II Pro 开发系统一套。

（3）PS2 键盘一个，SVGA 显示器一台。

七、预习内容

（1）查阅相关资料，了解运动图像的显示原理。

（2）查阅有关图层的知识，了解动态显示原理。

八、实验内容

（1）编写系统各子模块的 Verilog HDL 代码及其测试代码，并用 ModelSim 仿真。

（2）编写动态显示系统实验的 top 文件及其测试代码，并用 ModelSim 仿真产生 rgb 文件，模拟显示复位后的一帧图像。

（3）建立动态显示系统的 ISE 工程文件，并对工程进行综合、约束、实现。引脚约束内容如表6.5所示。

表 6.5 FPGA 引脚约束内容

引脚名称	I/O	引脚编号	说明
clk	Input	AJ15	系统 100MHz 主时钟
reset_n	Input	AG5	Enter 按键
run	Input	AH2	Right 按钮
stop	Input	AH1	Left 按钮
red [0]	Output	G8	红基色
red [1]	Output	H9	
red [2]	Output	G9	
red [3]	Output	F9	
red [4]	Output	F10	
red [5]	Output	D7	
red [6]	Output	C7	
red [7]	Output	H10	

续表

引脚名称	I/O	引脚编号	说明
green[0]	Output	G10	绿基色
green[1]	Output	E10	
green[2]	Output	D10	
green[3]	Output	D8	
green[4]	Output	C8	
green[5]	Output	H11	
green[6]	Output	G11	
green[7]	Output	E11	
blue[0]	Output	D15	蓝基色
blue[1]	Output	E15	
blue [2]	Output	H15	
blue [3]	Output	J15	
blue [4]	Output	C13	
blue [5]	Output	D13	
blue [6]	Output	D14	
blue [7]	Output	E14	
pixel_clk	Output	H12	像素时钟
vga_comp_synch	Output	G12	
vga_blank _z	Output	A8	消隐信号
hsync	Output	B8	行同步信号
vsync	Output	D11	帧同步信号

（4）将 SVGA 显示器接入实验开发板，下载工程文件至实验开发板中。操作相应按钮，观察 SVGA 显示器上显示情况，验证设计结果。

九、实验报告要求

（1）写出设计原理、列出 Verilog HDL 代码并对设计作适当说明。
（2）记录 ModelSim 仿真波形，并对仿真波形作适当解释，分析是否符合预期功能。
（3）记录实验结果，分析设计是否正确。
（4）记录实验中碰到的问题和解决方法。

十、思考题

（1）综合实验 17 和实验 18，说明多图层显示的特点？
（2）小狗奔跑时，5 个动作若更换过快会出现什么情况？

实验 19 点灯游戏的设计

一、实验目的

（1）掌握数字系统设计方法。
（2）掌握用图层设计动态图像界面。

二、点灯游戏简介

点灯游戏是一个十分有趣的智力游戏，游戏的规则是：有 *N* 行、*N* 列的灯，开始时有一部分是灭的或全部是灭的；当单击其中一盏灯时，此盏灯的上下左右（若存在的话）连同它本身的状态全部改变，即若原先为亮，则当前状态为暗；若原先为暗，则当前状态为亮。当所有的灯都点亮时，则胜利。

三、实验任务

1. 基本要求

（1）游戏设计实现 5 行 5 列共 25 盏灯，共有 6 关（其中 Level 0 为测试关），全部过关为胜利。

（2）界面设计如图 6.16 所示，分为背景、点灯区内部背景、分割条、25 个方格（代表 25 盏灯）、边框、信息区和光标七个部分。信息区在游戏过程中显示 Level *n*（*n* 为 0～5），全部过关后显示 Win。

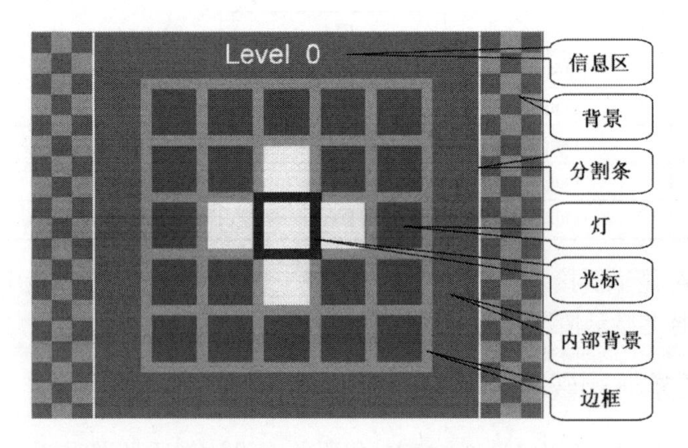

图 6.16 点灯游戏的界面

（3）VGA 显示模式为 800×600@75Hz。

（4）用 PS2 键盘控制游戏进程。

① 用键盘的“←”、“↑”、“→”、“↓”四个键改变光标的位置。

② 用键盘的 Enter 键改变此盏灯的上下左右（若存在的话）连同它本身的状态。

③ 用键盘的 Esc 键复位游戏。

2. 个性化要求

（1）本实验对界面没有严格要求，可根据自己喜好设计界面。

（2）增加信息显示内容，使游戏操作更为方便。

（3）增加难度，比如对每一关设置最大操作次数，当超过最大操作次数时中止游戏并显示失败画面。

（4）用 PS2 鼠标控制游戏进程。

四、实验原理

下面介绍用键盘控制游戏的设计过程。坐标（*X*，*Y*）表示光标位置。变量 light [24:0]表示 25 盏的状态，light [*n*]表示编号为 *n* 的灯的状态，取值 0 表示灯亮，取值 1 表示灯灭。坐标位置和 25 盏灯的编号如图6.17所示。

根据实验任务可画出系统的原理框图，如图6.18所示。键盘接口和处理电路负责与 PS2 键盘接口并翻译按键状态；控制器是电路的核心，在键盘的控制下完成光标移动、灯的状态变化和游戏进程的控制，其中 ChangePos 为控制器的子模块，输出 list[24:0]标记出光标及其上下左右（若存在的话）的位置；DCM 模块为二分频电路，产生 50MHz 像素时钟，该时钟同时作为系统的工作时钟；SVGA 视频同步发生器和显示电路负责将游戏进程及结果显示在 VGA 显示器上。

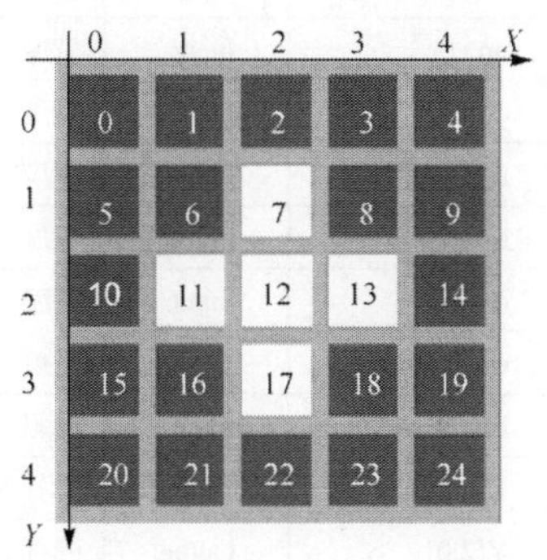

图 6.17　灯的编号和坐标位置

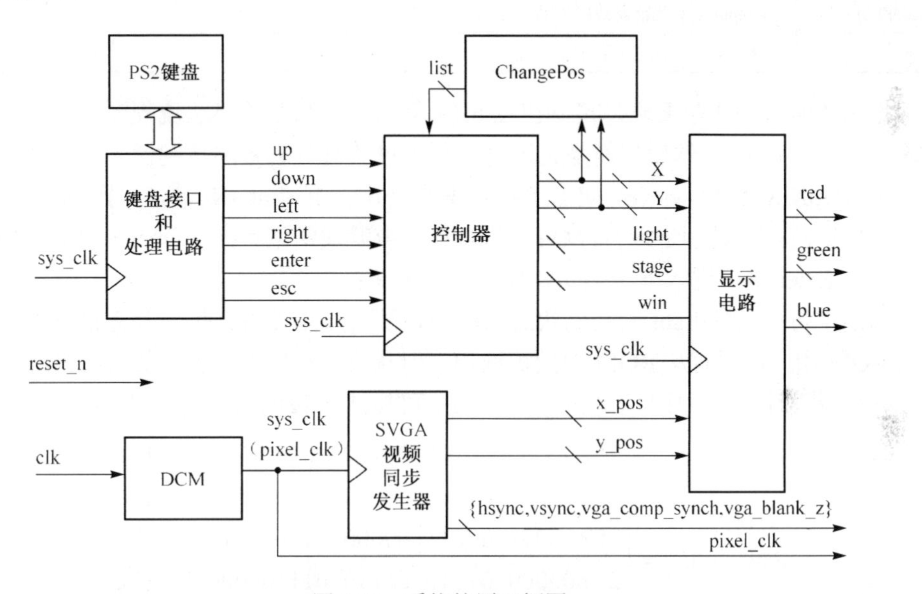

图 6.18　系统的原理框图

1. 控制器的设计

控制器是电路的核心，控制着游戏的进程，在此先对游戏的进程作些必要的规定。

（1）任何时候按下 Esc 键，游戏的进程回到复位状态，即测试关。

（2）按“→”键，光标循环右移，当光标处于最右面时，按一下“→”键时光标回到最左面。其他三个方向键功能类似。

（3）当每一个游戏关成功时，游戏进入暂停状态，此时方向键不起作用，只有按 Enter 键进入下一关或按 Esc 键复位游戏。

（4）当全部过关时，游戏进入停止状态，只有按 Esc 键才能复位游戏。

控制器的接口要求如表6.6所示。

表 6.6 控制器的输入/输出信息

引脚名称	方向	引脚说明
sys_clk	Input	50MHz 时钟信号
reset	Input	复位信号，高电平有效
up	Input	宽度一个时钟周期高电平脉冲，表示“↑”键按下
down	Input	宽度一个时钟周期高电平脉冲，表示“↓”键按下
left	Input	宽度一个时钟周期高电平脉冲，表示“←”键按下
right	Input	宽度一个时钟周期高电平脉冲，表示“→”键按下
enter	Input	宽度一个时钟周期高电平脉冲，表示 Enter 键按下
esc	Input	宽度一个时钟周期高电平脉冲，表示 Esc 键按下
list[24:0]	Input	标记当前光标及其上下左右（若有的话）的位置，用“1”标记
X[2:0]	Output	光标的 X 坐标
Y[2:0]	Output	光标的 Y 坐标
light[24:0]	Output	25 盏灯的状态
stage[2:0]	Output	当前游戏所处的关数
win	Output	高电平表示全部过关

根据上述游戏和实验要求，可画出图 6.19 所示的控制器的算法流程图。复位后进入等待按键输入状态（Wait），然后判断是否过关，若未过关且有有效的按键键入，则进入相应按键处理状态（UpKey 或 DownKey 或 LeftKey 或 RightKey 或 EnterKey），再回到 Wait 状态；若过关，则根据游戏的进程进入暂停状态（Pause）或游戏结束状态（Over）。如在 Pause 状态，则需要在按 Enter 键后进入下一关初始化状态（Next）。

状态图中每一关的 light 的初始状态未给出，从游戏角度看，每一关需设置多个初始状态并存入 ROM 中，使用时从 ROM 中随机取出。但从设计角度看，实验的目的是通过游戏的设计来学习系统设计方法，且为了验证设计方便，可按式(6.12)给出每关的初始状态 light_initial。

$$
\text{light\_initial}=\begin{cases}25\text{'b00000\_00100\_01110\_00100\_00000} & (\text{Level 0})\\ 25\text{'b10001\_01010\_00000\_01010\_10001} & (\text{Level 1})\\ 25\text{'b00011\_00011\_00000\_11000\_11000} & (\text{Level2})\\ 25\text{'b00000\_01110\_01110\_01110\_00000} & (\text{Level3})\\ 25\text{'b11111\_11111\_11111\_11111\_11111} & (\text{Level4})\\ 25\text{'b00000\_10100\_01110\_11011\_00000} & (\text{Level5})\end{cases} \tag{6.12}
$$

子模块 ChangePos 是一简单的组合逻辑电路，可用 case 语句完成。

2. 显示电路的设计

采用多图层概念可简化显示电路的设计。图层划分方法较多，在此作者将图 6.16 所示的界面划分为三个图层，如图 6.20 所示。底层为静态图像，界面中的背景、点灯区内部背景、分割条、边框由这个图层完成。中间层、最高层均为动态图像，其中中间层完成 25 盏灯的显示，而最高层完成信息区和光标两个部分显示。优先级为最高层最高，中间层次之，底层最低。

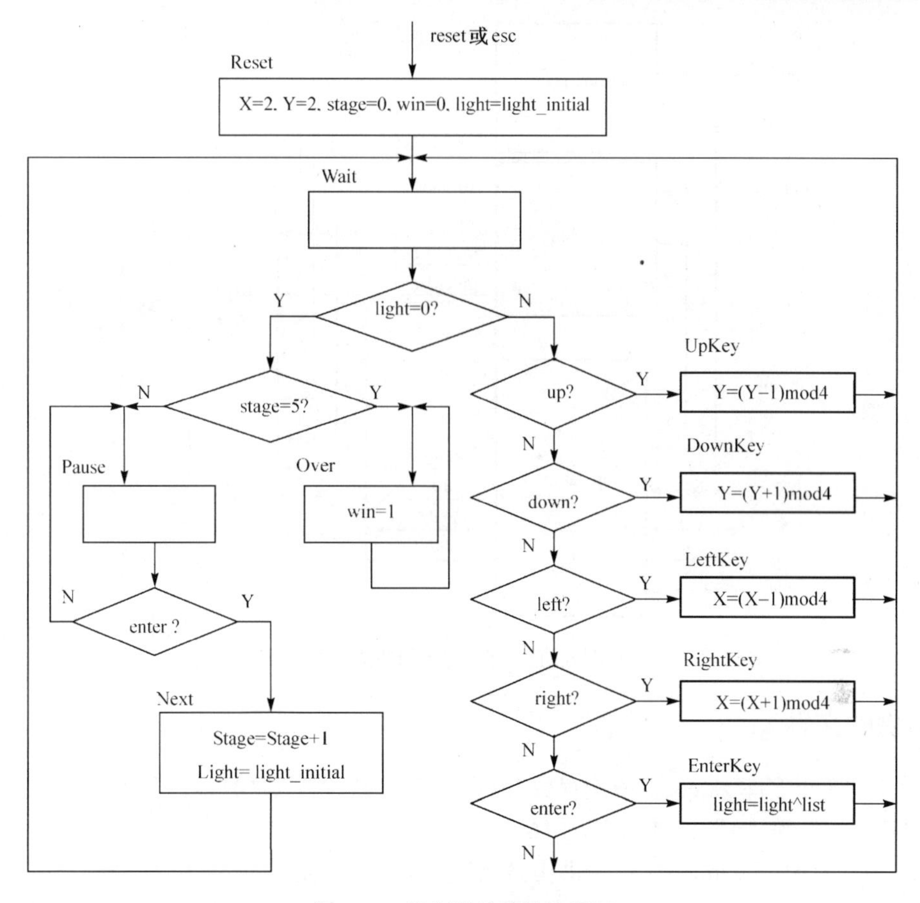

图 6.19　控制器的算法流程图

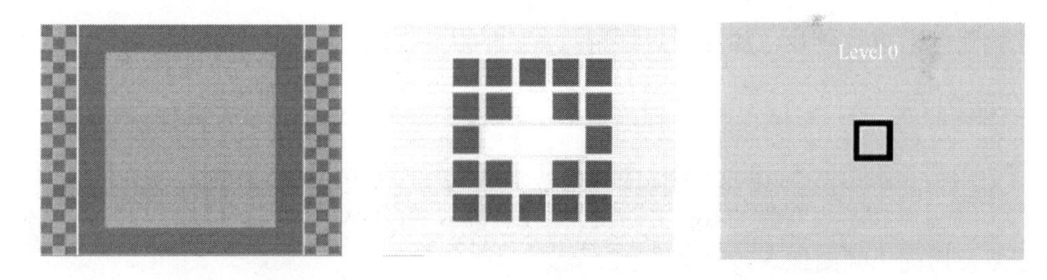

图 6.20　多图层显示方式

根据上述图层划分方法，可画出显示模块的原理框图，如图 6.21 所示。各图层的设计方法均已在前面的实验中有所涉及，这里不再赘述。注意，界面中的各元素大小和颜色不作规定，读者可根据自己的喜好处理。

五、实验设备

（1）装有 ISE、ModelSim SE 和 ChipScope Pro 软件的计算机。

（2）XUP Virtex-II Pro 开发系统一套。

（3）PS2 键盘或鼠标一个，SVGA 显示器一台。

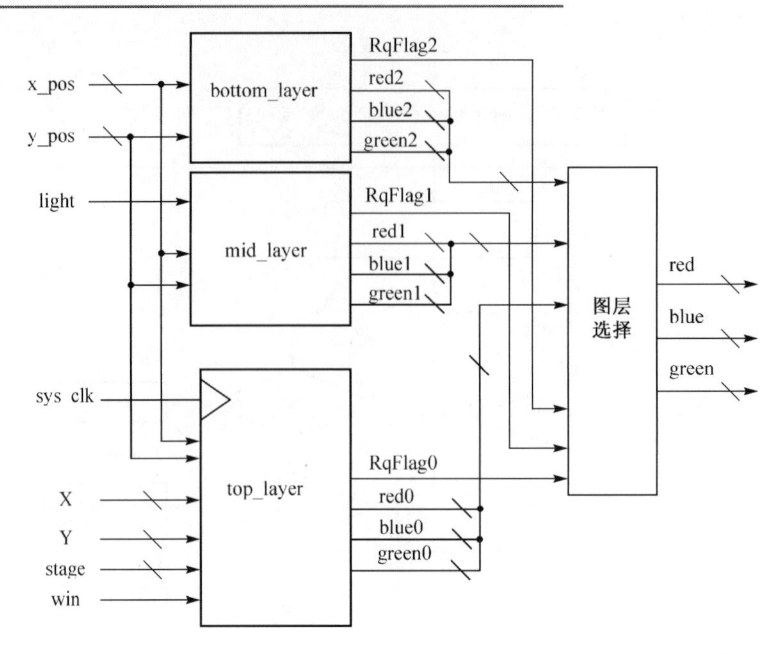

图 6.21　显示模块的原理框图

六、提供的文件

（1）16×8 小字库 zk.coe，依次存放“0”、“1”、“2”、“3”、“4”、“5”、“ L”、“e”、 “v”、“1”、“W”、“i” 和 “n” 13 个字符的 16×8 点阵。

（2）游戏功略在 game.ppt 中，供实验测试用。

七、预习内容

上网玩一下点灯游戏，加深对点灯游戏规则的认识。

八、实验内容

（1）编写各模块的 Verilog HDL 代码及其测试代码，并用 ModelSim 仿真。

（2）编写点灯游戏实验的 top 文件及其测试代码，并用 ModelSim 仿真产生 rgb 文件，模拟显示复位后的一帧图像。

（3）建立点灯游戏实验 ISE 工程，并对工程进行综合、约束、实现并下载至实验开发板中。FPGA 引脚约束内容如表6.7所示。

（4）将 SVGA 显示器、键盘接入 XUP Virtex-II Pro 开发实验板中，试玩游戏验证实验结果。

表 6.7　FPGA 引脚约束内容

引 脚 名 称	I/O	引 脚 编 号	说　明
clk	Input	AJ15	系统 100MHz 主时钟
reset_n	Input	AG5	Enter 按键
red [0]	Ouput	G8	红基色
red [1]	Ouput	H9	

续表

引脚名称	I/O	引脚编号	说　明
red [2]	Ouput	G9	红基色
red [3]	Ouput	F9	
red [4]	Ouput	F10	
red [5]	Ouput	D7	
red [6]	Ouput	C7	
red [7]	Ouput	H10	
green[0]	Ouput	G10	绿基色
green[1]	Ouput	E10	
green[2]	Ouput	D10	
green[3]	Ouput	D8	
green[4]	Ouput	C8	
green[5]	Ouput	H11	
green[6]	Ouput	G11	
green[7]	Ouput	E11	
blue[0]	Output	D15	蓝基色
blue[1]	Ouput	E15	
blue [2]	Ouput	H15	
blue [3]	Ouput	J15	
blue [4]	Ouput	C13	
blue [5]	Ouput	D13	
blue [6]	Ouput	D14	
blue [7]	Ouput	E14	
pixel_clk	Ouput	H12	像素时钟
vga_comp_synch	Ouput	G12	
vga_blank _z	Ouput	A8	消隐信号
hsync	Ouput	B8	行同步信号
vsync	Ouput	D11	帧同步信号

九、实验报告要求

（1）写出设计原理、列出 Verilog HDL 代码并对设计作适当说明。

（2）记录 ModelSim 仿真波形，并对仿真波形作适当解释，分析是否符合预期功能。

（3）记录实验结果，分析设计是否正确。

（4）记录实验中碰到的问题和解决方法。

十、思考题

若要求游戏每一关的初始为随机状态，那么应怎样处理？

实验 20　直接数字频率合成技术（DDS）的设计与实现

一、实验目的

（1）掌握 DDS 技术，了解 DDS 技术的应用。

（2）掌握用 ChipScope Pro 观察波形的方法。

二、DDS 的基本原理

DDS 的主要思想是，从相位的概念出发合成所需的波形。其结构由相位累加器、相位–幅值转换器（Sine ROM）、D/A 转换器和低通滤波器组成。它的基本原理框图如图6.22所示。

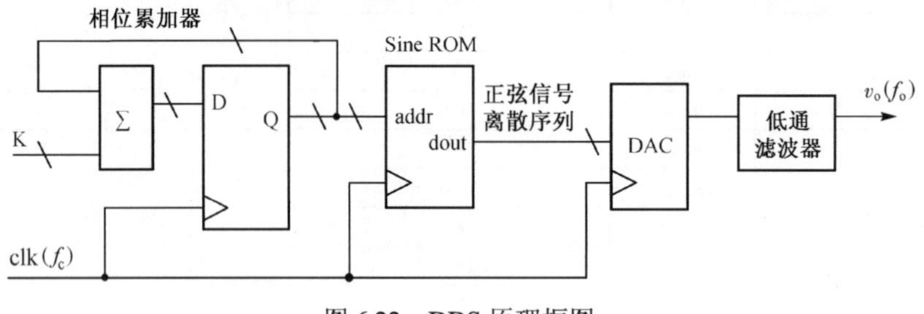

图 6.22 DDS 原理框图

在图6.22中，Sine ROM 中存放一个完整的正弦信号样品，正弦信号样品根据式(6.13)的映射关系构成，即

$$S(i)=(2^{n-1}-1)\times\sin\left(\frac{2\pi i}{2^m}\right) \qquad \left(i=0,1,2\cdots2^{m-1}\right) \tag{6.13}$$

式中，m 为 Sine ROM 地址线位数，n 为 ROM 的数据线宽度，$S(i)$的数据形式为补码。

f_c 为取样时钟 clk 的频率，K 为相位增量（也称为频率控制字），输出正弦信号的频率 f_o 由 f_c 和 K 共同决定，即

$$f_o=\frac{K\times f_c}{2^m} \tag{6.14}$$

注意：m 为图6.22中相位累加器的位数。为了得到更准确的正弦信号频率，相位累加器位数会增加 p 位小数。也就是说，相位累加器的位数是由 m 位整数和 p 位小数组成。相位累加器的高 m 位整数部分作为 Sine ROM 的地址。

因为 DDS 遵循奈奎斯特（Nyquist）取样定律，即最高的输出频率是时钟频率的一半，即 $f_o \leqslant f_c/2$。实际中 DDS 的最高输出频率由允许输出的杂散电平决定，一般取值为 $f_o \leqslant 40\% \times f_c$，因此 K 的最大值一般为 $40\% \times 2^{m-1}$。

DDS 可以很容易实现正弦信号和余弦信号正交两路输出，只需用相位累加器的输出同时驱动固化有正弦信号波形的 Sine ROM 和余弦信号波形的 Cos ROM，并各自经数模转换器和低通滤波器输出即可。

另外，DDS 也容易实现调幅和调频，图6.23和图 6.24 所示为 DDS 实现调幅和调频的原理框图。

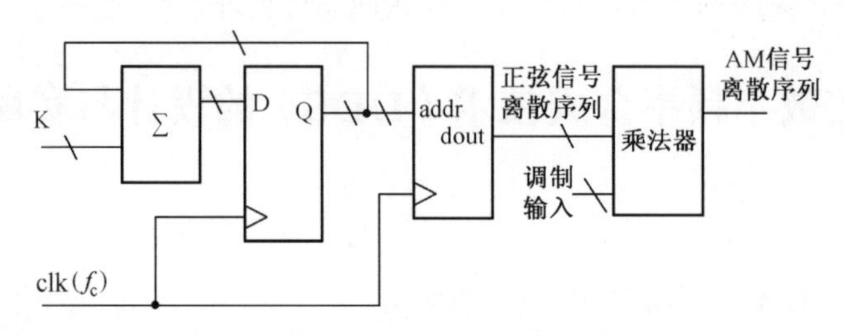

图 6.23 DDS 实现调幅原理框图

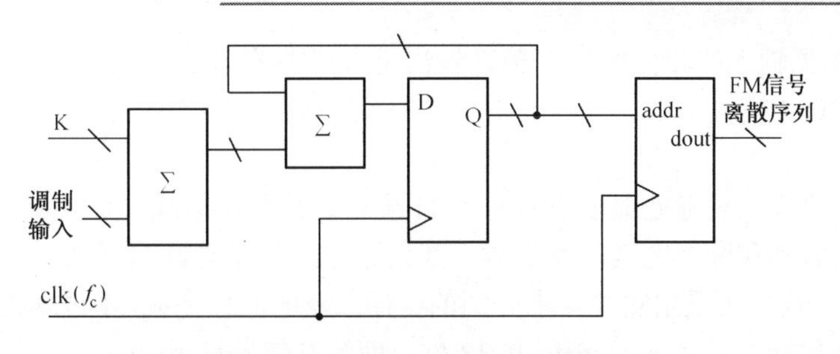

图 6.24　DDS 实现调频原理框图

三、实验任务

（1）设计一个 DDS 正弦信号序列发生器，指标要求：

① 采样频率 f_c = 50MHz；

② 正弦信号频率范围为 20kHz～20MHz；

③ 正弦信号序列宽度 16 位，包括一位符号；

④ 复位后正弦信号初始频率约 1MHz。

（2）本实验要求采用 ChipScope Pro 内核逻辑分析仪观察信号波形，验证实验结果。为了更好地验证实验结果，设置 UpK、DownK、UpKPoint、DownKPoint 四个按键调节输出正弦信号频率，其中 UpK、DownK 分别控制相位增量 K 的整数部分增减，UpKPoint、DownKPoint 为频率细调按键，分别控制相位增量 K 的小数部分增减。

四、实验原理

1. 系统的总体设计

首先，根据 DDS 输出信号频率范围标要求，结合式(6.14)计算出 m = 12，相位增量 K 值应用 11 位数二进制表示。但为了得到更准确的正弦信号频率，相位累加器位数会增加 11 位小数。其次，根据实验要求可将系统划分为 DDS 模块、时钟管理 DCM 模块、K 值设置模块和 ChipScope 四个子模块，如图6.25所示。

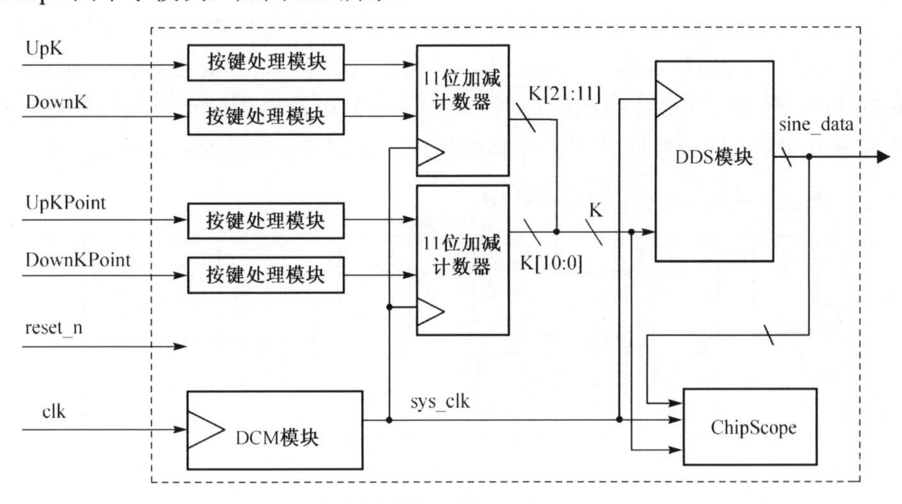

图 6.25　系统结构框图

DDS 模块根据输入的相位增量 K 值，输出符合要求的正弦信号样品序列。

时钟管理 DCM 模块完成二分频电路，产生系统所要求的 50MHz 时钟，可由 DCM 内核实现。

K 值设置子模块由按键处理模块和两个 11 位可逆计数器组成，其中按键处理模块由输入同步器、按键防颤动和脉宽变换电路组成，其设计方法已在实验 11 介绍。

ChipScope 子模块可采用实验 4 中介绍的核插入器的流程完成，不过本例触发信号与数据信号不同，数据包括 K 值和 sine_data 共 38 位，而触发信号只用 sine_data 的 16 位。

2. DDS 模块的设计

1）优化构想

优化的目的是，在保持 DDS 原有优点的基础上，尽量减少硬件复杂性，降低芯片面积和功耗，提高芯片速度。

因为 $m = 12$，所以若存储一个完整周期的正弦信号样品就需要 $2^{12} \times 16$bit 的 ROM。但由于正弦波形的对称性，如图6.26所示，只需要在 Sine ROM 中存储四分之一的正弦信号样品即可。本实验提供的 Sine ROM 容量为 $2^{10} \times 16$bit，即 10 位地址，存储四分之一的正弦信号样品（00 区），共 1024 个。值得注意的有两点：

（1）Sine ROM 存放的是四分之一的正弦信号样品，一个完整的正弦周期是它的 4 倍，也就是说存储一个完整的周期需要 $4 \times 2^{10} \times 16$bit 的容量，即 12 位地址，因此本实验中的 m=12。

（2）四分之一周期的正弦信号样品未给出 90°的样品值，因此在地址为 1024（即 90°）时可取地址为 1023 的值（实际上地址为 1023 时，正弦信号样品已达最大值）。

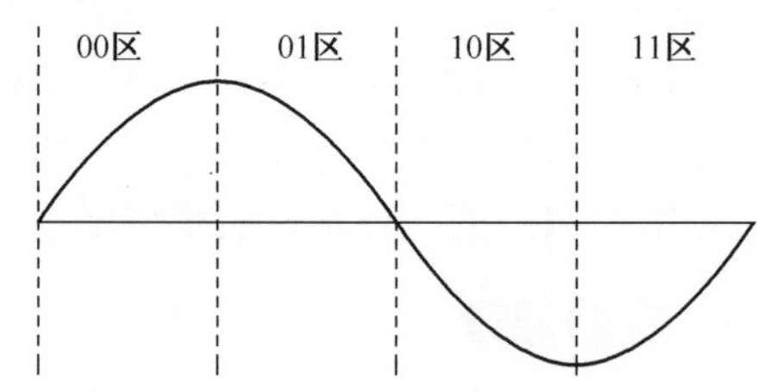

图 6.26 正弦信号波形

因为必须利用 1024 个样品复制出一个完整正弦周期的 4096 个样品，所以对 DDS 结构要进行必要处理，如图6.27所示。为了准确得到正弦频率，用 22 位二进制定点数表示相位增量 K 值，其中后 11 位为小数部分。地址累加得到 23 位原始地址 raw_addr[22:0]，其中整数部分 raw_addr[22:11]即为完整周期正弦信号样品的地址，根据高两位地址可把正弦信号分为四个区域，如图 6.26 所示。从图 6.26 可以看出，只有在 00 区域 Sine ROM 地址可直接使用 raw_addr[20:11]，且 Sine ROM 输出的数据（raw_data）可直接用做正弦幅度序列，在其他三个区域的 Sine ROM 地址或数据必须进行必要处理，处理方法如表6.8 所示。

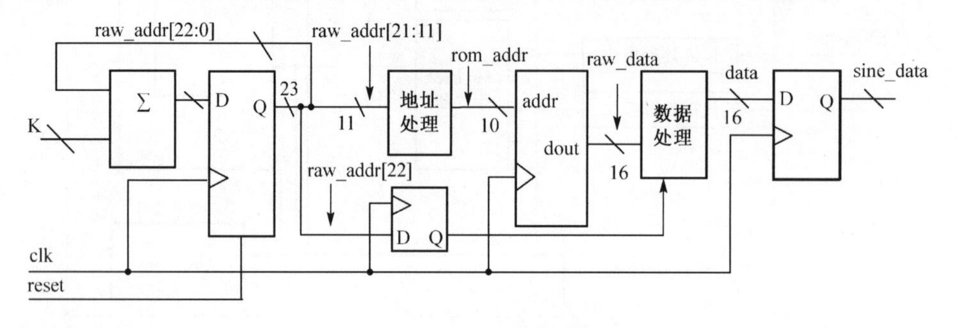

图 6.27 优化后的 DDS 结构

另外，图6.27所示的 DDS 结构采用了流水线结构，所以控制“数据处理”电路的最高地址位 raw_addr[22]需要一级缓冲。

表 6.8　Sine ROM 的地址和数据处理方法

区　域	Sine ROM 地址（rom_addr）	data	备　注
00	raw_addr[20:11]	raw_data[15:0]	—
01	当 raw_addr[21:11]=1024 时，rom_addr 取 1023，其他情况取~raw_addr[20:11]+1	raw_data[15:0]	1024 - raw_addr[20:11]= ~raw_addr[20:11]+1
10	raw_addr[20:11]	~raw_data[15:0]+1	数据取反
11	当 raw_addr[21:11]=1024 时，rom_addr 取 1023，其他情况取~raw_addr[20:11]+1	~raw_data[15:0]+1	数据取反

2）快速加法器的设计

实验要求采样频率 $f_c = 50\text{MHz}$，也就是说对系统的工作速度要求很高。从图6.27可知，对速度影响最大的主要有三个加法器：累加器中的 23 位加法器（实际上用 24 位加法器实现）、地址处理电路中的 10 位加法器和数据处理电路中的 16 位加法器。快速加法器的设计参考实验 7。

五、提供的文件

本实验工作量较大，为了减轻实验工作量，本书光盘提供了较多代码，如果需要用到代码，DDS 模块端口必须有如下描述：

```
module dds (K,clk,reset,sine_data) ;
   input [21:0] K;
   input clk;
   input reset;
   output [15:0] sine_data;
```

六、实验设备

（1）装有 ISE、ModelSim SE 和 ChipScope Pro 软件的计算机。

（2）XUP Virtex-II Pro 开发系统一套。

七、预习内容

（1）查阅相关资料，了解 DDS 工作原理及应用场合。

（2）复习相关知识，掌握 ChipScope Pro 的使用。

八、实验内容

（1）编写 DDS 模块的 Verilog HDL 代码及其测试代码，并用 ModelSim 仿真。

（2）将光盘中的 lab20\ise 文件夹复制到硬盘中，打开 dds_exam.ise 工程文件，ISE 的文件结构如图6.28所示。

模块 button_press_unit 为按键处理模块，由 brute_force_synchronizer（同步器）、debounce（按键防颤）、one_pulse（脉宽变换）三个子模块组成。

模块 counter_k 为 11 位可逆计数器，由于实验要求复位时频率约 1MHz，所以 *K* 的初值为 81.92，这样复位时 *K* 值为{11'd81，11'd92}。

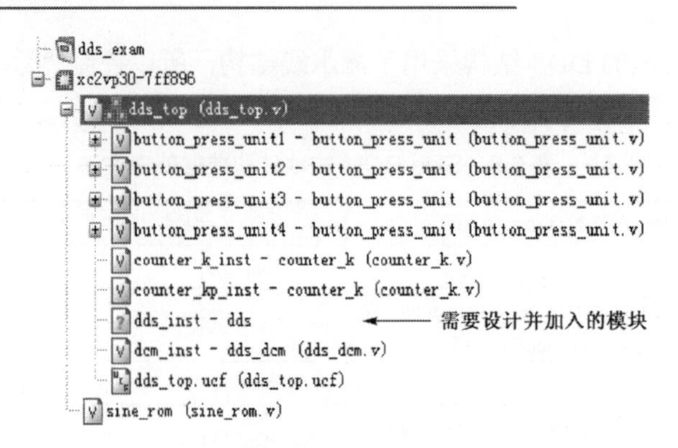

图 6.28 ISE 的文件结构

模块 sine_rom 为 DDS 模块的子模块，存放一个四分之一周期的正弦信号样品。

（3）添加编写的 DDS 模块（包括 DDS 的子模块）到 ISE 工程中，并对工程进行综合。

（4）利用 ChipScope Pro 的核插入器 ICON、ILA 核。注意：本例触发信号与数据信号不同，数据包括 *K* 值和 sine_data 共 38 位，而触发信号只用 sine_data 的 16 位。

（5）对工程进行约束、实现，并下载工程文件到 XUP Virtex-II Pro 开发实验板中。本实验已提供约束文件 dds_top.ucf，其 FPGA 引脚约束如表6.9所示。

表 6.9 FPGA 引脚约束内容

引 脚 名 称	I/O	FPGA 引脚编号	说 明
clk	Input	AJ15	系统 100MHz 主时钟
reset_n	Input	AG5	Enter 按键
UpK	Input	AH4	Up 按键
DownK	Input	AG3	Down 按键
UpKPoint	Input	AH2	Right 按键
DownKPoint	Input	AH1	Left 按键

（6）启动 ChipScope Pro Analyzer 对设计进行分析。

触发条件可设置 M0：TriggerPort0==0000（Hex）。将 *K* 的高 11 位、低 11 位分别组成数组 K 和 KP，用 unsigned decimal 方式显示数值；将 sine_data 组成数组，必须用 signed decimal 方式显示数值。并利用 Bus Plot 功能绘制 sine_data 波形。实验结果从 Waveform 窗口中读取 *K* 值，在 Bus Plot 窗口分析正弦信号，如图6.29所示。

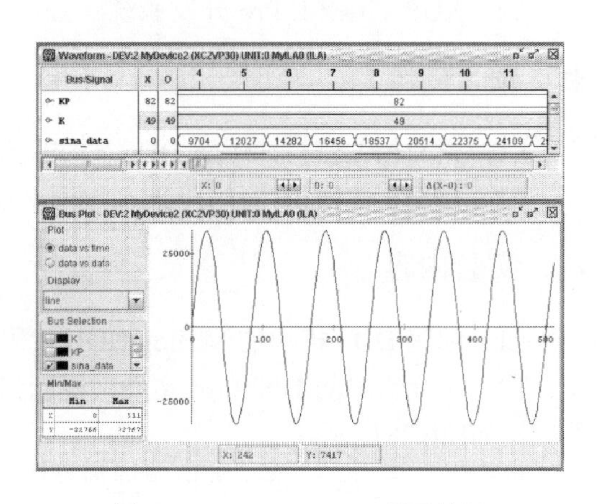

图 6.29 ChipScope Pro 显示结果

单击 Up、Down、Left 或 Right 按键，调节 *K* 值，重新采集数据，分析输出的正弦波形是否符合要求。

九、实验报告要求

（1）写出设计原理、列出 Verilog HDL 代码并对设计作适当说明。
（2）记录 ModelSim 仿真波形，并对仿真波形作适当解释，分析是否符合预期功能。
（3）记录实验结果，分析设计是否正确。
（4）记录实验中碰到的问题和解决方法。

十、思考题

若要实现正弦信号和余弦信号正交两路输出，那么应怎样修改 Sine ROM？

实验 21　音乐播放实验

一、实验目的

（1）掌握音符产生的方法，了解 DDS 技术的应用。
（2）了解 AC97 音频接口电路的应用。
（3）掌握系统“自顶而下”的设计方法。

二、音符产生原理

在简谱中，记录音的高低和长短的符号叫做音符。音符最主要的要素是“音的高低”和“音的长短”。“音的高低”指每个音符的频率不同，表 6.10 列出主要音符的发声频率。音乐术语中用“拍子”表示“音的长短”，这里一拍的概念是一个相对时间度量单位。一拍的长度没有限制，一般来说，一拍的长度可定义为 1s。

实验中，用数组{note,duration}表示音符，note、duration 均为 6 位二进制数。note 为音符标记，其值如表 6.10 所示；duration 表示“音的长短”，其单位为 1/48s。实验用 128×12bit 的 song_rom 存放乐曲，每首乐曲最长由 32 个音符组成，可存放四首乐曲。如乐曲不足 32 个音符，可用{6'd0, 6'd0}填补。

表 6.10　音符频率对照表

音符		频率/Hz	Note	step_size	备注
低音	1	262	16	{10'd22, 10'd365}	2C
	1#	277	17	{10'd23, 10'd652}	2C#Db
	2	294	18	{10'd25, 10'd90}	2D
	2#	311	19	{10'd26, 10'd551}	2D#Eb
	3	330	20	{10'd28, 10'd163}	2E
	4	349	21	{10'd29, 10'd800}	2F
	4#	370	22	{10'd31, 10'd587}	2F#Gb
	5	392	23	{10'd33, 10'd461}	2G
	5#	415	24	{10'd35, 10'd423}	2G#Ab
	6	440	25	{10'd37, 10'd559}	2A
	6#	466	26	{10'd39, 10'd783}	A#Bb
	7	495	27	{10'd42, 10'd245}	2B

续表

音	符	频率/Hz	Note	step_size	备　注
中音	1	524	28	{10'd44, 10'd731}	3C
	1#	554	29	{10'd47, 10'd281}	3C#Db
	2	588	30	{10'd50, 10'd180}	3D
	2#	622	31	{10'd53, 10'd79}	3D#Eb
	3	660	32	{10'd56, 10'd327}	3E
	4	698	33	{10'd59, 10'd576}	3F
	4#	740	34	{10'd63, 10'd150}	3F#Gb
	5	784	35	{10'd66, 10'd922}	3G
	5#	830	36	{10'd70, 10'd846}	3G#Ab
	6	880	37	{10'd75, 10'd95}	4A
	6#	932	38	{10'd79, 10'd543}	4A#Bb
	7	990	39	{10'd84, 10'd491}	4B
高音	1	1048	40	{10'd89, 10'd439}	4C
	1#	1108	41	{10'd94, 10'd562}	4C#Db
	2	1176	42	{10'd100, 10'd360}	4D
	2#	1244	43	{10'd106, 10'd158}	D#Eb
	3	1320	44	{10'd112, 10'd655}	4E
	4	1396	45	{10'd119, 10'd128}	4F
	4#	1480	46	{10'd126, 10'd300}	4F#Gb
	5	1568	47	{10'd133, 10'd821}	4G
	5#	1660	48	{10'd141, 10'd669}	4G#Ab
	6	1760	49	{10'd150, 10'd191}	5A
	6#	1864	50	{10'd159, 10'd62}	5A#Bb
	7	1980	51	{10'd168, 10'd983}	5B

在 FPGA 系统实验中，正弦信号样品（取样值）以一定的速率送给 AC97 音频系统，由 AC97 将样品转换为电压，驱动扬声器发声。AC97 音频系统要求正弦信号样品值为 16 位补码，正弦信号的产生采用 DDS 技术，DDS 技术已在实验 20 作过介绍。

AC97 音频系统取样频率为 48kHz，采用与实验 20 相同的 Sine ROM，即 m=12。若已知音符频率 f 就可根据式(6.14)求相位增量 step_size，step_size 与 f 的关系为

$$step\_size = f(\mathrm{Hz})/11.7 \tag{6.15}$$

为了更准确地得到音符频率，用 20 位二进制数表示 step_size，其中低 10 位为小数部分。由于音符个数有限，采用查找表方法实现式(6.15)所示的除法运算较为方便，因此实验中还需要一个 Frequency ROM 来存放 step_size，Frequency ROM 的地址与音符标记（note）相对应，这样，Frequency ROM 的大小为 64×20bit。表 6.10 列出最常用音符的 step_size，表中 note 这一列可作为 Frequency ROM 的地址，而 step_size 为 Frequency ROM 的数据。

三、实验任务

设计一个音乐播放器。

1. 基本要求

（1）可以播放四首乐曲，设置 play、next、reset 三个按键。按 play 键播放当前乐曲，按键 next 播放下一首乐曲。

（2）LED0 指示播放情况（播放时点亮）、LED2 和 LED 3 指示当前乐曲序号。

2. 个性化要求

（1）用键盘上的三个按键 P、N、Esc 控制乐曲的播放。

（2）用 SVGA 显示乐曲的播放波形。

四、实验原理

根据实验任务可将系统划分为主控制器（mcu）、乐曲读取（song_reader）、音符播放（note_player）、AC97 音频接口（codec_conditioner）和 ac97_if 五个子模块，如图 6.30 所示。各子模块作用如下。

mcu 模块接收按键信息，通知 song_reader 模块是否要播放（play）及播放哪首乐曲（song）。

song_reader 模块根据 mcu 模块的要求，逐个取出音符{note, duration}送给 note_player 模块播放，当一首乐曲播放完毕，回复 mcu 模块乐曲播放结束信号（song_done）。

note_player 模块接收到需播放的音符，在音符的持续时间内，以 48kHz 速率送出该音符的正弦波样品给 AC97 音频接口模块。当一个音符播放结束，向 song_reader 模块发送一个 note_done 脉冲索取新的音符。

codec_conditioner、ac97_if 模块负责与 AC97 音频系统接口工作，本实验提供这两个模块的代码或网表。

另外，按键处理模块完成输入同步化、防颤动和脉宽变换等功能。

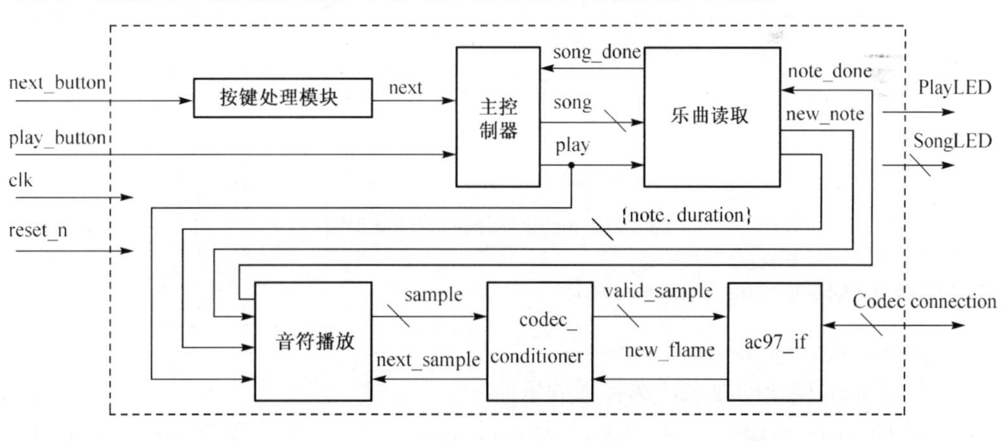

图 6.30　系统的总体框图

1. 主控制模块 mcu 的设计

主控制模块 mcu 有响应按键信息、控制系统播放两大任务，表 6.11 为其端口含义。

根据设计要求，模块 mcu 的工作流程图如图 6.31 所示。系统复位后经 RESET 状态初始化后进入 WAIT 状态等待按键输入或乐曲播放结束应答，若有按键输入则转入相应的按键处理状态（NEXT 或 PLAY），若一曲播放结束则进入结束播放 END 状态。

表 6.11 主控制模块 mcu 的端口含义

引脚名称	I/O	引脚说明
clk	Input	100MHz 时钟信号
reset	Input	复位信号，高电平有效
play_button	Input	“播放”按键，低电平有效
next	Input	“下一曲”按键，一个时钟周期宽度的高电平脉冲
play	Output	高电平表示播放
reset_play	Output	当播放下一曲时，输出一个时钟周期宽度的高电平复位脉冲 reset_play，并复位 note_player 模块
song_done	Input	note_player 模块的应答信号一个时钟周期宽度的高电平脉冲表示一曲播放结束
song[1:0]	Output	当前乐曲的序号

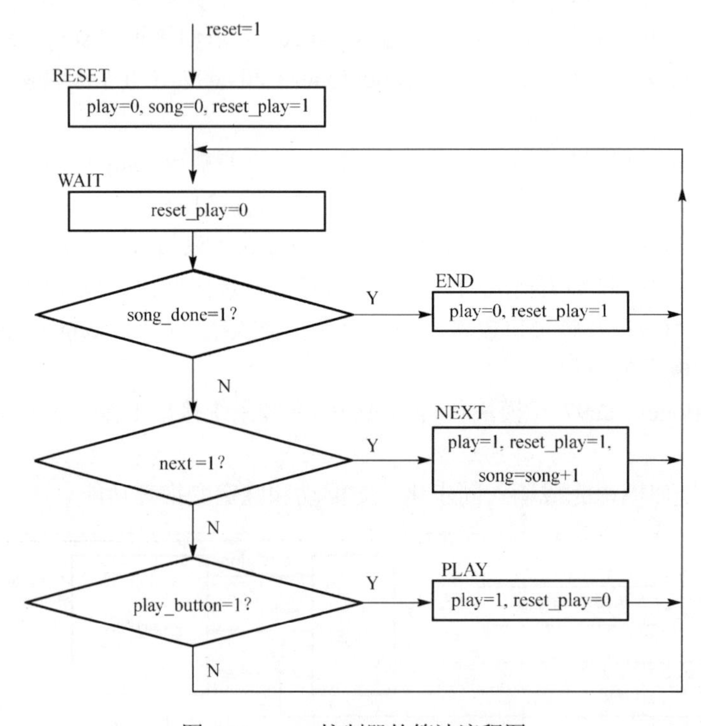

图 6.31 mcu 控制器的算法流程图

2. 乐曲读取模块 song_reader 的设计

乐曲读取模块 song_reader 的任务有：

（1）根据 mcu 模块的要求，选择播放乐曲；

（2）响应 note_player 模块请求，从 song_rom 中逐个取出音符{note, duration}送给 note_player 模块播放；

（3）判断乐曲是否播放完毕，若播放完毕，则回复 mcu 模块应答信号。

根据 song_reader 的任务要求，画出图 6.32 所示的结构框图，表 6.12 为其端口含义。

根据设计要求，song_reader 控制器的算法流程图如图 6.33 所示。由于从 song_rom 中读取数据需要一个时钟周期，所以在流程图中插入 NEXT_NOTE 状态，目的是延迟一个时钟周期输出 new_note 信号，以配合 song_rom 的读取要求，其时序关系如图 6.34 所示。

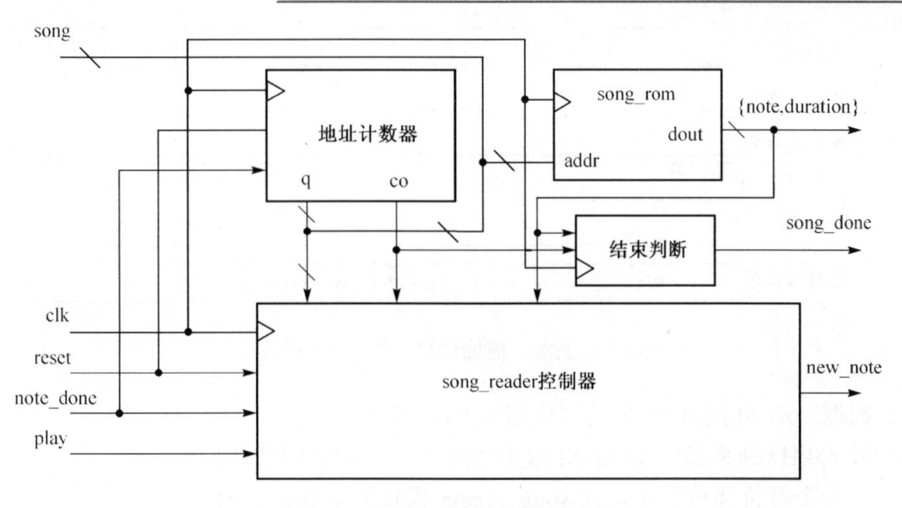

图 6.32　song_reader 的结构框图

表 6.12　乐曲读取模块 song_reader 的端口含义

引 脚 名 称	I/O	引 脚 说 明
clk	Input	100MHz 时钟信号
reset	Input	复位信号，高电平有效
play	Input	来自 mcu 的控制信号，高电平播放
song[1:0]	Input	来自 mcu 的控制信号，当前播放乐曲的序号
note_done	Input	来自模块 note_player 应答信号，一个时钟周期宽度的高电平脉冲表示一个音符播放结束
song_done	Output	给 mcu 的应答信号，当乐曲播放结束，输出一个时钟周期宽度的高电平脉冲
note[5:0]	Output	音符标记
duration[5:0]	Output	音符的持续时间
new_note	Output	给 note_playe 的控制信号，一个时钟周期宽度的高电平脉冲表示新的音符需播放

地址计数器为 5 位二进制计数器，其中 note_done 为计数允许输入，状态 q 为 song_rom 的低 5 位地址，song[1:0]为 song_rom 高两位地址。

当地址计数器出现进位或 duration 为 0 时，表示乐曲结束，应输出一个时钟周期宽度的高电平脉冲信号 song_done。

3. 音符播放模块 note_player 的设计

音符播放模块 note_player 是本实验的核心模块，它主要任务有：

（1）从送 song_reader 模块接收需播放的音符信息{note, duration}；

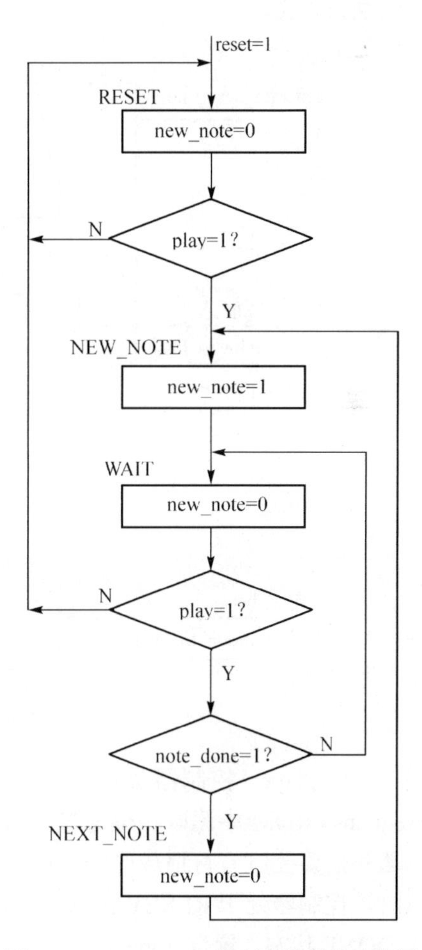

图 6.33　song_reader 控制器的算法流程图

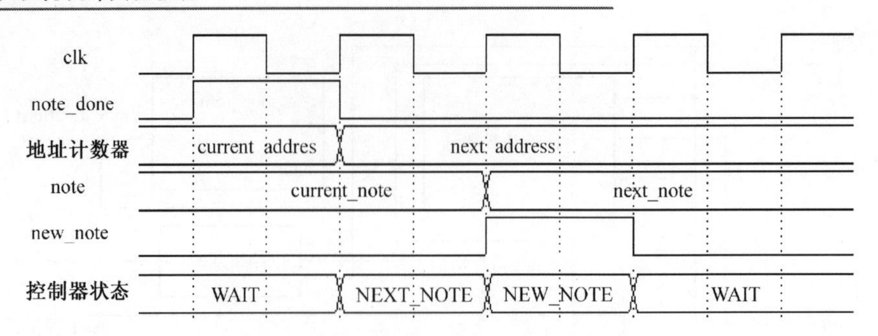

图 6.34 控制器、地址计数器和 ROM 的时序关系

（2）根据 note 值找出 DDS 的相位增量 step_size；

（3）以 48kHz 速率从 Sine ROM 取出正弦样品送给 AC97 接口模块；

（4）当一个音符播放完毕，向 song_reader 模块索取新的音符。

根据 note_player 模块的任务，进一步划分功能单元，如图 6.35 所示。为了简化设计，可将产生正弦样品的 DDS 模块设计一个独立子模块 sine_reader。表 6.13 所示为 note_player 模块的端口含义。

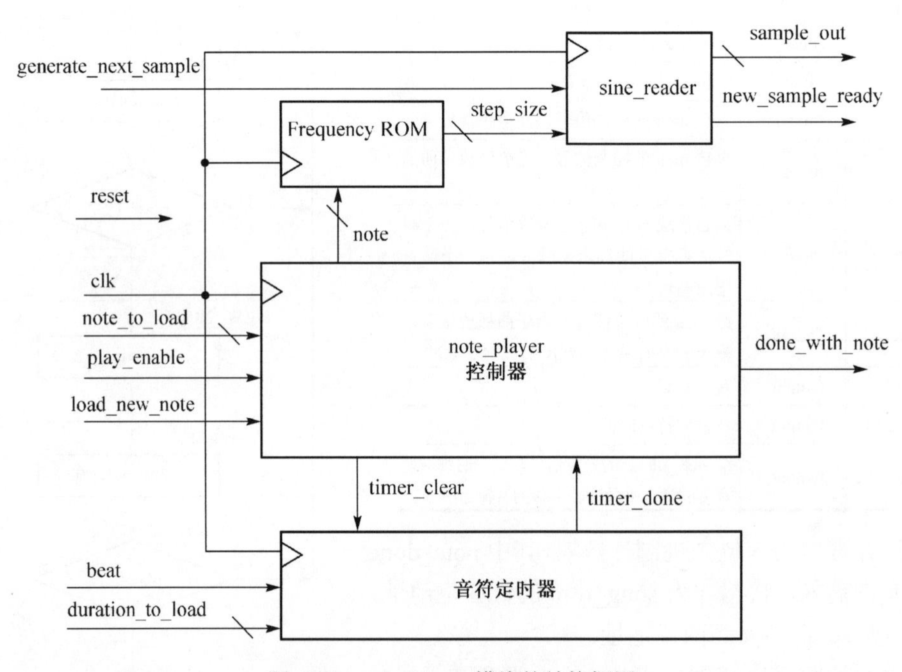

图 6.35 note_player 模块的结构框图

note_player 控制器负责与 song_reader 模块接口，读取音符信息，并根据音符信息从 Frequency ROM 中读取相位增量 step_size 送给 DDS 子模块 sine_reader。另外，note_player 控制器还需要控制音符播放时间。note_player 控制器的算法流程如图 6.36 所示。在复位或未播放时，控制器处于 RESET 状态，PLAY 为音符播放状态，当一个音符播放结束时，控制器进入 DONE 状态，置位 done_with_note，向 song_reader 模块索取新的音符，然后进入 LOAD 状态，读取新的音符后进入 PLAY 状态播放下一个音符。

表 6.13　note_player 模块的端口含义

引脚名称	I/O	引脚说明
clk	Input	100MHz 时钟信号
reset	Input	复位信号，高电平有效
play_enable	Input	来自 mcu 模块，高电平播放
note_to_load[5:0]	Input	来自 song_reader 模块的音符标记
duration_to_load[5:0]	Input	来自 song_reader 模块的音符持续时间
load_new_note	Input	来自 song_reader 模块，一个时钟周期宽度的高电平脉冲表示新的音符输出
done_with_note	Output	给 song_reader 模块应答信号，一个时钟周期宽度的高电平脉冲表示音符播放完毕
generate_next_sample	Input	来自 codec_conditioner 模块的新的正弦样品请求信号，频率 48kHz，正脉冲宽度一个时钟周期（10ns）
beat	Input	48Hz 信号脉冲，正脉冲宽度一个时钟周期（10ns），可由 generate_next_sample 信号分频得到
sample_out[15:0]	Output	正弦样品
new_sample_ready	Output	给 codec_conditioner 模块的控制信号，一个时钟周期宽度的高电平脉冲表示的新的正弦样品输出

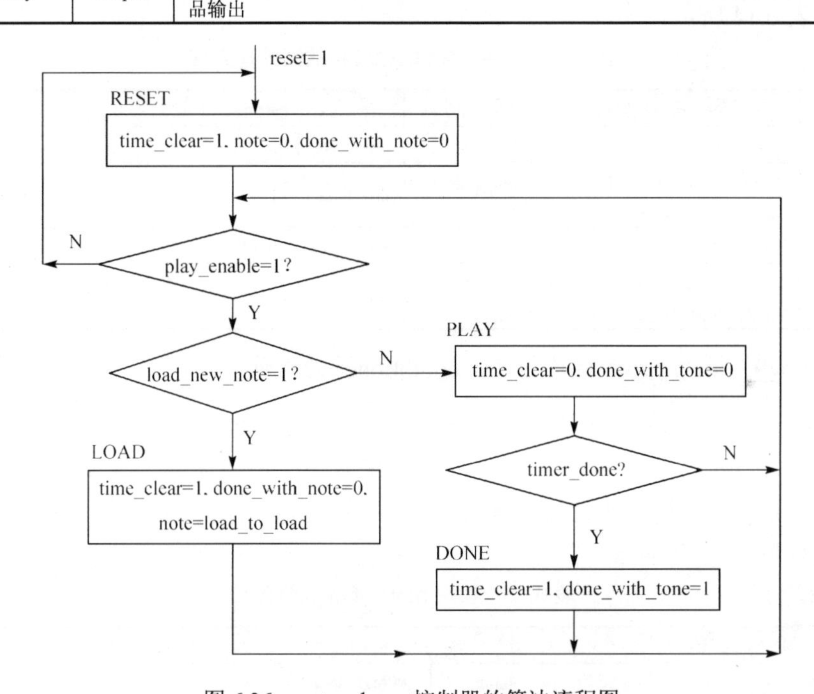

图 6.36　note_player 控制器的算法流程图

音符定时器为 6 位二进制计数器，beat、timer_clear 分别为使能、清 0 信号，均为高电平有效。定时时间为音符的长短（duration_to_load 个 beat 周期），timer_done 为定时结束标志。

子模块 sine_reader 的功能就是利用 DDS 技术产生正弦样品，其工作原理已在实验 20 中介绍了。但本实验中 DDS 与实验 20 相比有以下三点不同：

（1）实验 20 中的取样脉冲和系统工作时钟为同一时钟，而本实验的系统时钟 clk（100MHz）与取样脉冲 generate_next_sample（48kHz）为两个不同信号；

（2）本实验取样频率为 48kHz，速度较低，因此对加法器要求不高，没有必要采用“进位选择加法器”技术；

（3）本实验的相位增量为 22 位，其中小数部分为 10 位。

根据上述不同，对图 6.22 所示的 DDS 结构作适当改动即可得到符合本实验要求的 DDS 的原理框图，如图 6.37 所示。

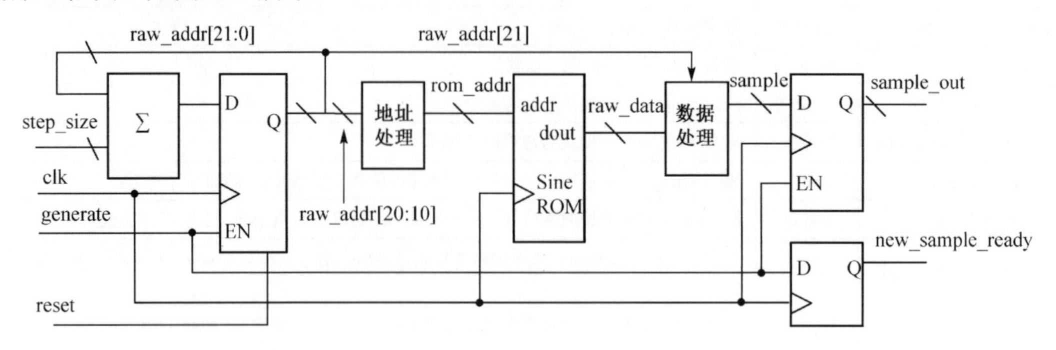

图 6.37 sine_reader 原理框图

由于 Sine ROM 只给出四分之一周期的正弦样品，所以地址或数据也需要进行相应的处理，方法如表 6.14 所示。

表 6.14 sine_rom 的地址和数据处理方法

区 域	Sine ROM 地址（rom_addr）	Sample	备 注
00	raw_addr[19:10]	raw_data[15:0]	
01	当 raw_addr[19:10]=1024 时，rom_addr 取 1023，其他情况取~raw_addr[19:10]+1	raw_data[15:0]	1024 - raw_addr[19:10]
10	raw_addr[19:10]	~raw_data[15:0]+1	数据取反
11	当 raw_addr[19:10]=1024 时，rom_addr 取 1023，其他情况取~raw_addr[19:10]+1	~raw_data[15:0]+1	数据取反

4. 模块 ac97_if 的介绍和模块 codec_conditioner 的设计

模块 ac97_if 为 FPGA 与音频硬件接口电路，表 6.15 为模块的端口含义。模块 ac97_if 要求：每当 New_Frame 变为高电平的同时必须给 PCM_Playback_Left、PCM_Playback_Right 提供新的样品，且样品保持不变直到 New_Frame 再次变为高电平为止。模块 codec_conditioner 的任务就是满足 ac97_if 的这一要求。

表 6.15 模块 ac97_if 的端口含义

引脚名称	方 向	引脚说明
ClkIn	Input	100MHz 时钟信号
PCM_Playback_Left [15:0]	Input	播放时采样数据，本实验为正弦样品
PCM_Playback_Right[15:0]	Input	
PCM_Record_Left[15:0]	Output	录音时采样数据，本实验未使用
PCM_Record_Right[15:0]	Output	
New_Frame	Output	48kHz 脉冲，高电平时要求提供新的样品
AC97Reset_n	Output	与 AC97 接口芯片 lm4549a 连接
AC97Clk	Input	
Sync	Output	
SData_Out	Output	
SData_In	Input	

从上面的 sine_reader 模块的分析可以看出，新的样品需要一个时钟周期才能输出，怎样才能在 New_Frame 变为高电平的同时输出新的样品？模块 codec_conditioner 采用双缓冲寄存器解决这一问题，如图 6.38 所示。首先，New_Frame 信号经同步化处理成为 generate_next_sample 周期信号。generate_next_sample 脉冲宽度为一个时钟周期，在 generate_next_sample 高电平时输出 next_sample，而 generate_next_sample 低电平时锁定该样品。

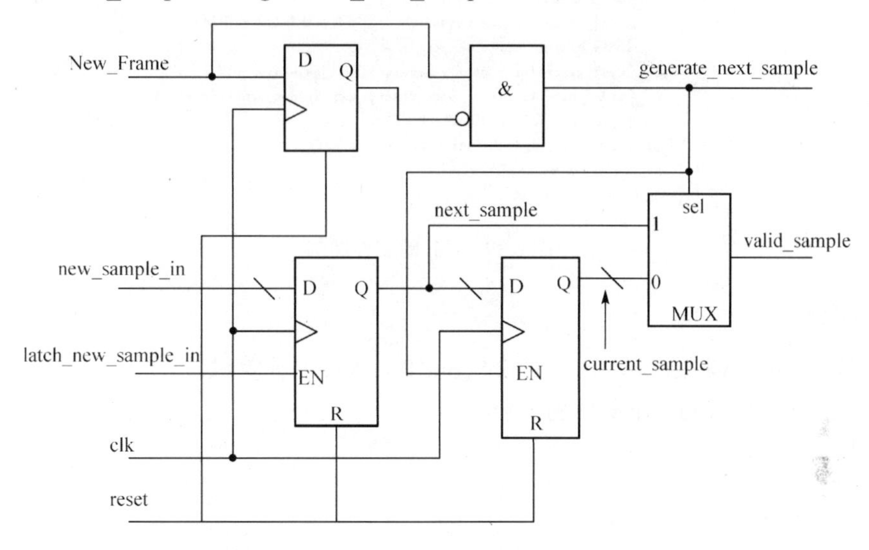

图 6.38 模块 codec_conditioner 的原理图

本实验提供模块 codec_conditioner 的 Verilog HDL 代码，表 6.16 为模块的端口含义。另外，本实验只提供模块 ac97_if 的网表文件 ac97_if.ngc，但在顶层文件中实例化 ac97_if 模块时必须使用 ac97_if 模块的端口说明文件 ac97_if.v，所以应将 ac97_if.ngc 和 ac97_if.v 文件一起加入 ISE 工作文件夹中。

表 6.16 模块 codec_conditioner 的端口含义

引 脚 名 称	I/O	引 脚 说 明
clk	Input	100MHz 时钟信号
reset	Input	复位信号，高电平有效
new_sample_in[15:0]	Input	来自 note_player 模块的正弦样品
latch_new_sample_in	Input	来自 note_player 模块的控制信号， 一个时钟周期宽度的高电平脉冲表示有新正弦样品输出
valid_sample[15:0]	Output	给 ac97_if 的样品
New_Frame	Input	来自 ac97_if 的 48kHz 的脉冲
generate_next_sample	Output	给 note_player 模块， 一个时钟周期宽度的高电平脉冲表示索取新的样品

五、提供的文件

本实验工程较大，为了减轻实验工作量，本书光盘提供了较多代码，读者只需编写 mcu、song_reader 和 note_player（包括子模块 sine_reader）三个模块，并将三个模块加入 ISE 工程文件中。ISE 的文件结构如图 6.39 所示。

另外，作者在 song ROM 中存有三首乐曲，读者可以更换更好听的乐曲。

图 6.39 ISE 的文件结构

六、实验设备

（1）装有 ISE、ModelSim SE 和 ChipScope Pro 软件的计算机。

（2）XUP Virtex-II Pro 开发系统一套。

（3）耳机一副。

七、预习内容

（1）查阅相关知识，理解音符的要素和音符产生原理。

（2）查阅相关资料，了解 AC97 音频系统的工作原理。

八、实验内容

（1）编写 mcu、song_reader 和 note_player（包括子模块 sine_reader）三个模块的 Verilog HDL 代码及其测试代码，并用 ModelSim 仿真。

（2）将光盘中的 ISE 文件夹复制到硬盘中，打开 music_play.ise 工程文件。添加已设计的 mcu、song_reader 和 note_player（包括子模块 sine_reader）三个模块。

（3）对工程进行综合、约束、实现，并下载工程文件到 XUP Virtex-II Pro 开发实验板中。本实验已提供约束文件 dds_top.ucf，其引脚约束如表 6.17 所示。

（4）将耳机接入实验开发板音频输出插座，操作 play、reset、next 三个按键，试听耳机中的乐曲并观察实验板上指示灯变化情况，验证设计结果是否正确。

表 6.17 引脚约束内容

引 脚 名 称	I/O	FPGA 引脚编号	说 明
clk	Input	AJ15	系统 100MHz 主时钟
reset_n	Input	AG5	Enter 按键
next_button	Input	AH2	Right 按键
play_button	Input	AH1	Left 按键
play_led	Output	AC4	LED0 指示灯
song_led[0]	Output	AA6	LED2 指示灯
song_led[1]	Output	AA5	LED3 指示灯

续表

引 脚 名 称	I/O	FPGA 引脚编号	说　明
SData_In	Input	E9	AC97 接口
SData_Out	Output	E8	
Sync	Output	F7	
AC97Clk	Input	F8	
AC97Reset_n	Output	E6	

九、实验报告要求

（1）写出设计原理、列出 Verilog HDL 代码并对设计作适当说明。
（2）记录 ModelSim 仿真波形，并对仿真波形作适当解释，分析是否符合预期功能。
（3）记录实验结果，分析设计是否正确。
（4）记录实验中碰到的问题和解决方法。

十、思考题

（1）在实验中，为什么 next 按键需要消颤动及同步化处理，而 reset、play 两个按键不需要消颤动及同步化处理？

（2）如果将 play 按钮功能重新定义为 play/pause，即单击此按钮，乐曲在“播放”和“暂停”两种状态之间转换，那么应怎样修改设计？

实验 22　低频数字式相位测量仪的设计

一、实验目的

（1）掌握相位测量的基本原理。
（2）掌握电子测量误差的分析方法。

二、设计要求

设计并制作一个低频相位测量仪，指标要求如下。
（1）频率范围：20Hz～20kHz。
（2）相位测量仪的输入阻抗≥100kΩ。
（3）允许两路输入正弦信号，峰-峰值可分别在 1～5V 范围内变化。
（4）相位测量绝对误差≤1°。
（5）相位差数字显示：相位读数为 0°～359.9°或–180.0 °～179.9°，分辨率为 0.1°。

三、相位测量的基本算法

1. 相位测量的基本概念

对于简单的正弦信号，其表达式可表示为

$$v = V_{\mathrm{m}} \sin(\omega t + \varphi_0) \tag{6.16}$$

式中，V_m是振荡幅度，称为振幅；$\omega t+\varphi_0$是振荡的幅角，称为瞬时相位。式(6.16)表明，相位是时间t的线性函数，而φ_0则是当$t=0$时的相位，称为初始相位。由于相位是一个变量，测量它某一瞬时的绝对值是困难的，而且也没有实际意义，所以所谓相位测量通常是比较两个频率相同的正弦信号，测量它们之间的相位差，即相对相位。例如，有两个正弦信号v_1、v_2：

$$\begin{cases} v_1 = V_{m1}\sin(\omega t+\varphi_{01}) \\ v_2 = V_{m2}\sin(\omega t+\varphi_{02}) \end{cases} \tag{6.17}$$

它们之间的相位差为

$$\Delta\varphi = (\omega t+\varphi_{01})-(\omega t+\varphi_{02}) = \varphi_{01}-\varphi_{02} \tag{6.18}$$

式中，$\Delta\varphi$若为正值，则表明v_1超前于v_2；反之则相反。式(6.18)表明，$\Delta\varphi$已经是与时间无关的相对量值。

2. 相位测量的基本算法

图6.40所示为两个同频率振荡信号，v_1、v_2初始相位与所对应的初始时间t_1、t_2的关系为

$$\begin{cases} \varphi_{01} = \omega t_1 \\ \varphi_{02} = \omega t_2 \end{cases} \tag{6.19}$$

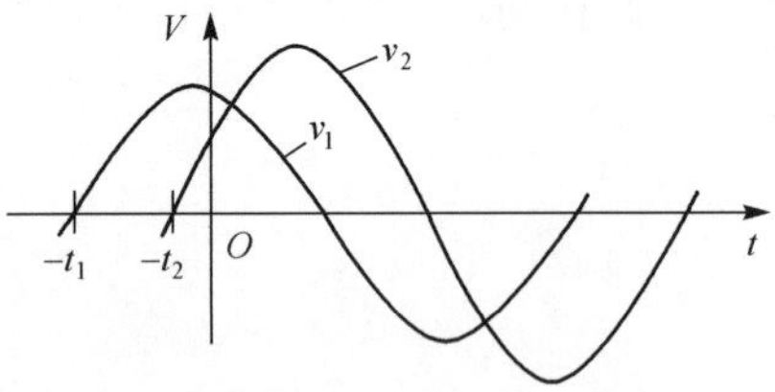

图6.40 两个相同频率的相位

将式(6.19)代入式(6.18)，可得

$$\Delta\varphi = \omega(t_1-t_2) \tag{6.20}$$

从式(6.20)可看出，两个相同频率振荡信号的相位差$\Delta\varphi$与时间差t_1–t_2呈线性关系。由于ω为它们的共同角频率，所以只要测出时间间隔，就可以测出相位差。图6.41(a)为数字相位测量仪的原理框图。它的基本原理是先将相位转换成时间，再用数字化方法测量时间间隔，其各主要工作点的示意波形如图6.41(b)所示。

在图6.41中，具有相同角频率ω的正弦信号v_1、v_2，分别加到相位测量仪的输入端，先进行放大、限幅并整形成方波，方波前后沿分别对应正弦信号的正负向过零点。用其中一个沿去触发鉴相双稳态电路，鉴相器输出相位矩形脉冲gate1。矩形脉冲gate1的宽度τ与被测相位$\Delta\varphi$成比例，即

$$\tau = t_1 - t_2 = \frac{\Delta\varphi}{\omega} \tag{6.21}$$

闸门1在矩形脉冲gate1为高电平期间打开，用f_0时钟脉冲对相位脉冲gate1进行刻度，即在τ时间内允许周期固定的高频时钟f_0脉冲通过。门控信号gate2的宽度固定为T_m，当gate2为高电平时闸门2开启，这样闸门1输出的脉冲经闸门2、K分频器送到计数器。因为在固定T_m时间内计数的脉冲数目N正比于τ，所以相位测量也就转换成数字化测量。

设τ时间内的脉冲个数为N_1，晶振产生的时钟周期为T_0，则有

$$N_1 = \frac{\tau}{T_0} = \tau f_0 \tag{6.22}$$

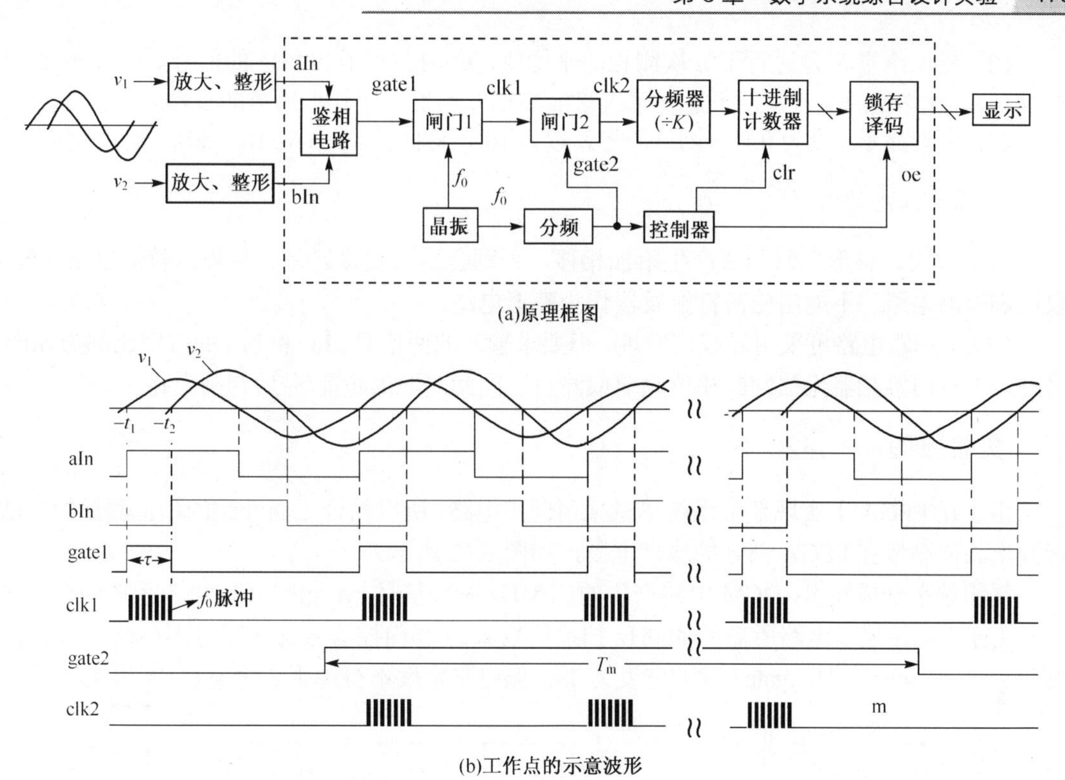

图 6.41　数字相位测量仪的工作原理

设固定 T_m 时间内共有 N_2 个脉冲通过闸门 2，则有

$$N_2 = \frac{T_m}{T_S} N_1 = T_m \frac{\omega}{2\pi}(\tau f_0) = \omega\tau \frac{T_m f_0}{2\pi} \tag{6.23}$$

式中，T_S 为被测信号的周期。由式(6.19)知，$\omega\tau = \Delta\varphi$，而 $2\pi = 360°$，代入式(6.23)可得

$$N_2 = \Delta\varphi \frac{T_m f_0}{360} \tag{6.24}$$

T_m 时间内十进制计数器计得脉冲的个数 N 为

$$N = \frac{N_2}{K} = \Delta\varphi \frac{T_m f_0}{360K} \tag{6.25}$$

式中，K 为分频器的分频比，且从式(6.25)可得

$$\Delta\varphi = \frac{360K}{T_m f_0} N \tag{6.26}$$

若取 $f_0 = 36\text{MHz}$，$T_m = 1\text{s}$，$K = 10^5$，则代入式(6.26)有

$$\Delta\varphi = N \tag{6.27}$$

从式(6.27)可明显看出以下结果。

（1）被测相位能直接以度为单位用数字显示，且与被测信号频率无关，这样容易实现宽频带特性。

（2）显示结果 N 是进行了 n 次测相的平均值，n>>1。对于 20kHz 的信号，$n=20000$（取 $T_m=1s$）。这样做的优点是由于进行了大量的等精度测量，取其平均值能平滑随机误差。

（3）若要显示精度为 0.1°，则只需将 K 取为 10^4，这样有 $\Delta\varphi = N/10$，最后一位为小数。

3. 需要注意的问题

（1）放大、整形电路不要产生附加相移，否则会影响测量误差。另外，整形电路只能采取过零检测电路，不能用施密特触发器作为整形电路。

（2）鉴相器电路可采用异或门实现，但要求输入的两信号 aIn 和 bIn 的占空比都为 50%。另外，异或门鉴相器无法判断相位超前或滞后，因此需增加超前/滞后判别电路。

四、实验原理

由于在 FPGA 上实现数字系统尽量采用同步电路，所以结合上面介绍的相位测量的算法，可画出相位测量在 FPGA 部分的原理框图，如图 6.42 所示。

采用频率合成技术，DCM 电路产生的 36MHz 时钟信号 sys_clk，该时钟为系统的主时钟。分频 I 产生动态显示电路所需的 400Hz 扫描信号 scan 和门控信号 gate2，其中 scan 的脉冲宽度为一个 sys_clk 周期，gate2 脉冲宽度为 1s，低电平宽度不得少于 3 个 sys_clk 周期。

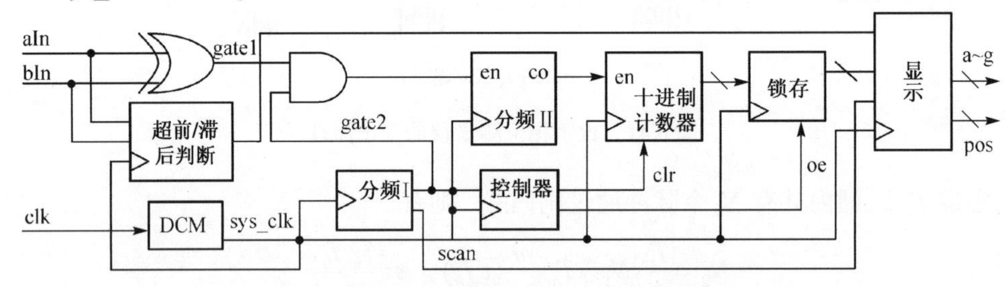

图 6.42 FPGA 实现数字相位仪的原理框图

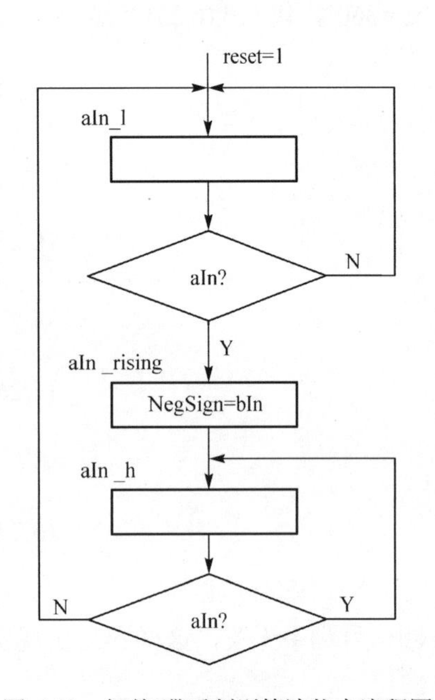

图 6.43 超前/滞后判别算法状态流程图

控制器是测量电路的核心，其作用有：①每次测量开始前，产生计数器清 0 信号 clr；②每次测量结束后，产生锁存信号 oe，将输出结果锁存并送至显示电路。从控制器的作用可知，相位测量的控制器与第 2 章介绍的频率测量的控制器相同，所以这里不再介绍其设计方法。

由于采用异或门实现鉴相，所以需要超前/滞后判断电路。判断方法为：在 aIn 上升沿取样 bIn 的值，若 bIn 为低电平则表示 aIn 超前（NegSign=0），否则，表示 aIn 滞后（NegSign =1）。超前/滞后判断电路的算法状态流程如图 6.43 所示。另外，异或门鉴相器在每个信号周期内产生两个宽度为 τ 的脉冲，因此分频器II分频应为 2×10^4。

图 6.42 中的其他模块均已在前面实验中作过介绍，这里不再重复。需要指出的是，数码管的第 5 位应显示相位符号，当 aIn 滞后 bIn 时，显示符号位“–”，否则，符号位不显示。

五、实验设备

（1）装有 ISE、ModelSim SE 和 ChipScope Pro 软件的计算机。

（2）XUP Virtex-II Pro 开发系统一套。

（3）DigitIO 扩展板一块。

六、预习内容

（1）查阅相关资料，了解相位测量的基本技术和应用场合。

（2）阅读附录 B，掌握 DigitIO 扩展板的使用方法。

七、实验内容

（1）编写超前/滞后判断模块、控制器模块，并用 ModelSim 仿真。

（2）生成系统所需的 DCM 内核。

（3）编写计数器、分频器、锁存及显示各模块的 Verilog HDL 代码，编写相位测量系统的 top 文件并建立相位测量系统 ISE 工程文件。

（4）对工程进行综合、约束、实现，并下载到实验开发板中。FPGA 引脚约束内容如表 6.18 所示。

表 6.18　FPGA 引脚约束内容

引脚名称	I/O	引脚编号	说　明
clk	Input	AJ15	系统 100MHz 主时钟
aIn	Input	R9	扩展板产生的两个同频信号，扩展板上拨码开关可选择相位差，扩展板上的可调电阻可调节信号
bIn	Input	M3	
a	Output	P7	七段码
b	Output	P3	
c	Output	P2	
d	Output	R7	
e	Output	P4	
f	Output	T2	
g	Output	R5	
DP	Output	R3	小数点
B0	Output	N6	5 个数据码点亮控制端
B1	Output	L5	
B2	Output	M2	
B3	Output	P9	
B4	Output	M4	

（5）接通扩展板电源，拨动扩展板上的拨码开关，观察数码管。拨码开关位置与输入相位差的关系参见附录 B。

（6）设计并制作放大、整形电路，并将放大、整形电路接入系统，验证设计结果。

八、实验报告要求

（1）写出设计原理、列出 Verilog HDL 代码并对设计作适当说明。
（2）记录 ModelSim 仿真波形，并对仿真波形作适当解释，分析是否符合预期功能。
（3）记录实验结果，分析设计是否正确。
（4）记录实验中碰到的问题和解决方法。

九、思考题

理论推导相位测量的相对误差与频率误差Δf_0、测试时间误差ΔT_m和±1 误差的关系。

实验 23　全数字锁相环的设计

一、实验目的

（1）掌握全数字锁相环（DPLL）的工作原理和应用，了解同步带、捕捉带、锁定相位误差、相位抖动和锁定时间等参数的意义和测量方法。
（2）了解频率合成的基本概念。

二、实验任务

用 FPGA 实现全数字锁相环，并用锁相环实现二倍频的电路。该 DPLL 电路输入参考信号频率为 15625Hz，占空比为 50%，要求输出频率为 31250 Hz 的二倍频信号。

三、实验原理

1. 全数字锁相环简介

锁相环（PLL）技术在众多领域得到了广泛的应用，如信号处理、调制解调、时钟同步、倍频、频率综合等都应用了锁相环技术。传统的锁相环多由模拟电路实现。所谓全数字锁相环路就是指环路部件全部数字化，因此全数字锁相环与传统的模拟电路实现的 PLL 相比具有很多优点，例如精度高且不受温度和电压影响，环路带宽和中心频率编程可调，易于构建高阶锁相环等，并且应用在数字系统中时，不需要 A/D 及 D/A 转换。随着通信技术、集成电路技术的飞速发展和系统芯片（SoC）的深入研究，DPLL 必然会得到更为广泛的应用。

2. DPLL 的结构与工作原理

一阶 DPLL 的基本结构如图 6.44 所示，主要由鉴相器、K变模可逆计数器、脉冲加减电路、H分频器和N分频器五部分构成。鉴相器输出两输入信号 fin 和 fout 的相位误差，K变模可逆计数器对相位误差序列计数，即滤波，并输出相应的进位脉冲或是借位脉冲，以此调整脉冲加减控制电路输出信号的相位（或频率），从而实现相位控制和锁定。

K变模计数器和脉冲加减电路的时钟分别为$2Mf_c$和$2Nf_c$。这里f_c是环路中心频率，一般情况下M和N都是 2 的整数幂，且$M=HN$。

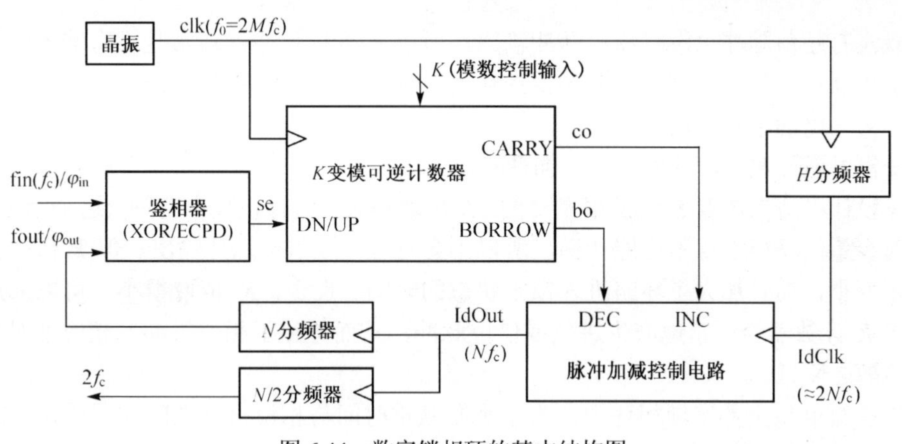

图 6.44 数字锁相环的基本结构图

1）鉴相器

常用的鉴相器有两种类型：异或门鉴相器（XOR）和边沿控制鉴相器（ECPD），本设计可采用异或门鉴相器。异或门鉴相器要求输入脉冲的占空比为 50%。鉴相器对基准输入信号 fin 和输出信号 fout 之间的相位差（$\varphi_e = \varphi_{in} - \varphi_{out}$）进行鉴相，并输出误差信号 se。误差信号 se 控制 *K* 变模可逆计数器的计数方向。当环路锁定时，输入信号 fin 和输出信号 fout 的相位差为 90°，误差输出信号 se 为一占空比为 50%的方波。因此，异或门鉴相器的相位差极限为 ±90°，异或门鉴相器的工作波形如图 6.45 所示。

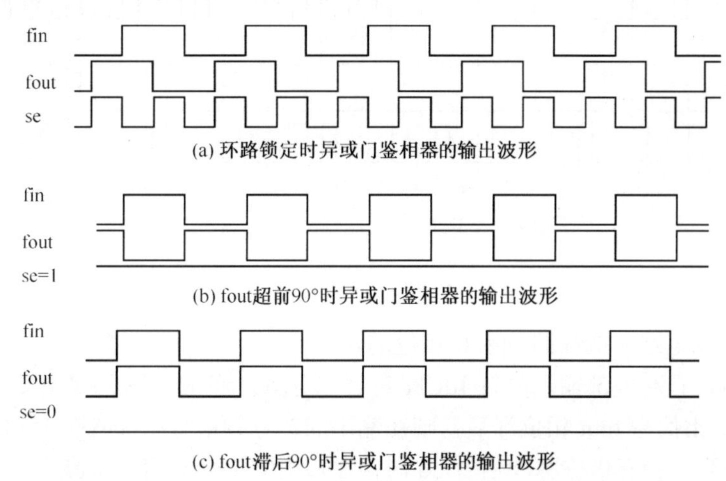

图 6.45 异或门鉴相器在环路锁定和极限相位差下的波形

2）*K* 变模可逆计数器

K 变模可逆计数器消除了鉴相器输出的相位差信号 se 中的高频成分，保证环路性能的稳定。*K* 变模可逆计数器根据相位误差信号 se 来进行加减计数。当 se 为低电平时，计数器进行加法计数，如果加法计数的结果达到预设的上限值，则输出一个进位脉冲信号 co 给脉冲加减电路；当 se 为高电平时，计数器进行减法计数，如果减至预设的下限值，则输出一个借位脉冲信号 bo 给脉冲加减电路。

可逆计数器的模值是 2 的 *I* 次幂，由输入 4 位二进制信号 *K* 预设，当 *K* 的取值在 0001～1111 时，相应的模值的变化范围为 2^3～2^{17}。在锁相环路理想锁定的状态下，只要 $K \geqslant (\log_2 I) - 2$，鉴相器既没有超前脉冲也没有滞后脉冲输出，所以 K 变模计数器通常是没有输出的，这就大大减少了由噪声引起的对锁相环路的误控作用。也就是说，K 计数器作为滤波器，有效地滤除了噪声对环路的干扰作用。

K 变模可逆计数器设计应考虑下面两点。

（1）设计中适当选取 K 值是很重要的。K 值取得大，对抑止噪声有利，这是因为 K 值大，计数器对少量的噪声干扰不可能计满，所以不会有进位或借位脉冲输出。但 K 值取得太大会使捕捉带变小，而且加大了环路进入锁定状态的时间。反之，K 值取得小，可以加速环路的入锁，但 K 计数器会频繁地产生进位或借位脉冲，从而导致了相位抖动，相应地对噪声的抑制能力也随之降低。

所以在智能型全数字锁相环中，为了平衡锁定时间与相位抖动之间的矛盾，理想的情况是当数字锁相环处于失步状态时，降低 K 计数器的设置，反之加大其设置。但实现的前提是检测锁相环的工作状态。

（2）在计数值达到边界值 1 或 $2^{K+2}-1$ 而输出借位脉冲或进位脉冲后，应将计数状态同步置回中间值 2^{K+1}。

3）脉冲加减控制电路

脉冲加减控制电路实现了对输入信号频率和相位的跟踪和调整，最终使输出信号锁定在输入信号的频率和信号上，工作波形如图 6.46 所示。

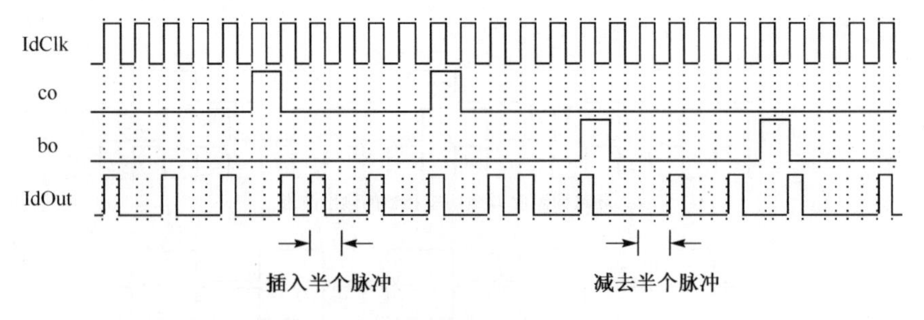

图 6.46 脉冲加减控制电路工作波形

脉冲加减控制电路完成环路频率和相位的调整，可以称为数控振荡器。当没有进位/借位脉冲输入信号时，它对外部输入时钟 IdClk 进行二分频；当 K 变模可逆计数器有进位脉冲信号 co 时，表示输出信号 fout 相位滞后，则在输出的二分频信号中插入半个脉冲，以提高输出信号的频率；同理，当有借位脉冲信号 bo 时，在输出的二分频信号中减去半个脉冲，以降低输出信号的频率。

脉冲加减控制电路是本设计的技术难点，其设计框图如图 6.47 所示。因为输入 co、bo 的宽度太窄（只有 IdClk 时钟脉冲周期的 $1/H$），所以可能造成时钟 IdClk 采样不到输入信号。经脉宽变换模块处理后的信号 inc、dec 宽度等于时钟 IdClk 周期。

图 6.48 用波形来描述脉冲加减控制电路的功能，列出了各种可能情况。为了便于设计，增加一个辅助信号 Y，从图可知，IdOut = IdClk&&Y 。由于 Y 相对时钟 IdClk 有时延，所以采用下降沿触发实现 IdClk&&Y 组合的输出不会有冒险。分析电路功能，脉冲加减控制电路共有下列几种情况：

- 没有进位或借位脉冲信号时，它把 IdClk 参考时钟进行二分频；

- inc 脉冲出现在 Y = 0 时，下一状态 Y = 1，并延长一个周期后翻转为 Y = 0；
- inc 脉冲出现在 Y = 1 时，Y = 1 输出直接延长一个周期后翻转为 Y = 0；
- dec 脉冲出现在 Y = 1 时，下一状态 Y = 0，并延长一个周期后翻转为 Y = 1；
- dec 脉冲出现在 Y = 0 时，Y = 0 输出直接延长一个周期后翻转为 Y = 0；

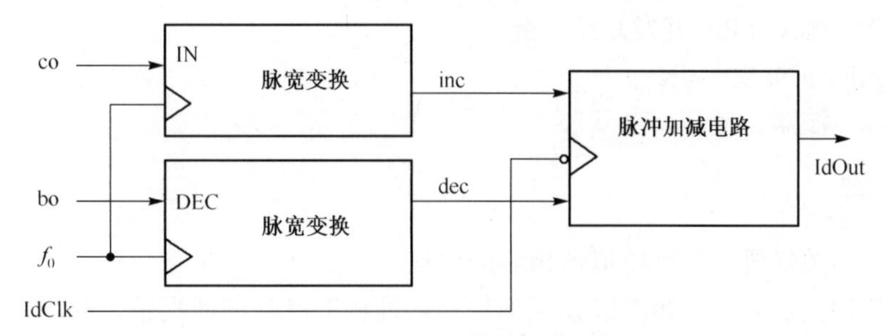

图 6.47　脉冲加减电路的框图

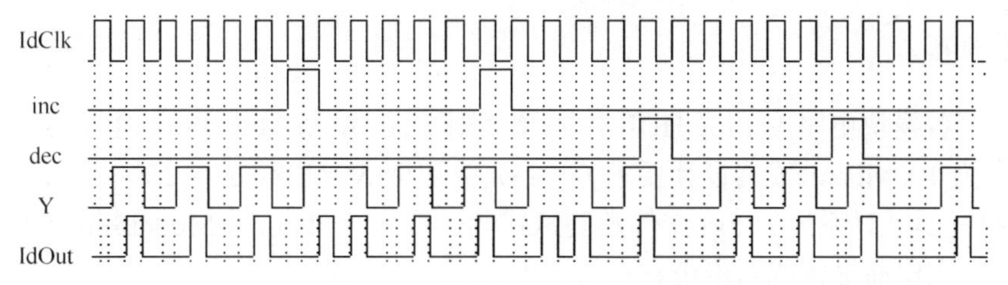

图 6.48　脉冲加减电路的功能

根据分析可画出脉冲加减电路的算法流程图，如图 6.49 所示。根据算法流程图也可画出电路的有限状态图。另外，设计时将输出 Y 编码为状态的一位，以减少电路的冒险。

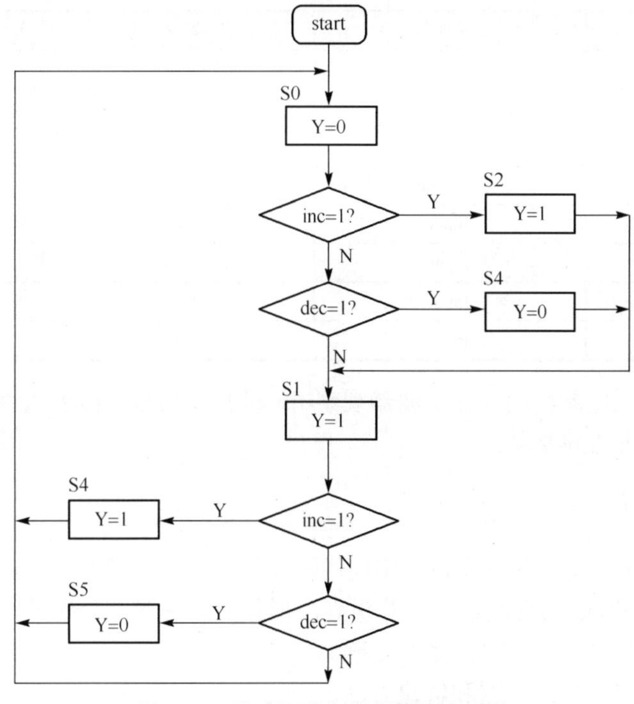

图 6.49　脉冲加减电路的算法流程图

输入脉宽变换电路比较简单，留给读者自己考虑。

四、实验设备

（1）装有 ISE、ModelSim SE 和 ChipScope Pro 软件的计算机。

（2）XUP Virtex-II Pro 开发系统一套。

（3）DigitIO 扩展板一块。

（4）双踪示波器一台。

五、预习内容

（1）查阅相关资料，理解模拟锁相环的原理。

（2）查阅相关资料，了解 DPLL 工作原理，理解 DPLL 的捕捉带、同步带、锁定相位误差、相位抖动和锁定时间等指标的含义。

六、实验内容

（1）编写各模块电路 Verilog HDL 代码及其测试代码，用 ModelSim 进行仿真分析。提示：因系统时钟为 100MHz，根据设计要求 f_0（2Mf_c）可取 $N = 128$、$H = 25$。

（2）编写 DPLL 系统的 top 文件及测试代码，取 $K = 11$。用 ModelSim 仿真分析并测试 DPLL 系统，求出捕捉带或同步带。

（3）对工程进行综合、约束、实现，并下载到实验开发板中。FPGA 引脚约束内容如表 6.19 所示。

表 6.19　FPGA 引脚约束内容

引脚名称	I/O	引脚编号	说　明
clk	Input	AJ15	系统 100MHz 主时钟
reset_n	Input	AG5	UP 按键
fin	Input	R4	
fout	Output	N5	
K[0]	Input	N4	扩展板 SW0 开关
K[1]	Input	R8	扩展板 SW1 开关
K[2]	Input	P5	扩展板 SW2 开关
K[3]	Input	R2	扩展板 SW3 开关

（4）接通扩展板电源，用双踪示波器观察 fin 和 fout 信号，改变 K 值，观察 DPLL 是否锁定，验证设计是否达到要求。

七、实验报告要求

（1）写出设计原理、列出 Verilog HDL 代码并对设计作适当说明。

（2）记录 ModelSim 仿真波形，并对仿真波形作适当解释，分析是否符合预期功能。

（3）记录实验结果，分析设计是否正确。

（4）记录实验中碰到的问题和解决方法。

八、思考题

（1）全数字锁相环与模拟锁相环各有什么特点？适用在哪些场合？

（2）通过实验分析，K、H 的取值对 DPLL 的捕捉带、同步带、锁定相位误差、相位抖动和锁定时间等指标有何影响？

（3）怎样用电路来判断 DPLL 是否锁定？

实验 24　基于 FPGA 的 FIR 数字滤波器的设计

一、实验目的

（1）掌握滤波器的基本原理和数字滤波器的设计技术。

（2）了解 FPGA 在数字信号处理方面的应用。

二、实验任务

（1）采用分布算法设计 16 阶 FIR 低通滤波器，设计参数指标如表 6.20 所示。

表 6.20　FIR 低通滤波器的参数指标

参数名	参数值	参数名	参数值
采样频率 F_S	≥8.6kHz	截止频率 F_C	3.4kHz
最小阻带衰减 A_S	≤–50 dB	通带允许起伏	–1 dB
输入数据宽度	8 位补码	输出数据宽度	8 位补码

MATLAB 为设计 FIR 滤波器提供了一个功能强大的工具箱。打开 MATLAB FDA Tool（Filter Design & Analysis Tool），选择 Design Filter，进入滤波器设计界面，选择滤波器类型为低通 FIR，设计方法为窗口法，阶数为 15（16 阶滤波器在 MATLAB 软件中被定义为 15 阶），窗口类型为 Hamming，Beta 为 0.5，F_S 为 8.6kHz，F_C 为 3.4kHz。此时可利用 FDA Tool 有关工具分析所设计的滤波器的幅频、相频特性，以及冲激、阶跃响应、零极点等。导出的滤波器系数为

$h(0) = h(15) = -0.0007$；$h(1) = h(14) = -0.0025$；$h(2) = h(13) = 0.012$；$h(3) = h(12) = -0.0277$；

$h(4) = h(11) = 0.0357$；$h(5) = h(10) = -0.0072$；$h(6) = h(9) = -0.1068$；$h(7) = h(8) = 0.5965$

（2）本实验要求采用 ChipScope Pro 内核逻辑分析仪观察信号波形，验证实验结果。

三、实验原理

目前 FIR 滤波器的实现方法有三种：单片通用数字滤波器集成电路、DSP 器件和可编程逻辑器件。单片通用数字滤波器使用方便，但由于字长和阶数的规格较少，不能完全满足实际需要。使用 DSP 器件实现虽然简单，但由于程序顺序执行，执行速度必然不快。FPGA 有着规整的内部逻辑阵列和丰富的连线资源，特别适合于数字信号处理任务，相对于串行运算为主导的通用 DSP 芯片来说，FPGA 的并行性和可扩展性更好。但长期以来，FPGA 一直被用于系统逻辑或时序控制，很少有信号处理方面的应用，主要是因为 FPGA 缺乏实现乘法运算的有效结构。不过现在这个问题已得到解决，FPGA 在数字信号处理方面有了长足的发展。

1. FIR 滤波器与分布式算法的基本原理

一个 N 阶 FIR 滤波器的输出可表示为

$$y = \sum_{i=0}^{N-1} h(i)x(N-1-i) \tag{6.28}$$

式中，$x(n)$是 N 个输入数据，$h(n)$是滤波器的冲激响应。当 N 为偶数时，根据线性相位 FIR 数字滤波器冲激响应的对称性，可将式(6.28)变换成式(6.29)所示的分布式算法，乘法运算量减小了一半。式(6.29)相应的电路结构如图 6.50 所示。

$$y = \sum_{n=0}^{N/2-1} [x(n) + x(N-1-n)]h(i) \tag{6.29}$$

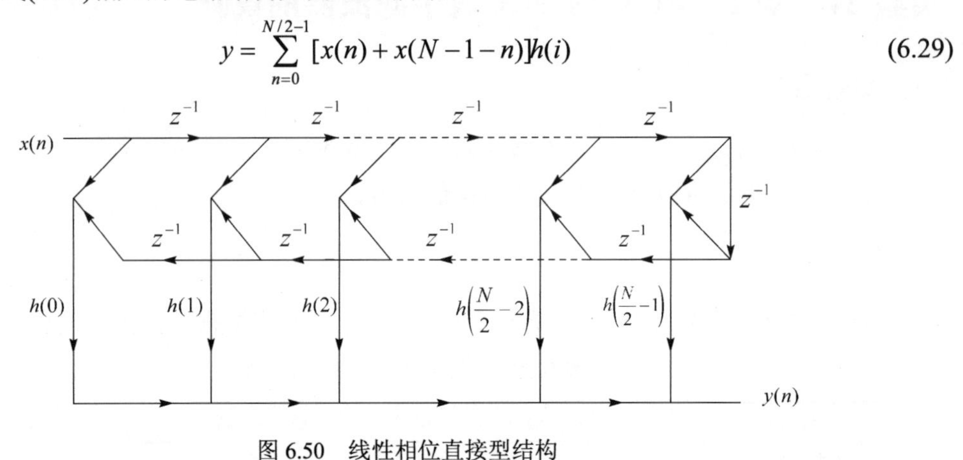

图 6.50 线性相位直接型结构

2. 并行方式设计原理

对于 16 阶 FIR 滤波器，利用式(6.29)可得一种比较直观的 Wallace 树加法算法，如图 6.51 所示，图中 sample 为取样脉冲。采用并行方式的好处是处理速度得到了提高，但它的代价是硬件规模更大了。

注意：为了提高系统的工作速度，Wallace 树加法器一般还可采用流水线技术。

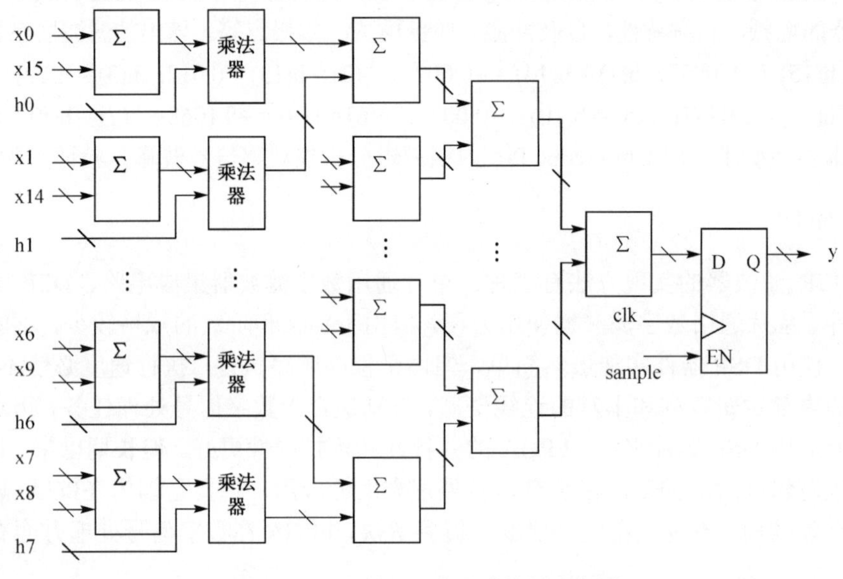

图 6.51 FIR 并行工作方式的原理框图

3. 乘累加方式设计原理

因为本实验对 FIR 算法速度要求不高，所以采用“乘累加”工作方式以减少硬件规模，其原理框图如图 6.52 所示。

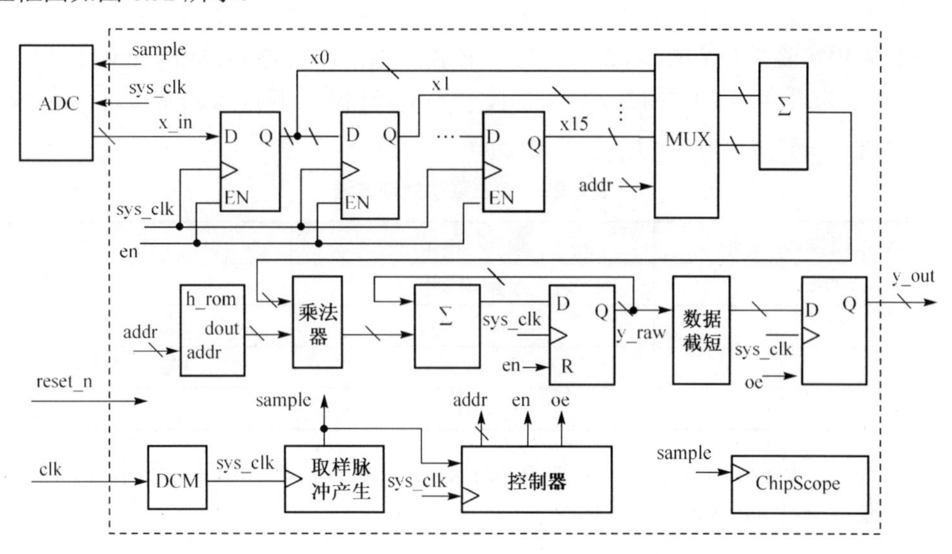

图 6.52　FIR“乘累加”方式的原理框图

由于本实验对速度要求不高，所以对输入的 100MHz 时钟由 DCM 内核进行 16 分频，得到的 6.25MHz 的 sys_clk 信号作为系统主时钟。较低的系统时钟可降低加法器、乘法器的设计难度。

取样脉冲产生电路与实际所采用的 A/D 转换器（ADC）芯片有关，实验采用 ROM 来代替 A/D 转换器（ADC）。根据实验要求和 ROM 接口要求，取样脉冲 sample 应是宽度为一个 sys_clk 周期、频率大于 8.6kHz 的周期信号。因此，sample 信号可由 sys_clk 进行 512 分频获得，sample 信号的频率约 12.2kHz。

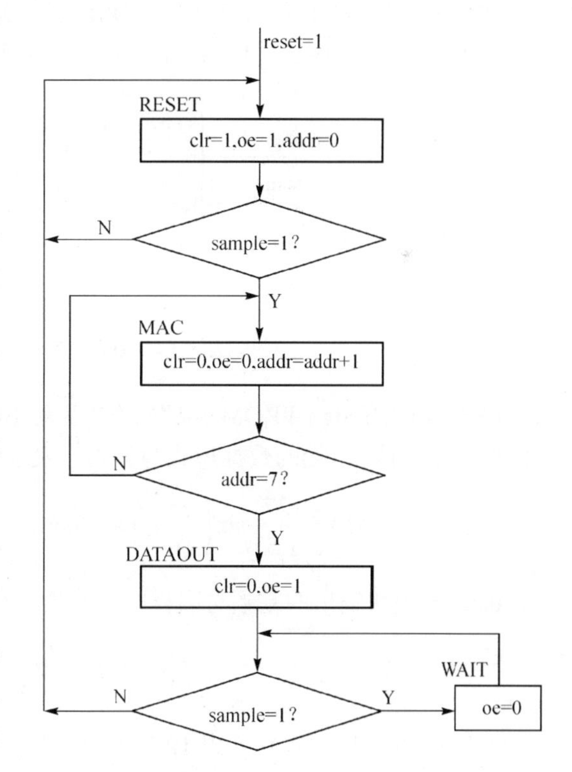

图 6.53　控制器的算法流程图

控制器是电路的核心，控制 FIR 进行 8 次乘累加，图 6.53 所示为算法流程图。注意，考虑到实际情况下，ADC 的取样脉冲 sample 信号的宽度可能大于一个 sys_clk 周期，因此在设计控制器时假设 sample 信号的宽度一般情况下大于或等于 sys_clk 周期。

模块 h_rom 存放冲激响应系数 $h(n)$。由于 FIR 滤波器冲激响应系数是一系列的浮点数，但 FPGA 不支持浮点数的运算，所以浮点数需转换成定点数。设计可采用 Q 值量化法，将系数同时扩大 2^7（=128）倍，然后转化为 8 位二进制数补码。

数据选择器 MUX 选出两个数据进行相加。为了防止溢出，保证电路的正常工作，应采用 9 位加法器。注意，两个加数采用符号位扩展方法，扩展成 9 位输入。

乘法器采用实验 7 介绍的 booth 乘法器。乘累加输出 17 位原始数据 y_raw[16:0]，其中次高位 y_raw[15]为进位。当高两位 y_raw[16]、y_raw[15]不相同时，表示溢出。数据截短方法如表 6.21 所示。

表 6.21　数据截短处理方法

y_raw [16:15]	截 短 输 出	说　明
00	y_raw[15:8]	
01	8'b0111_1111	上溢出，取最大 127
10	8'b1000_0000	下溢出，取最小–128
11	Y_raw[15:8]	

由于本实验系统时钟 sys_clk 的频率远大于取样脉冲的频率，所以 ChipScope 模块的时钟信号应采用取样脉冲 sample。

4. 信号 ROM 读写模块介绍

实验采用 ROM 来代替 ADC。ROM 读写模块 data_in 的功能是，每输入一个取样脉冲，模块输出一个信号样品，其工作原理如图 6.54 所示。

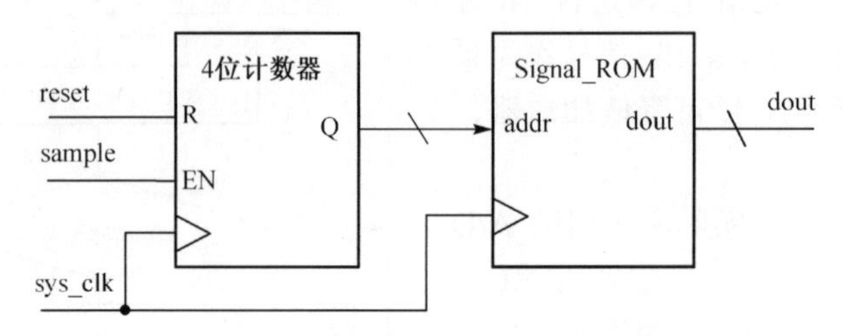

图 6.54　ROM 读写模块 data_in 原理框图

图 6.54 中的 Signal ROM 存放频率 f 及其 10 倍频叠加信号的样品，信号样品根据式(6.30)的映射关系构成，$S(k)$的数据形式为补码，表示为

$$S(k)=\frac{127}{1.5}\left[\sin\left(\frac{2\pi}{16}k\right)+0.5\sin\left(\frac{2\pi}{1.6}k\right)\right]\qquad (k=0,1,2,\cdots,15)\tag{6.30}$$

data_in 模块输出的基频与取样脉冲的频率有关，其关系为

$$f=\frac{f_{\text{sample}}}{16}\tag{6.31}$$

本实验 sample 的频率约为 12.2kHz，这样 dout 信号是频率约为 763Hz 与 7.63kHz 正弦信号的叠加，其波形如图 6.55 所示。

data_in 端口的说明如表 6.22 所示。

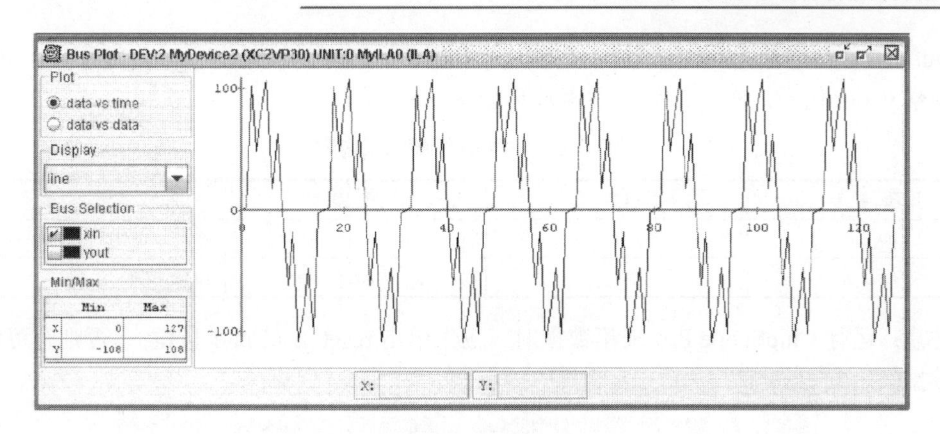

图 6.55　FIR 输入波形

表 6.22　模块 data_in 的端口要求

引 脚 名 称	I/O	引 脚 说 明
clk	Input	时钟信号
sample	Input	取样脉冲，要求宽度为一个 clk 周期
reset	Input	同步复位，高电平有效
dout[7:0]	Output	信号样品输出，补码形式

四、提供的文件

本书光盘中提供了 ROM 读写模块 data_in.v 及其子模块 signal_rom.v 代码。

五、实验设备

（1）装有 ISE、ModelSim SE 和 ChipScope Pro 软件的计算机。

（2）XUP Virtex-II Pro 开发系统一套。

六、预习内容

查阅相关资料，了解数字滤波器的工作原理与应用场合。

七、实验内容

（1）编写 FIR 模块（包括子模块）的 Verilog HDL 代码及其测试代码，并用 ModelSim 仿真。做这一步时可暂时不插入 DCM 模块。

（2）将光盘中的 ISE 文件夹复制到硬盘中，建立 ISE 工程文件，并对工程进行综合。

（3）利用 ChipScope Pro 的核插入器 ICON、ILA 核分析 FIR 的输出信号 y_out，本例触发信号和数据信号均采用 y_out。注意，本例 ChipScope 模块的时钟和系统时钟不同，ChipScope 模块采用 sample 作为采样时钟。

（4）对工程进行约束、实现，并下载工程文件到 XUP Virtex-II Pro 开发实验板中。本实验的 FPGA 引脚约束如表 6.23 所示。

（5）启动 ChipScope Pro 分析器对设计进行分析。

触发条件可设置 M0：TriggerPort0==00（Hex）。将输入数据和输出数据分别组成数据 x_in

和 y_out，用 signed decimal 方式显示数值。并利用 Bus Plot 功能绘制 y_out 波形，在 Bus Plot 窗口观察 y_out 信号，实验结果的参考波形如图 6.56 所示。

表 6.23 FPGA 引脚约束内容

引脚名称	I/O	引脚编号	说明
clk	I	AJ15	系统 100MHz 主时钟
reset_n	I	AG5	Enter 按键

注意：运行 ChipScope Pro 采集数据时，应先单击 reset_n（Enter 按键），否则有可能采样不到数据。

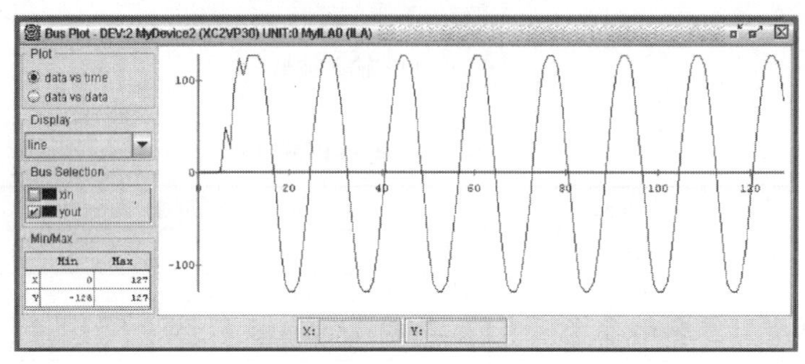

图 6.56 FIR 输出波形

八、实验报告要求

（1）写出设计原理、列出 Verilog HDL 代码并对设计作适当说明。
（2）记录 ModelSim 仿真波形，并对仿真波形作适当解释，分析是否符合预期功能。
（3）记录实验结果，分析设计是否正确。
（4）记录实验中碰到的问题和解决方法。

九、思考题

（1）采用 FPGA 实现数字信号处理电路有什么特点？
（2）为了提高 FIR 的工作时钟频率，在图 6.51 的基础上，采用流水线技术实现 Wallace 树加法器。画出相应的原理框图。

实验 25 数字下变频器（DDC）的设计

一、实验目的

（1）初步了解软件无线电的基本概念。
（2）掌握频谱搬移的概念。
（3）锻炼独立设计数字系统的能力。

二、相关知识

近来软件无线电已经成为通信领域一个新的发展方向，它的中心思想是：构造一个开放性、标准化、模块化的通用硬件平台，将各种功能，如工作频段、调制解调类型、数据格式、加密模式、通信协议等，交由应用软件来完成。软件无线电的设计思想之一是将 A/D 转换器尽可能靠近天线，即把 A/D 从基带移到中频甚至射频，把接收到的模拟信号尽早数字化。由于数字信号处理器（DSP）的处理速度有限，往往难以对 A/D 采样得到的高速率数字信号直接进行各种类别的实时处理。为了解决这一矛盾，利用数字下变频（Digtal Down Converter，DDC）技术将采样得到的高速率信号变成低速率基带信号，以便进行下一步的信号处理。可以看出，数字下变频技术是软件无线电的核心技术之一，也是计算量最大的部分，一般通过 FPGA 或专用芯片等硬件实现。用 FPGA 来设计数字下变频器有许多好处：在硬件上具有很强的稳定性和极高的运算速度；在软件上具有可编程的特点，可以根据不同的系统要求采用不同的结构来完成相应的功能，灵活性很强，便于进行系统功能扩展和性能升级。

三、实验任务

基于 FPGA 设计数字下变频器，设计要求如下。

（1）输入模拟中频信号为 26MHz，带宽为 2MHz。测试时可用信码率小于 4MB/s 的 QPSK 信号作为模拟中频信号。

（2）对模拟中频信号采用带通采样方式，ADC 采样率为 20MS/s（million samples per second），采样精度为 14 位，ADC 输出为 14 位二进制补码。

（3）经过 A/D 变换之后数字中频送到 DDC，要求 DDC 将其变换为数字正交基带 I、Q 信号，并实现 4 倍抽取滤波，即 DDC 输出的基带信号为 5MS/s 的 14 位二进制补码。

四、实验原理

1. 算法分析

数字下变频器（DDC）将数字化的中频信号变换到基带，得到正交的 I、Q 数据，以便进行基带信号处理。一般的 DDC 由数字振荡器（Numerically Controlled Oscillator，NCO）、数字混频器、低通滤波器和抽取滤波器组成，如图 6.57 所示。

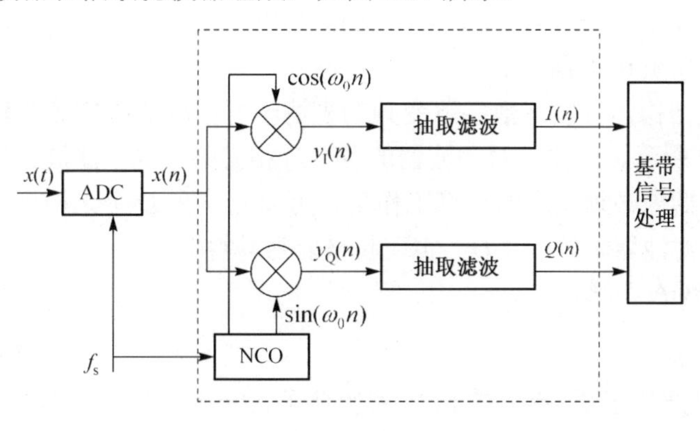

图 6.57　数字下变频原理框图

设输入模拟中频信号为

$$x(t) = a(t)\cos[\omega_c t + \varphi(t)] \tag{6.32}$$

式中，$a(t)$为信号瞬时幅度，ω_c为信号载波角频率，则经 ADC 采样后的数字中频信号为

$$x(n)=a(n)\cos[\omega_c nT_s+\varphi(nT_s)] \tag{6.33}$$

式中，$T_s=1/f_s$，f_s为 ADC 采样频率。假设 NCO 的角频率为 ω_0，NCO 产生的正交本振信号为 $\cos(\omega_0 nT_s)$和 $\sin(\omega_0 nT_s)$，则乘法器输出为

$$y_I(n)=\frac{a(n)}{2}\{\cos[(\omega_c-\omega_0)nT_s+\varphi(nT_s)]+\cos[(\omega_c+\omega_0)nT_s+\varphi(nT_s)]\} \tag{6.34}$$

$$y_Q(n)=\frac{a(n)}{2}\{\sin[(\omega_c+\omega_0)nT_s+\varphi(nT_s)]-\sin[(\omega_c-\omega_0)nT_s+\varphi(nT_s)]\} \tag{6.35}$$

由式(6.34)和式(6.35)可知，在混频后用一个低通滤波器滤除和频部分、保留差频部分，即可将信号由中频变到基带。经过低通滤波后得到的基带信号为

$$I(n)=\frac{a(n)}{2}\cos[2\pi\Delta f\cdot nT_s+\varphi(nT_s)] \tag{6.36}$$

$$Q(n)=\frac{a(n)}{2}\sin[2\pi\Delta f\cdot nT_s+\varphi(nT_s)] \tag{6.37}$$

式中，$\Delta f=f_c-f_0$。整个过程将信号频率由中频变换到基带，实现下变频处理。

为了获得较高的信噪比及瞬时采样带宽，中频采样速率应尽可能选得高一些，但这将导致中频采样后的数据流速率仍然较高，后级的处理难度增大。由于实际的信号带宽较窄，为了降低数字基带处理的计算量，有必要对采样数据流进行降速处理，即抽取滤波。下面讨论有利于实时处理的多相滤波结构。

设抽取滤波器中的低通滤波器的冲激响应为 $h(n)$，则其 z 变换可表示为

$$H(z)=\sum_{n=-\infty}^{+\infty}h(n)z^{-n}=\sum_{k=0}^{D-1}z^{-n}\cdot E_k(z^D) \tag{6.38}$$

式中

$$E_k(z^D)=\sum_{n=-\infty}^{+\infty}h(nD+k)z^{-n} \tag{6.39}$$

$E_k(z^D)$称为多相分量，D 为抽取因子。式(6.39)就是数字滤波器的多相结构表达式，将其应用于抽取器后的结构如图 6.58 所示。

利用多相滤波结构，可以将数字下变频的先滤波再抽取的结构等效转换为先抽取再滤波的形式，如图 6.59 所示。这样，对滤波器的各个分相支路来说，滤波计算在抽取之后进行，原来在一个采样周期内必须完成的计算工作量，可以允许在 D 个采样周期内完成，且每组滤波器的阶数是低通滤波器阶数的 $1/D$，实现起来要容易得多。

2. DDC 的 FPGA 实现

1）NCO 的实现

NCO 的作用是产生正弦、余弦样本。本实验要求 $\Delta f=0$，所以要求 NCO 产生频率为 26MHz 的正弦、余弦样本，取样频率为 20MHz。

一般情况下，NCO 采用 DDS 的方法实现，要求样品 ROM 为双端口 ROM，具有同相和正交两路输出。

2）混频器的实现

数字混频器将原始采样信号与 NCO 产生的正、余弦波形分别相乘，最终得到两路互为正

交的信号。由于输入信号的采样率较高，因此要求混频器的处理速度大于等于信号采样率。数字下变频系统需要两个数字混频器，也就是乘法器。XC2VP30 器件内嵌 136 个 18 × 18 位硬件乘法器，其最高工作频率为 500MHz，因此采用硬件乘法器完全能够满足混频器的设计要求。使用 Xilinx 公司的 Multiplier IP 核可以轻松实现硬件乘法器的配置。该设计中采用两路 14 位的输入信号，输出信号也为 14 位。

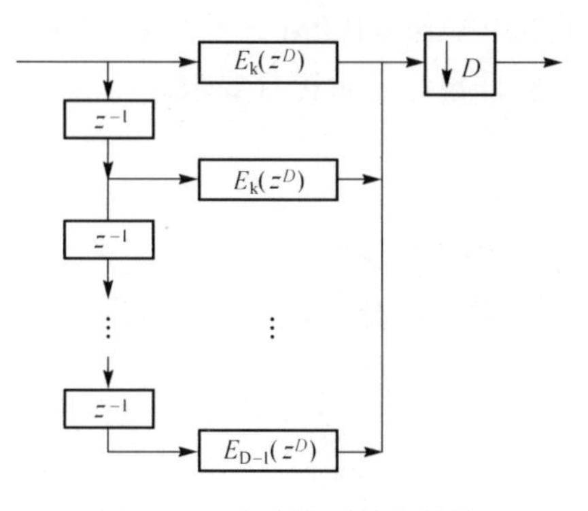

图 6.58　先滤波再抽取结构

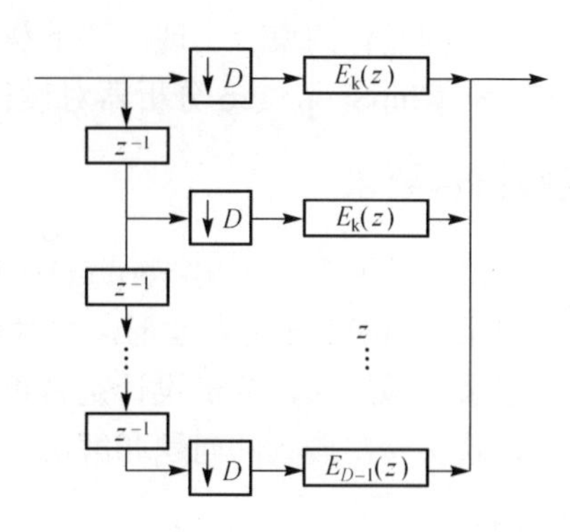

图 6.59　先抽取再滤波高效结构

3）抽取滤波模块的实现

因为经 DDS 后的信号是带宽为 2MHz 的零中频信号，只考虑正频率范围，故该滤波器的通带截止频率为 1MHz，设计采用 FIR 滤波器。FIR 的阶数越高，性能越好，但考虑资源占用情况，FIR 的阶数不宜过高，建议设计采用 32 阶 FIR。在 MATLAB 中设计一个通带截止频率为 2MHz 的 32 阶 FIR，将系数量化为 14 位二进制数值 $h(0)$～$h(31)$。

设计采用图 6.59 所示的多相滤波器结构。该设计按照 4:1 的比例抽取信号，即 $D=4$，因此把这个 32 阶的 FIR 滤波器“拆分”为 4 个 8 阶的滤波器，那么每个分支滤波器的冲激响应满足

$$h_k(n)=h(k+4n) \tag{6.40}$$

式中，k 表示第 k 支路，$k=0, 1, 2, 3$；$n=0, 1, 2,\cdots, 7$。

五、实验设备

（1）装有 ISE、ModelSim SE 和 ChipScope Pro 软件的计算机。

（2）XUP Virtex-II Pro 开发系统一套。

六、预习内容

（1）查阅相关资料，了解软件数字无线电的基本概念；熟悉 DDC 的工作原理与应用场合。

（2）查阅相关资料，掌握 Xilinx 公司的 Multiplier 乘法器 IP 核的性能及 Multiplier IP 核的生成与使用。

（3）查阅相关资料，掌握抽取器、FIR 滤波器的工作原理与实现方法。

七、实验内容

（1）编写 DDC 模块（包括子模块）的 Verilog HDL 代码及其测试代码，并用 ModelSim 仿真。

（2）为了测试需要，实验可采用ROM代替ADC，参考实验22编写一个信号ROM：存放信码率小于4MB/s的QPSK信号样本，样本以20MS/s速率读出。

（3）建立ISE工程文件，包括DDC模块和信号ROM模块。

（4）对工程进行综合。

（5）利用ChipScope Pro的核插入器ICON、ILA核分析输出I、Q信号。

（6）对工程进行约束、实现，并下载工程文件到XUP Virtex-II Pro开发实验板中。

（7）启动ChipScope Pro分析器对设计进行分析，验证设计是否符合要求。

八、实验报告要求

（1）写出设计原理、列出Verilog HDL代码并对设计作适当说明。

（2）记录ModelSim仿真波形，并对仿真波形作适当解释，分析是否符合预期功能。

（3）记录实验结果，分析设计是否正确。

（4）记录实验中碰到的问题和解决方法。

九、思考题

（1）在零中频的DDC电路中，是否要求本振信号与输入信号同频同相？

（2）零中频系统有什么优缺点？

实验26　I^2C总线实验

一、实验目的

（1）理解I^2C总线协议，学会用FPGA实现I^2C总线控制器。

（2）熟悉带有I^2C总线的集成电路的使用。

（3）了解红外遥控的基本原理和实现方法。

（4）掌握独立设计数字系统的能力。

二、相关知识

1. I^2C总线简介

I^2C总线是英文INTER IC BUS或IC TO IC BUS的简称，20世纪80年代由Philips公司推出，是微电子通信控制领域广泛采用的一种总线标准。它是同步通信的一种特殊形式，具有接口线少，控制方便简化，器件封装形式小，通信速率较高等优点。在主从通信中，可以有多个I^2C总线器件通过SDA（串行数据线）和SCL（串行时钟线）两根线同时接到I^2C总线上。所有I^2C兼容的器件都具有标准的接口，通过地址来识别通信对象，使它们可以经由I^2C总线互相直接通信。

1）I^2C总线的基本结构

SDA和SCL都是双向线路，都通过一个电流源或上拉电阻连接到正的电源电压，如图6.60所示。当总线空闲时，这两条线路都是高电平。连接到总线的器件输出级必须是漏极开路或集电极开路才能执行线与的功能。

I^2C总线上数据的传输速率在标准模式下可达100Kbit/s，在快速模式下可达400Kbit/s，在高速模式下可达3.4Mbit/s。连接到总线的接口数量由总线的电容（400pF）限制决定。

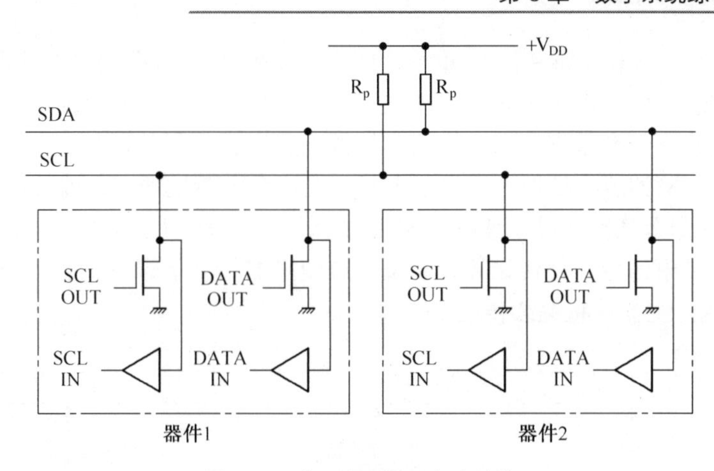

图 6.60　I²C 总线接口电路结构

2）I²C 总线的基本概念

- 发送器（transmitter）：发送数据到总线的器件。
- 接收器（receiver）：从总线接收数据的器件。
- 主器件（master）：初始化发送、产生时钟信号和终止发送的器件。
- 从器件（slave）：被主机寻址的器件。

I²C 总线是双向传输的总线，因此主器件和从器件都可能成为发送器和接收器。如果主器件向从器件发送数据，则主器件是发送器，而从器件是接收器；如果主器件从从器件读取数据，则主器件是接收器，而从器件是发送器。不论主器件是发送器还是接收器，时钟信号 SCL 都要由主器件来产生。

3）I²C 总线上的控制信号

I²C 总线在传送数据的过程中，主要有三种控制信号：起始信号、结束信号、应答信号。

- 起始信号：当 SCL 为高电平时，SDA 由高电平转为低电平时，开始传送数据。
- 结束信号：当 SCL 为高电平时，SDA 由低电平转为高电平时，结束数据传送。
- 应答信号：接收器在接收到 8bit 数据后，向发送器发出低电平信号，表示已收到数据。这个信号可以是主控器件发出，也可以是从器件发出，总之由接收数据的器件发出。

在这些信号中，起始信号是必需的，结束信号和应答信号则可以缺省。

4）I²C 总线上数据的有效性

数据线 SDA 的电平状态必须在时钟线 SCL 处于高电平期间保持稳定不变。SDA 的电平状态只有在 SCL 处于低电平期间才允许改变，但是在 I²C 总线的起始和结束时例外。

5）I²C 总线上的基本操作

I²C 总线的数据传送格式是：在 I²C 总线发出开始信号后，送出的第一个字节数据是用来选择从器件地址的，其中前 7 位为地址码，第 8 位为方向位（R/W）。方向位为“0”表示发送，即主器件把信息写到所选择的从器件；方向位为“1”表示主器件将从从器件读信息。发出开始信号后，系统中的各个器件将自己的地址和主器件送到总线上的地址进行比较，如果与主器件发送到总线上的地址一致，则该器件即是主器件寻址的器件，其接收信息还是发送信息则由第 8 位（R/W）确定。

在 I²C 总线上每次传送的数据字节数不限，但每个字节必须为 8 位，而且每个传送的字节后面必须跟一个认可位（第9位），也称为应答位（ACK）。数据的传送过程如图6.61所示。每次都是先传送最高位，通常从器件在接收到每个字节后都会作出响应，即释放SCL线返回高电平，准备接收下一个数据字节，主器件可继续传送。如果从器件正在处理一个实时事件而不能接收数据（例如正在处理一个内部中断，在这个中断处理完之前就不能接收I^2C总线上的数据字节），那么从器件可以使时钟SCL线保持低电平，但SDA必须保持高电平，此时主器件产生一个结束信号，使传送异常结束，迫使主器件处于等待状态。当从器件处理完毕时将释放SCL线，主器件将继续传送。

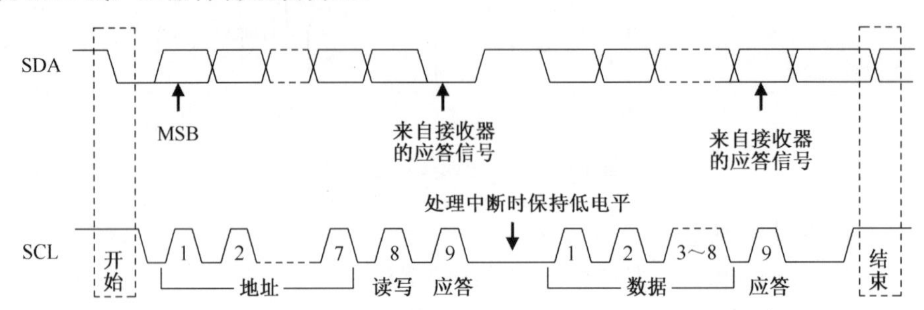

图6.61 I^2C总线数据的传送过程

当主器件发送完1字节的数据后，接着发出对应于SCL线上的一个时钟认可位（ACK），在此时钟内主器件释放SDA线，表示一个字节传送结束。而从器件的响应信号将SDA线拉成低电平，使SDA在该时钟的高电平期间为稳定的低电平。从器件的响应信号结束后，SDA线返回高电平，进入下一个传送周期。

I^2C总线还具有广播呼叫地址的功能，用于寻址总线上所有器件。若一个器件不需要广播呼叫寻址中所提供的任何数据，则可以忽略该地址不作响应。如果该器件需要广播呼叫寻址中提供的数据，则应对地址作出响应，表现为一个接收器。

6）总线竞争的仲裁

总线上可能挂接有多个器件，有时会发生两个或多个主器件同时想占用总线的情况。例如，多单片机系统中，可能在某一时刻有两个单片机要同时向总线发送数据，这种情况叫做总线竞争。I^2C总线具有多主控能力，可以对发生在SDA线上的总线竞争进行仲裁，其仲裁原则是这样的：当多个主器件同时想占用总线时，如果某个主器件发送高电平，而另一个主器件发送低电平，则发送电平与此时SDA总线电平不符的那个器件将自动关闭其输出级。总线竞争的仲裁是在两个层次上进行的：首先是地址位的比较；如果主器件寻址同一个从器件，则进入数据位的比较，从而确保了竞争仲裁的可靠性。由于是利用I^2C总线上的信息进行仲裁，因此不会造成信息的丢失。

2. I^2C总线面板控制显示芯片（LW1390）简介

LW1390是浙江朗威微系统有限公司设计生产的专用集成电路，内部集成了LED数码显示驱动电路、电源控制电路、键盘扫描等功能模块，适用于家用电器的面板控制、电源控制等。

1）LW1390主要特点

- 采用COMS工艺。
- 内置RC振荡。
- LED显示模式：设置选择段和位的个数（8段×4位、8段×3位）。

- 按键扫描：1×8 个。
- 定时功能。
- 1 个可编程的 I/O 口。
- I^2C 总线通信。
- 支持 NEC 与 Philips 两种红外遥控格式。

2）LW1390 主要功能

- 面板显示功能：可以直接驱动最多 4×8 段的共阴极数码管。
- 按键扫描功能：提供 1×8 个单独按键。
- 待机功能：待机时，主机电源被 LW1390 的电源使能端口（可编程 I/O 口）切断，LW1390 接管整机，进入待机模式，从而实现真正低功耗待机。退出待机模式后，LW1390 通过电源使能端口恢复主机电源供电，主机进入正常工作状态。
- 定时功能：开机后，由主机写入定时时间。待机时，LW1390 会根据主机规定的时间定时唤醒主机，让主机从事一些软件升级等工作。

本实验主要使用面板显示功能和按键扫描功能。LW1390 的工作原理和 I^2C 通信协议参见附书光盘提供的 LW1390 数据手册。

三、实验任务

基于 FPGA 和面板控制显示芯片 LW1390 设计数字钟，电路框图如 6.62 所示。图 6.62 中，IR 信号为红外遥控信号。

1. 设计基本要求

（1）用 LW1390 为核心设计控制和显示面板，用面板设置的四位 LED 数码管显示数字钟的“时”、“分”，同时面板上设置两个按键用于校时。

（2）用 FPGA 设计 I^2C 接口的数字钟，并将“时”、“分”通过 I^2C 总线送到显示面板上显示。I^2C 接口协议必须符合 I^2C 总线规范和 LW1390 通信协议。

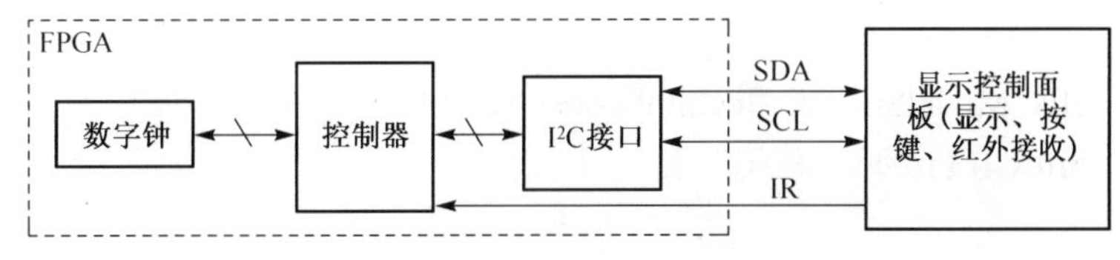

图 6.62　实验的电路框图

2. 个性化要求

用遥控器实现校时功能，遥控器可从市场购买，格式自定。

四、实验原理

1. LW1390 的面板控制电路

LW1390 的面板电路如图 6.63 所示，图 6.63 中的 J1 插座用于连接至 FPGA，SN101 为四位共阴极 LED 数码管，IR101 为红外接收器，按键 SW1、SW2 用于校时。考虑到与 FPGA 电平匹配，电路可采用 3.3V 供电。

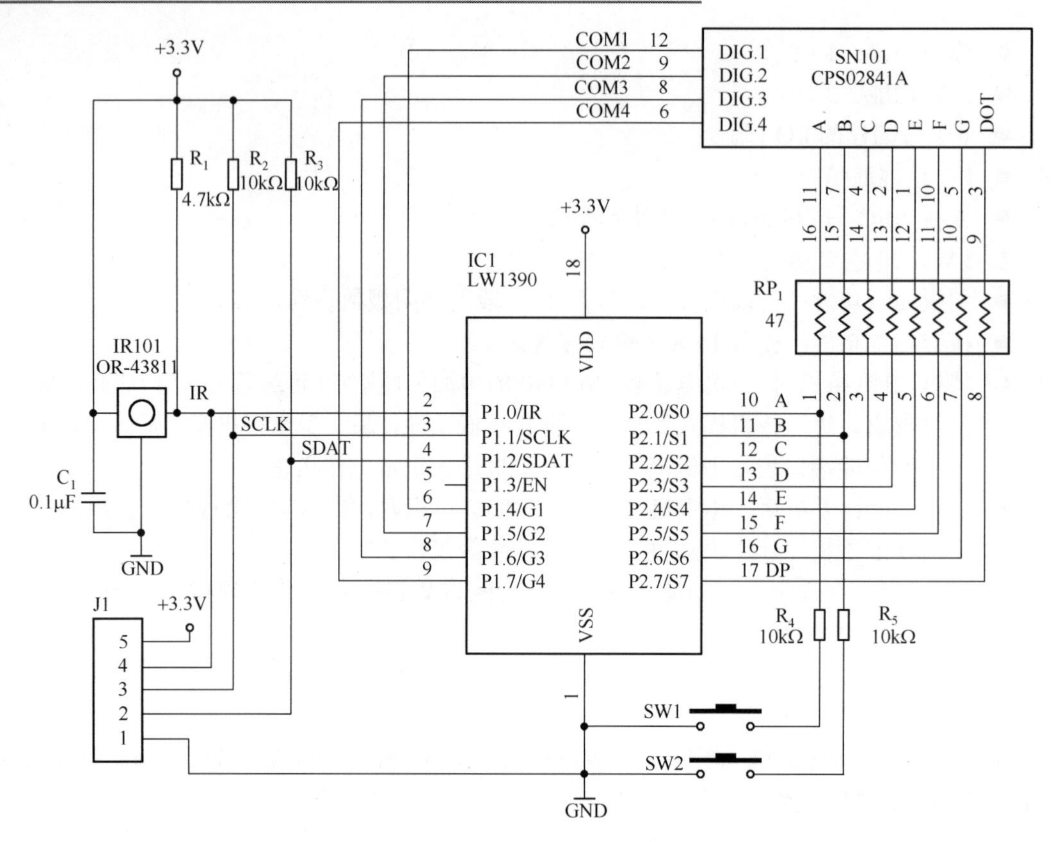

图 6.63 LW1390 的面板电路

2. 带有 I²C 接口的数字钟的设计

本实验为综合性实验，这部分电路要求读者自己完成。

五、实验设备

（1）装有 ISE、ModelSim SE 和 ChipScope Pro 软件的计算机。

（2）XUP Virtex-II Pro 开发系统一套。

六、预习内容

（1）翻阅相关书籍或者上网查阅相关资料，学习并掌握 I²C 总线的原理和技术规范。

（2）仔细阅读 LW1390 芯片手册，了解 LW1390 内部寄存器的设置和 LW1390 的通信协议。

（3）翻阅相关书籍或者上网查阅相关资料，学习红外线遥控原理和红外遥控编码标准（NEC 标准和Philips标准）。

七、实验内容

（1）以 LW1390 芯片为核心芯片，设计并制作面板电路。面板电路通过低速扩展连接器与 FPGA 连接，注意电平匹配。

（2）编写一个带有 I^2C 接口的数字钟模块（包括子模块）的 Verilog HDL 代码及其测试代码，并用 ModelSim 仿真。

（3）建立 ISE 工程文件，对工程进行综合、约束、实现，并下载工程文件到 XUP Virtex-II Pro 开发实验板中。

（4）连接上 LW1390 面板电路，验证设计是否符合要求。

八、实验报告要求

（1）写出设计原理、列出 Verilog HDL 代码并对设计作适当说明。

（2）记录 ModelSim 仿真波形，并对仿真波形作适当解释，分析是否符合预期功能。

（3）记录实验结果，分析设计是否正确。

（4）记录实验中碰到的问题和解决方法。

九、思考题

采用 I^2C 总线的器件有什么优点？

第 7 章

CPU 设计

MIPS（Microprocessor without Interlocked Piped Stages）是高效的 RISC 体系结构中最优雅的一种体系结构，其中文意思为“无内部互锁流水级的微处理器”，其机制是尽量利用软件办法避免流水线中的数据相关问题。它最早是在 20 世纪 80 年代初期由斯坦福大学 Hennessy 教授领导的研究小组研制出来的。

基于 RISC 架构的 MIPS32 指令兼容处理器是通用高性能处理器的一种。其架构简洁，运行效率高，在高性能计算、嵌入式处理、多媒体应用等各个领域得到了广泛应用。基于 FPGA 的微处理器 IP 核设计具有易于调试，便于集成的特点。在片上系统设计方法流行的趋势下，掌握一套复杂的 CPU 设计技术是十分必要的。

本章实验最终设计并实现了一个标准的 32 位 5 级流水线架构的 MIPS 微处理器。本着循序渐进的思路，先在实验 27 中设计不具有流水线的多周期 MIPS 微处理器。通过这个实验，熟悉 MIPS32 指令系统，掌握数据通道（寄存器、存储器、ALU、ALU 控制器等）和指令译码控制器的设计、仿真和验证。以此为基础，实验 28 设计并实现了 5 级流水线架构的 MIPS 微处理器。

实验 27　多周期 MIPS 微处理器设计

一、实验目的

（1）熟悉 MIPS 指令系统。
（2）掌握 MIPS 多周期微处理器的工作原理与实现方法。
（3）掌握控制器的微程序设计方法。
（4）掌握 MIPS 多周期微处理器的测试方法。
（5）了解用软件实现数字系统的方法。

二、实验任务

设计一个 32 位 MIPS 多周期微处理器，具体要求如下。

（1）至少运行下列的 6 类 32 条 MIPS32 指令。

① 算术运算指令：ADD、ADDU、SUB、SUBU、ADDI、ADDIU。
② 逻辑运算指令：AND、OR、NOR、XOR、ANDI、ORI、XORI、SLT、SLTU、SLTI、SLTIU。
③ 移位指令：SLL、SLLV、SRL、SRLV、SRA。
④ 条件分支指令：BEQ、BNE、BGEZ、BGTZ、BLEZ、BLTZ。
⑤ 无条件跳转指令：J、JR。
⑥ 数据传送指令：LW、SW。

（2）在 XUP Virtex-II Pro 开发系统中实现该 32 位 MIPS 多周期微处理器，要求运行速度（CPU 工作时钟）大于 25MHz。

三、MIPS 指令简介

MIPS 指令集具有以下特点：①简单的 LOAD/STORE 结构。所有的计算类型的指令均从寄存器堆中读取数据并把结果写入寄存器堆中，只有 LOAD 和 STORE 指令访问存储器。②易于流水线 CPU 的设计。MIPS 指令集的指令格式非常规整，所有的指令均为 32 位，而且指令操作码在固定的位置上。③易于编译器的开发。一般来讲，编译器在编译高级语言程序时，很难用到复杂的指令，MIPS 指令的寻址方式非常简单，每条指令的操作也非常简单。

MIPS 系统的寄存器结构采用标准的 32 位寄存器堆，共 32 个寄存器，标号为 0～31。其中，第 0 寄存器永远为常数 0，第 31 寄存器是跳转链接地址寄存器，它在链接型跳转指令下会自动存入返回地址值。对于其他寄存器，可由软件自由控制。在 MIPS 的规范使用方法中，各寄存器的含义规定如表 7.1 所示。

表 7.1　寄存器堆使用规范

寄存器编号	助 记 符	用　途
$0	zero	常数 0
$1	at	汇编暂存寄存器
$2、$3	v0、v1	表达式结果或子程序返回值
$4～$7	a0～a3	过程调用的前几个参数
$8～$15	t0～t7	临时变量，过程调用时不需要恢复
$16～$23	s0～s7	临时变量，过程调用时需要恢复
$24、$25	t8、t9	临时变量，过程调用时不需要恢复
$26、$27	k0、k1	保留给操作系统，通常被中断或例外用来保存参数
$28	gp	全局指针
$29	sp	堆栈指针
$30	s8/fp	临时变量/过程调用时作为帧指针
$31	ra	过程返回地址

CPU 所支持的 MIPS 指令有 3 种格式，分别为 R 型、I 型和 J 型。R（register）类型的指令从寄存器堆中读取两个源操作数，计算结果写回寄存器堆；I（immediate）类型的指令使用一个 16 位立即数作为源操作数；J（jump）类型的指令使用一个 26 位立即数作为跳转的目标地址（target address）。

MIPS 的指令格式如图7.1所示，指令格式中的 OP（operation）是指令操作码；RS（register source）是源操作数的寄存器号；RD（register destination）是目标寄存器号；RT（register target）既可以是源寄存器号，也可以是目标寄存器号，由具体的指令决定；FUNCT（function）可被认为是扩展的操作码；SA（shift amount）由移位指令使用，定义移位位数。

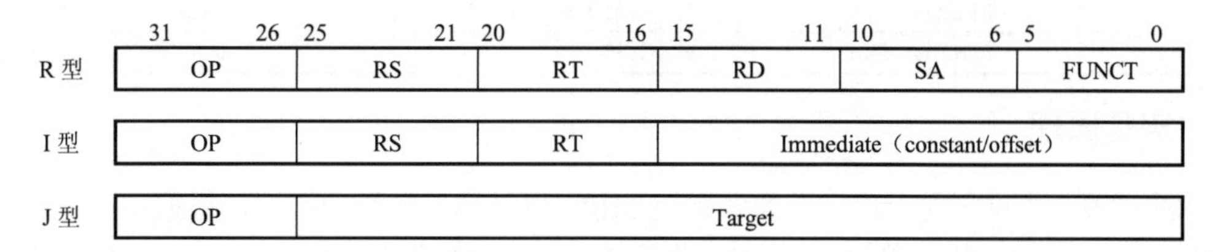

图 7.1　MIPS 的指令格式

I 型指令中的 Immediate 是 16 位立即数。立即数型算术逻辑运算指令、数据传送指令和条件分支指令均采用这种形式。在立即数型算术逻辑运算指令、数据传送指令中，Immediate 进行符号扩展至 32 位；而在条件分支指令中，Immediate 先进行符号扩展至 32 位再左移 2 位。

在 J 型指令中 26 位 Target 由 JUMP 指令使用，用于产生跳转的目标地址。

下面通过表格简单介绍本实验使用的 MIPS 核心指令。表 7.2 列出本实验使用到的 MIPS 指令的格式和 OP、FUNCT 等简要信息，若需了解指令的详细信息请查阅 MIPS32 指令集。

表 7.2　MIPS 核心指令

类　别	助 记 符	功　　能	类　型	OP/FUNCT	其他约束
算术或逻辑运算	ADD rd, rs, rt	加法（有溢出中断）	R	00h/20h	
	ADDU rd, rs, rt	无符号加法		00h/21h	
	AND rd, rs, rt	按位与		00h/24h	
	NOR rd, rs, rt	按位或非		00h/27h	
	OR rd, rs, rt	按位或		00h/25h	
	SLT rd, rs, rt	A<B 判断：rd=(rs<rt)		00h/2Ah	
	SLTU rd, rs, rt	无符号 A<B 判断		00h/2Bh	
	SUB rd, rs, rt	减法（有溢出中断）		00h/22h	
	SUBU rd, rs, rt	无符号减法		00h/23h	
	XOR rd, rs, rt	按位异或		00h/26h	
立即数运算指令	ADDI rt, rs, imm	加法（有溢出中断）	I	08h/--	
	ADDIU rt, rs, imm	立即无符号数加法		09h/--	
	ANDI rt, rs, imm	立即数位与		0Ch/--	
	ORI rt, rs, imm	立即数位或		0Dh/--	
	SLTI rt, rs, imm	立即数 A<B 判断		0Ah/--	
	SLTIU rt, rs, imm	立即无符号数 A<B 判断		0Bh/--	
	XORI rt, rs, imm	立即数异或		0Eh/--	
移位	SLL rd, rt, sa	左移：rd←rt << sa	R	00h/00h	
	SLLV rd, rt, rs	左移：rd←rt << rs		00h/04 h	
	SRL rd, rt, sa	右移：rd←rt >> sa		00h/02 h	INST[21]=0
	SRLV rd, rt, rs	右移：rd←rt >> sa		00h/06 h	INST[6]=0
	SRA rd, rt, sa	算术右移：rd←rt >>> sa		00h/03 h	
	SRAV rd, rt, rs	算术右移：rd←rt >>> rs		00h/07 h	
传送	LW rt, offset(rs)	rt←memory[base+offset]	I	23h/--	
	SW rt, offset(rs)	memory[base+offset]←rt		2bh/--	
跳转	J target	无条件转移：	J	02h/--	
	JR rs	寄存器跳转：PC←rs	R	00h/08h	
条件分支	BEQ rs, rt, offset	相等即转移：	I	04h/--	
	BNE rs, rt, offset	不等即转移		05h/--	
	BGEZ rs, offset	比零大或等于零转移		01h/--	rt=01h
	BGTZ rs, offset	比零大转移		07h/--	rt=00h
	BLEZ rs, offset	比零小或等于零转移		06h/--	rt=00h
	BLTZ rs, offset	比零小转移		01h/--	rt=00h

四、实验原理

图7.2 所示为可实现上述指令的多周期 MIPS 微处理器的原理框图，根据功能将其划分为控制单元（cunit）、执行单元（eunit）、指令单元（iunit）和存储单元（munit）四大模块。

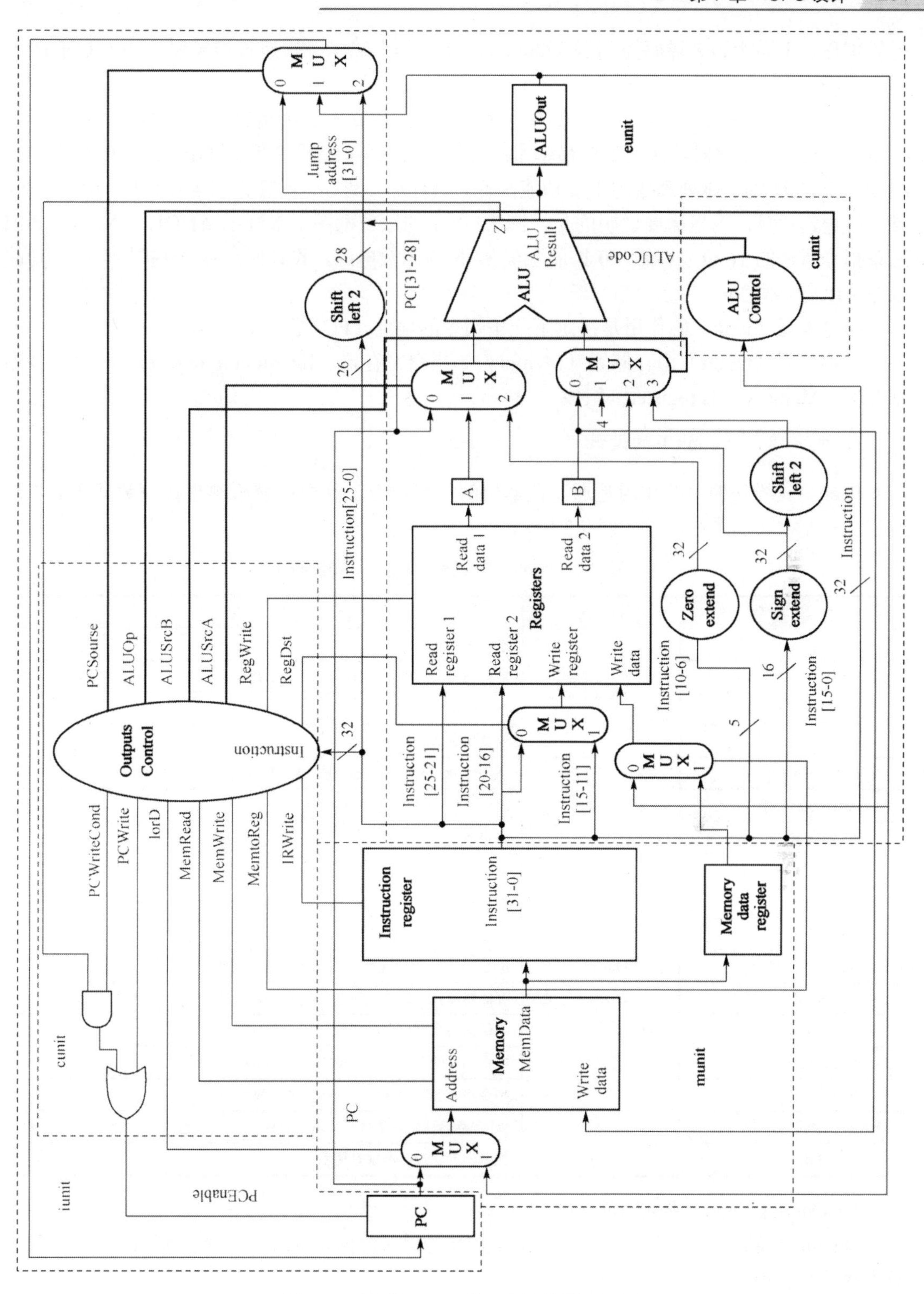

图 7.2 多周期 MIPS 微处理器的原理框图

控制单元（cunit）是多周期微处理器的核心，控制微处理器取指令、指令译码和指令执行等工作。主要由指令译码控制器（Outputs Control）、算术逻辑运算控制器（ALU Control）两个子模块组成。

执行单元（eunit）主要由寄存器堆（Registers）和算术逻辑运算单元（ALU）两个子模块组成。其中，寄存器是微处理器最基本的元素，MIPS 系统的寄存器堆由 32 个 32 位寄存器组成；而 ALU 则是微处理器的主要功能部件，执行加、减、比较等算术运算和与、或、或非、异或等逻辑运算。这里需要说明的是，图 7.2 所示的原理框图中未画出 ANDI、ORI 和 XORI 三条指令所需的 16 位立即数“0 扩展”至 32 位立即数电路，设计时可将“0 扩展”电路功能放在 ALU 内部完成。

指令单元（iunit）的作用是决定下一条指令的地址（PC 值）。

存储单元（munit）由存储器（Memory）、指令寄存器（Instruction register）和存储数据寄存器（Memory data register）组成。

1. 控制单元（cunit）的设计

控制单元模块的主要作用是通过机器码解析出指令，并根据解析结果控制数据通道工作流程。控制模块的接口信息如表 7.3 所示。

表 7.3 cunit 模块的输入/输出引脚说明

引脚名称	方向	说明
clk	Input	系统时钟
reset		复位信号，高电平有效
Instruction[31:0]		指令机器码
Z		分支指令的条件判断结果
PCSource[1:0]	Output	下一个 PC 值来源（Banrch、JR、PC+4、J）
ALUCode[4:0]		决定 ALU 采用何种运算
ALUSrcA[1:0]		决定 ALU 的 A 操作数的来源（PC、rs、ra）
ALUSrcB[1:0]		决定 ALU 的 B 操作数的来源（rt、4、imm、offset）
RegWrite		寄存器写允许信号，高电平有效
RegDst		决定 Register 回写时采用的地址（rt、rd）
IorD		IorD=0 时：指令地址；IorD=1 时：数据地址
MemRead		存储器读允许信号，高电平有效
MemWrite		存储器写允许信号，高电平有效
MemToReg		决定回写的数据来源（ALU/存储器）
IRWrite		指令寄存器写允许信号，高电平有效
PCEnable		PC 寄存器写允许信号，高电平有效
state[3:0]		控制器的状态，测试时使用

1）Outputs Control 控制器的设计

Outputs Control 控制器的主要作用是取出指令，并根据指令确定各个控制信号的值。首先对指令进行分类。

（1）R 型指令。根据操作数来源可分为 R_type1、R_type2 和 JR 三类。其中，R_type1 指令中的两个操作数为寄存器 rs、rt；R_type2 为三个移位指令，操作数为指令中的 sa 字段和寄存器 rt；JR 指令只有一个操作数 rs。R_type1、R_type2 的表达式为

R_type1= ADD || ADDU || AND || NOR || OR || SLT || SLTU || SUB || SUBU || XOR||

SLLV || SRLV || SRAV　　（7.1）

式中：ADD=(op==6'h0) && (funct ==6'h20)，ADDU=(op==6'h0) && (funct ==6'h21)……依此类推，以下不再说明。

R_type2= SLL|| SRL || SRA　　（7.2）

（2）J 型指令。跳转指令，本设计只有 J 指令属 J 型指令，故 J_type=J。

（3）分支指令。条件分支共有 BEQ、BNE、BGEZ、BGTZ、BLEZ 和 BLTZ 六条指令，所以

Branch=BEQ || BNE || BGEZ || BGTZ || BLEZ || BLTZ　　（7.3）

（4）立即数运算指令。立即数运算指令有 ADD、ADDIU、ANDI、ORI、SLTI、SLTIU 和 XORI 七条指令，故

I_type= ADDI || ADDIU || AND || ORI || SLTI || SLTIU || XORI　　（7.4）

（5）数据传送指令。数据传送指令共有 LW、SW 两条。由于两条指令周期不同，所以，将它们单独列出。

注意：由于本实验没有要求实现 ROTR、ROTRV 指令，所以，对移位指令的约束条件可不加考虑。

MIPS 指令的执行步骤不尽相同。分支和跳转指令需 3 个周期，R 型指令和立即数指令需 4 个周期，数据传送指令需 4～5 个周期。表 7.4 列出各类指令执行步骤。

表 7.4　MIPS 指令的执行步骤

步骤名称	R 型指令	I 型指令	数据传送指令	分支指令	跳转指令
取指	IR=Memory[PC]，PC=PC+4				
指令译码/ 读寄存器	A=Reg[rs], B= Reg[rt] ALUOut=PC+(sign_extend(imm)<<2)				
运算、地址计算、分支或跳转完成	ALUOut=A op B	ALUOut=A op imm	ALUOut=A+sign _extend(IR[15:0])	If(Z)PC= ALUOut	PC={PC[31:28], IR[25:0], 2'b00}
存储器访问 R 型、I 型指令完成	REG[rd]= ALUOut 或 PC= Reg[rs]	REG[rt]= ALUOut	LW：MDR= Memory[ALUOut] SW：Memory[ALUOut]=B		
存储器读操作完成			LW: Reg[rt]=MDR		

根据表 7.4 所示的指令的执行步骤与指令功能，可画出 Outputs Control 模块的有限状态机图，如图7.3 所示。

由于所有指令的前两个步骤都一样，所以所有指令都需经过 S0 和 S1 两个状态。S0 为取指令状态，在这个状态激活两个信号（MemRead 和 IRWrite）从存储器中读取一条指令，并把指令写入指令寄存器，设置信号 ALUSrcA、ALUSrcB、ALUOp、PCWrite 和 PCSource 以计算 PC+4 值存入 PC 寄存器。S1 为指令译码状态，设置信号 ALUSrcA、ALUSrcB、ALUOp 以计算分支目标地址并存入 ALUOut 寄存器中。另外，这个状态的主要功能是对输入的指令进行译码，并选择相应的指令执行状态，因此，S1 的后续状态是由指令类型选择决定的。

在指令译码后，数据传送指令进入 S2 状态，设置信号 ALUSrcA、ALUSrcB、ALUOp，

使 ALU 完成地址计算 A+sign_extend(IR[15:0])，并将结果存于 ALUOut 寄存器（ALUOut 寄存器的分支目标地址被替换）。若指令为 LW，则进入 S3 状态设置信号 MemRead 和 IorD 进行存储器读操作，然后进入 S4 状态设置信号 RegWrite、RegDst 和 MemtoREG 将读出的存储器数据写入寄存器堆，S4 即为 LW 指令的最后一个状态，下一状态为下一条指令的取指令状态 S0。若指令为 SW 状态，则 S2 状态后进入 S5 状态激活 MemWrite 和 IorD 信号，将数据 rt 写入存储器，执行完毕后返回 S0 状态。

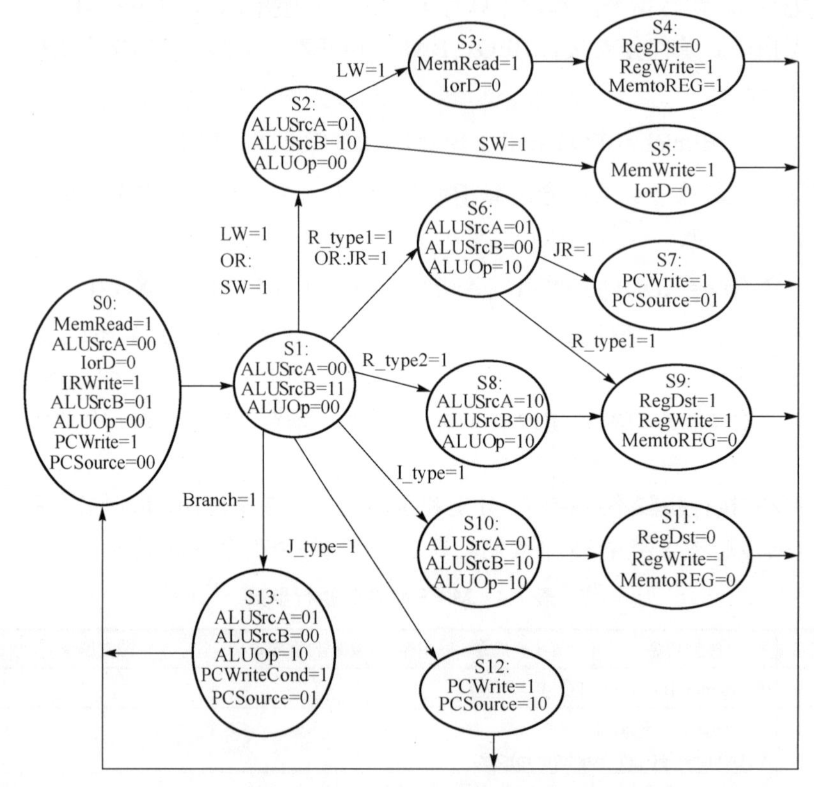

图 7.3 多周期 MIPS 微处理器控制器的有限状态机图

R_type1、R_type2 两类指令主要区别在于操作数 A 的来源不同。R_type1、R_type2 指令在 S1 状态后分别进入 S6、S8 状态，设置信号 ALUSrcA、ALUSrcB、ALUOp 使 ALU 完成相关运算并将结果存入 ALUOut 寄存器中，然后在 S9 状态设置信号 RegWrite、RegDst 和 MemtoREG 将 ALUOut 寄存器中的数据写入寄存器堆。执行完毕后返回 S0 状态。

JR 指令在 S1 状态后分别进入 S6 状态，设置信号 ALUSrcA、ALUSrcB、ALUOp 使 ALU 完成 ALUOut=A，并将运算结果（跳转目标地址）存于 ALUOut 寄存器中，然后在 S7 状态设置信号 PCWrite 和 PCSource 将跳转目标地址写入 PC 后完成本条指令执行。

I_type 指令在 S1 状态后分别进入 S10 状态设置信号 ALUSrcA、ALUSrcB、ALUOp，使 ALU 完成相关运算并将结果进入存于 ALUOut 寄存器中，然后在 S11 态设置信号 RegWrite、RegDst 和 MemtoREG 将 ALUOut 寄存器中的数据写入寄存器堆。

J_type 指令在 S1 状态进入 S12 状态设置信号 PCWrite 和 PCSource 将跳转目标地址写入 PC 中。

分支指令在 S1 状态进入 S13 状态设置信号 ALUSrcA、ALUSrcB、ALUOp，由 ALU 判

断分支条件是否成立。若条件成立（Z=1）则将在 S1 状态计算并存于 ALUOut 寄存器中的分支目标地址写入 PC 中。

注意：各状态中未列出的信号都认为是无效的（取值为 0）。另外，图 7.3 中的控制信号 ALUOp 信号的作用如表7.5所示。

表 7.5　控制信号 ALUOp 的作用

ALUOp	作　用	备　注
00	ALU 执行加操作	计算 PC 值
01	由指令的 op、rt 字段决定	分支指令
10	由 funct 字段决定	R 型指令
11	由指令的 op 字段决定	立即数型指令

2）多周期 MIPS 微处理器控制器的有限状态机的实现

如图7.3所示，Outputs Control 是较为复杂的控制器，输出端口较多，因此很合适采用微程序设计方法。在设计之前，先进行状态编码，为简单起见，状态采用自然编码，即状态 i 用 4 位二进制 i 表示，如状态 S5 用二进制 0101 表示。

图7.4所示为微程序控制器的结构框图。由图 7.4 可看出，电路的次态可由计数器、回到 0 状态或调度电路（Dispatch）三种方式决定。由反馈信号 SEQ 信号选择哪种方式：

- 当 SEQ=00 时，控制器的次态由计数器决定，即状态值加 1。
- 当 SEQ=01 时，控制器的次态回到 S0 状态。
- 当 SEQ=10 或 11 时，次态由指令（op、rt 和 funct）决定。因为状态在指令的第 2 和 3 周期都存在分支可能，所以 Dispatch 输出 NS1 为指令在第 2 周期状态的次态、而 NS2 为指令第 3 周期状态的次态。

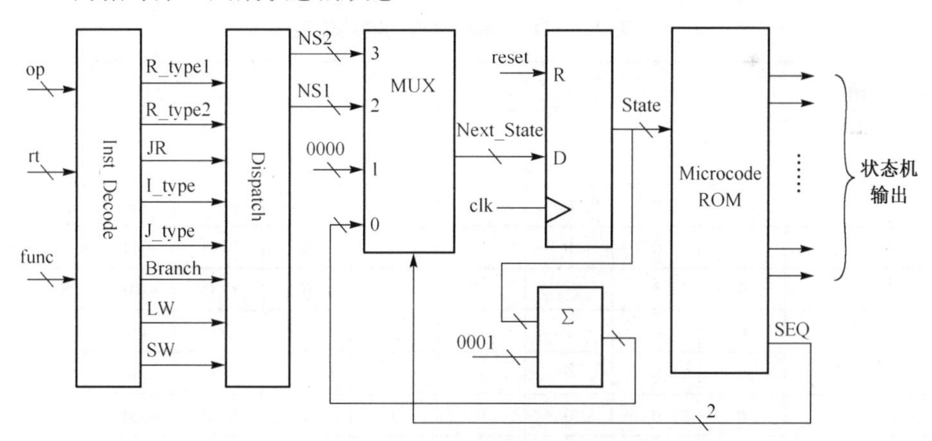

图 7.4　Outputs Control 的微程序控制器的结构框图

电路的状态作为 Microcode ROM 的地址，Microcode ROM 中存放微程序的内容，如表 7.6 所示。ROM 输出由两部分组成，一部分为该状态下的控制器输出信号，另一部分为决定控制器次态来源的 SEQ[1:0]信号。ROM 的容量为 2^4×19 bit。注意，ROM 可用 IP 内核实现，也可用阵列（array）设计。

表 7.6 中的控制信号取“×”值表示在该状态下，此控制信号是无意义的。在实际操作中，“×”值用 0 或 1 值替代。

表 7.6 ROM 中的微程序

地址（状态）	ALUOp[1:0]	ALUSrcA[1:0]	ALUSrcB[1:0]	RegWrite	RegDst	MemTOReg	IorD	MemRead	MemWrite	IRWrite	PCSource[1:0]	PCWrite	PCWriteCond	SEQ[1:0]
0	00	00	01	0	×	×	0	1	0	1	00	1	0	00
1	00	00	11	0	×	×	×	0	0	0	××	0	0	10
2	00	01	10	0	×	×	×	0	0	0	××	0	0	11
3	××	××	××	0	×	×	1	1	0	0	××	0	0	00
4	××	××	××	1	0	1	×	0	0	0	××	0	0	01
5	××	××	××	0	×	×	1	0	1	0	××	0	0	01
6	10	01	00	0	×	×	×	0	0	0	××	0	0	11
7	××	××	××	0	×	×	×	0	0	0	01	1	0	01
8	10	00	10	0	×	×	×	0	0	0	××	0	0	00
9	××	××	××	1	1	0	×	0	0	0	××	0	0	01
A	11	01	10	0	×	×	×	0	0	0	××	0	0	00
B	××	××	××	1	0	0	×	0	0	0	××	0	0	01
C	××	××	××	0	×	×	×	0	0	0	10	1	0	01
D	01	01	00	0	×	×	×	0	0	0	01	0	1	01

调度电路（Dispatch）的作用是根据输入的指令决定状态机的分支地址。由于 Dispatch 电路的输入是互斥变量，所以结合图7.3的状态机图和表 7.6 中 ROM 微程序的 SEQ 信号，不难得出 Dispatch 电路的功能表，如表7.7所示。

表 7.7 Dispatch 电路的的功能表

输入								输出		备注
R_type1	R_type2	JR	I_type	Branch	J_type	SW	LW	NS2	NS1	
1	0	0	0	0	0	0	0	1001	0110	S1→S6; S6→S9
0	1	0	0	0	0	0	0	××××	1000	S1→S8
0	0	1	0	0	0	0	0	0111	0110	S1→S6; S6→S7
0	0	0	1	×	×	0	0	××××	1010	S1→S10
0	0	0	0	1	×	0	0	××××	1101	S1→S13
0	0	0	0	0	1	0	0	××××	1100	S1→S12
0	0	0	0	0	0	1	0	0101	0010	S1→S2; S2→S5
0	0	0	0	0	0	0	1	0011	0010	S1→S2; S2→S3
其他								××××	××××	未定义指令

3）算术逻辑运算控制子模块（ALU Control）的设计

ALU Control 模块是一组合电路，其输入信号为指令机器码和 Outputs Control 模块产生的 ALUOp 信号，输出信号为 ALUCode，用来决定 ALU 做哪种运算。ALU Control 模块的功能表如表 7.8 所示，表中 ALUCode 的值可由自己定义，但必须能区分各种运算。

表 7.8 ALU Control 模块的功能表

输 入				输 出	运算方式
ALUOp	op	funct	rt	ALUCode	运算
00	××××××	××××××	×××××	5'd0	加
01	BEQ_op	××××××	×××××	5'd 10	Z=(A==B)
	BNE_op	××××××	×××××	5'd 11	Z=~(A==B)
	BGEZ_op	××××××	5'd1	5'd 12	Z=(A≥0)
	BGTZ_op	××××××	5'd0	5'd 13	Z=(A>0)
	BLEZ_op	××××××	5'd0	5'd 14	Z=(A≤0)
	BLTZ_op	××××××	5'd0	5'd 15	Z=(A<0)
10	××××××	ADD_funct	×××××	5'd 0	加
	××××××	ADDU_funct	×××××		
	××××××	AND_funct	×××××	5'd 1	与
	××××××	XOR_funct	×××××	5'd 2	异或
	××××××	OR_funct	×××××	5'd 3	或
	××××××	NOR_funct	×××××	5'd 4	或非
	××××××	SUB_funct	×××××	5'd 5	减
	××××××	SUBU_funct	×××××		
	××××××	SLT_OP_funct	×××××	5'd 19	A<B?1:0
	××××××	SLTU_OP_funct	×××××	5'd 20	A<B?1:0 (无符号数)
	××××××	SLL_funct	×××××	5'd 16	B << A
	××××××	SLLV_funct	×××××		
	××××××	SRL_funct	×××××	5'd 17	B >> A
	××××××	SRLV_funct	×××××		
	××××××	SRA_funct	×××××	5'd 18	B >>>A
	××××××	SRAV_funct	×××××		
	××××××	JR_funct	×××××	5'd 9	ALUResult=A
11	ADDI_op	××××××	×××××	5'd 0	加
	ADDIU_op	××××××	×××××		
	ANDI_op	××××××	×××××	5'd 6	与
	XORI_op	××××××	×××××	5'd 7	异或
	ORI_op	××××××	×××××	5'd 8	或
	SLTI_op	××××××	×××××	5'd 19	A<B?1:0
	SLTIU_op	××××××	×××××	5'd 20	A<B?1:0（无符号数）

2. 执行单元（eunit）的设计

执行单元模块的接口信息如表7.9所示。执行单元模块可划分为算术逻辑运算单元（ALU）和寄存器堆（Registers）两个子模块，以及符号扩展电路（Sign extend）、零扩展电路（Zero extend）、寄存器（A、B、ALUOut）、四个数据选择器等基本功能电路。由于各功能电路均为比较简单的基本数字电路，所以下面只介绍 ALU 和 Registers 两个子模块的设计方法。

表 7.9 eunit 模块的输入/输出引脚说明

引脚名称	方 向	说 明
clk	Input	系统时钟
reset		复位信号，高电平有效
ALUCode[4:0]		来自控制模块，决定 ALU 运算方式
Instruction[31:0]		指令机器码
MemData[31:0]		存储器数据

续表

引脚名称	方向	说明
PC[31:0]	Input	指令指针
RegWrite		来自控制模块，寄存器写信号，高电平有效
RegDst		来自控制模块， 决定 Register 回写时采用的目标地址（rt、rd）
MemToReg		来自控制模块， 决定回写的数据来源（ALU、存储器）
ALUSrcA[1:0]		来自控制模块， 决定 ALU 的 A 操作数的来源（PC、rs、ra）
ALUSrcB[1:0]		来自控制模块，决定 ALU 的 B 操作数的来源(rt 或 rd、4、imm、offset)
Z	Output	分支指令的条件判断结果， 高电平表示条件成立
ALUResult[31:0]		ALU 运算结果
ALUOut[31:0]		ALU 寄存器输出
WriteData[31:0]		存储器的回写数据
ALU_A [31:0]		ALU 操作数 A
ALU_B [31:0]		ALU 操作数 B

1）ALU 子模块的设计

算术逻辑运算单元（ALU）提供 CPU 的基本运算能力，如加、减、与、或、比较、移位等。具体而言，ALU 输入为两个操作数 A、B 和控制信号 ALUCode，由控制信号 ALUCode 决定做采用何种运算，运算结果由 ALUResult 或标志位 Z 输出。ALU 的功能表由表 7.10 给出。

表 7.10 ALU 的功能表

<table>
<tr><th>ALUCode</th><th>ALUResult</th><th>Z</th></tr>
<tr><td>00000（alu_add）</td><td>A + B</td><td>×</td></tr>
<tr><td>00001（alu_and）</td><td>A& B</td><td>×</td></tr>
<tr><td>00010（alu_xor）</td><td>A ^ B</td><td>×</td></tr>
<tr><td>00011（alu_or）</td><td>A | B</td><td>×</td></tr>
<tr><td>00100（alu_nor）</td><td>~(A|B)</td><td>×</td></tr>
<tr><td>00101（alu_sub）</td><td>A-B</td><td>×</td></tr>
<tr><td>00110（alu_ andi）</td><td>A& {16'b0，B[15:0]}</td><td>×</td></tr>
<tr><td>00111（alu_ xori）</td><td>A ^{16'b0，B[15:0]}</td><td>×</td></tr>
<tr><td>01000（alu_ ori）</td><td>A | {16'b0，B[15:0]}</td><td>×</td></tr>
<tr><td>01001（alu_jr）</td><td>A</td><td>×</td></tr>
<tr><td>01010（alu_beq）</td><td>32 ' b×</td><td>A==B</td></tr>
<tr><td>01011（alu_bne）</td><td>32 ' b×</td><td>~(A==B)</td></tr>
<tr><td>01100（alu_bgez）</td><td>32 ' b×</td><td>A>=0</td></tr>
<tr><td>01101（alu_bgtz）</td><td>32 ' b×</td><td>A>0</td></tr>
<tr><td>01110（alu_blez）</td><td>32 ' b×</td><td>A<=0</td></tr>
<tr><td>01111（alu_bltz）</td><td>32 ' b×</td><td>A<0</td></tr>
<tr><td>10000（alu_sll）</td><td>B<<A</td><td>×</td></tr>
<tr><td>10001（alu_srl）</td><td>B>>A</td><td>×</td></tr>
<tr><td>10010（alu_sra）</td><td>B>>>A</td><td>×</td></tr>
<tr><td>10011（alu_slt）</td><td>A<B? 1:0，其中 A、B 为有符号数</td><td>×</td></tr>
<tr><td>10100（alu_sltu）</td><td>A<B? 1:0，其中 A、B 为无符号数</td><td>×</td></tr>
</table>

如表7.10所示，ALU 需执行多种运算，为了提高运算速度，本设计可对各种运算进行并行运算，再根据 ALUCode 信号选出所需结果。ALU 的基本结构如图7.5所示。

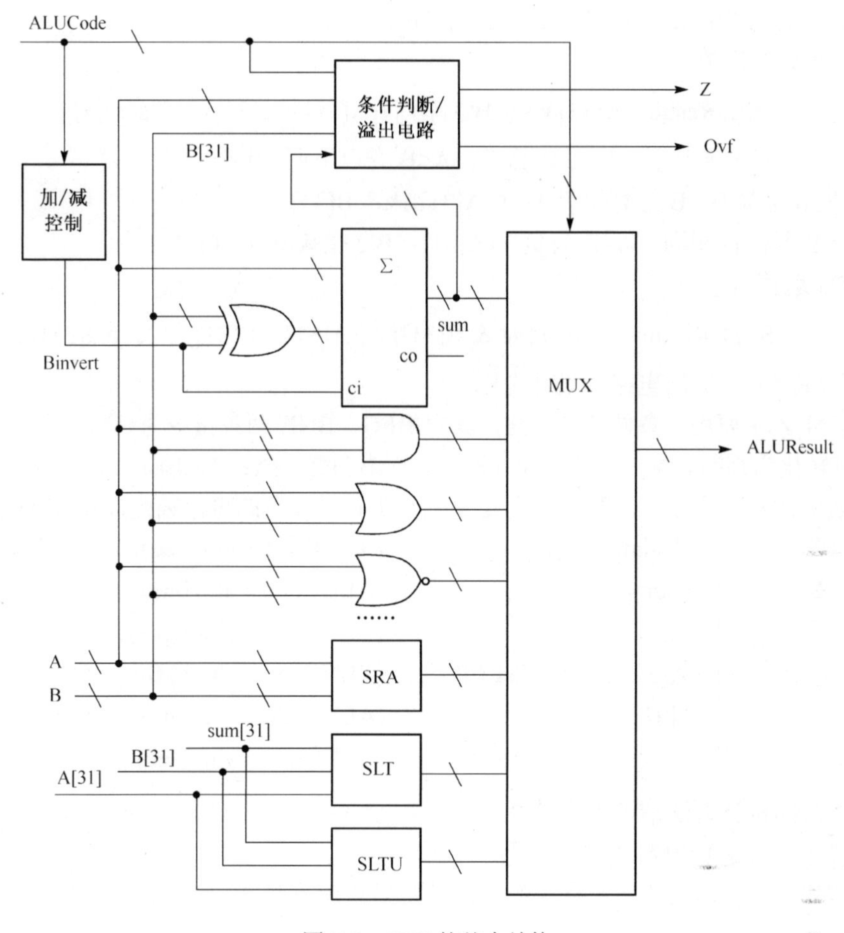

图 7.5　ALU 的基本结构

（1）加、减电路的设计考虑

减法、比较（SLT、SLTI）及部分分支指令（BEQ、BNE）均可用加法器和必要辅助电路来实现。图7.5中的 Binvert 信号控制加减运算：若 Binvert 信号为低电平，则实现加法运算：sum=A+B；若 Binvert 信号为高电平，则电路为减法运算 sum=A–B。除加法外，减法、比较和分支指令都应使电路工作在减法状态，所以

$$\text{Binvert} = \sim(\text{ALUCode}==\text{alu\_add}) \tag{7.5}$$

最后要强调的是，32 位加法器的运算速度决定了多周期 MIPS 微处理器的时钟信号频率的高低，因此设计一个高速的 32 位加法器尤为重要。32 位加法器可采用实验 7 介绍的进位选择加法器。

（2）比较电路的设计考虑

对于比较运算，如果最高位不同，即 A[31]≠B[31]，则可根据 A[31]、B[31]决定比较结果，但是应注意 SLT、SLTU 指令中的最高位 A[31]、B[31]代表意义不同。若两数 A、B 最高位相同，则 A–B 不会溢出，所以 SLT、SLT 运算结果可由两个操作数的之差的符号位 sum[31]决定。

在 SLT 运算中，A<B 有以下两种情况：

① A 为负数、B 为 0 或正数：A[31]&&(~B[31])

② A、B 符号相同，A–B 为负：(A[31]~^B[31]) && sum[31]

因此，SLT 运算结果为

$$\text{SLTResult}=(A[31]\&\&(\sim B[31]))\ \|\ ((A[31]\sim\wedge B[31])\ \&\&\ \text{sum}[31]) \tag{7.6}$$

同样地，无符号数比较 SLTU 运算中，A<B 有以下两种情况：

① A 最高位为 0、B 最高位为 1：(~A[31])&& B[31]

② A、B 最高位相同，A–B 为负：(A[31]~^B[31]) && sum[31]

因此，SLTU 运算结果为

$$\text{SLTUResult}=((\sim A[31]\ )\&\&\ B[31])\ \|\ ((A[31]\sim\wedge B[31])\ \&\&\ \text{sum}[31]) \tag{7.7}$$

（3）条件判断和溢出电路的设计考虑

标志信号 Z 主要用于条件分支电路，其中 BEQ、BNE 两条指令为判断两个操作数是否相等，所以可转化为判断（A–B）是否为 0 即可。而 BGEZ、BGTZ、BLEZ 和 BLTZ 指令为操作数 A 与常数 0 比较，所以只需要操作数 A 是不为正、零或负即可，因此，Z 的表达式为

$$Z=\begin{cases}\sim(|\ \text{sum}[31:0]) & (\text{ALUCode}=\text{alu\_beq})\\ |\ \text{sum}[31:0] & (\text{ALUCode}=\text{alu\_bne})\\ \sim A[31] & (\text{ALUCode}=\text{alu\_bgez})\\ \sim A[31]\ \&\&\ (|\ A[31:0]) & (\text{ALUCode}=\text{alu\_bgtz})\\ A[31] & (\text{ALUCode}=\text{alu\_bltz})\\ A[31]\ \|\sim(|\ A[31:0]) & (\text{ALUCode}=\text{alu\_blez})\end{cases} \tag{7.8}$$

溢出电路的设计方法请参考实验 7。

（4）算术右移运算电路的设计考虑

算术右移对有符号数而言，移出的高位补符号位而不是 0。每右移一位相当于除以 2。例如，有符号数负数 10100100（–76）算术右移两位结果为 11101001（–19），正数 01100111（103）算术右移一位结果为 00110011（51）。

Verilog HDL 的算术右移的运算符是“<<<”。要实现算术右移应注意，被移位的对象必须定义是 reg 类型，但是在 SRA 指令，被移位的对象操作数 B 为输入信号，不能定义为 reg 类型。因此，必须引入 reg 类型中间变量 B_reg，相应的 Verilog HDL 语句为

```
reg[31:0]  B_reg;
always @(B)
begin  B_reg=B;  end
```

引入 reg 类型的中间变量 B_reg 后，就可对 B_reg 进行算术右移操作。

（5）逻辑运算

与、或、或非、异或、逻辑移位等运算较为简单，只是有一点需注意，ANDI、XORI、ORI 三条指令的立即数为 16 位无符号数，应“0 扩展”至 32 位无符号数，运算时应作必要处理。例如，ANDI 指令的运算为 A & {16'b0, B[15:0] }。

2）寄存器堆（Registers）的设计

寄存器堆由 32 个 32 位寄存器组成，这些寄存器通过寄存器号进行读写存取。寄存器堆

的原理框图如图7.6所示。因为读取寄存器不会更改其内容，故只需提供寄存号即可读出该寄存器内容。读取端口采用数据选择器即可实现读取功能。应注意的是，“0”号寄存器为常数 0。

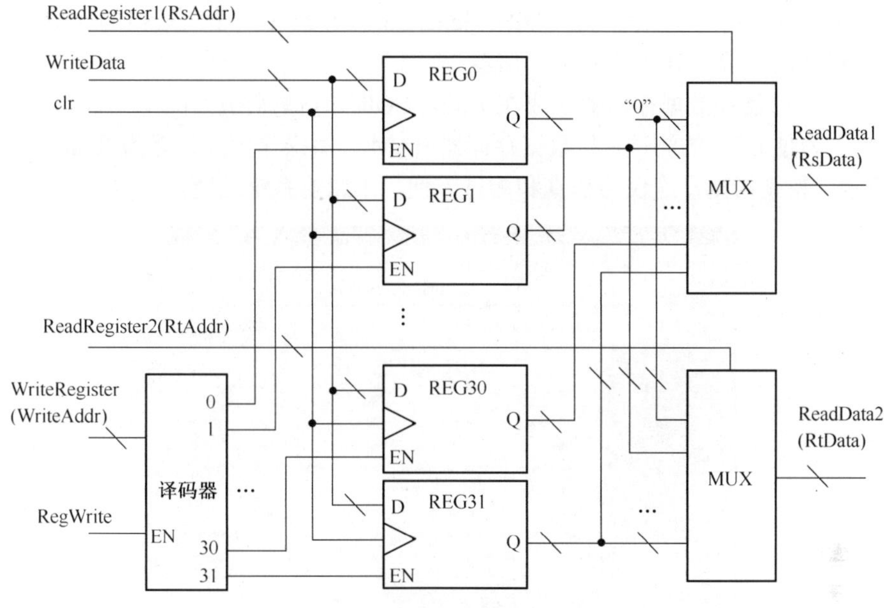

图 7.6 寄存器堆的原理框图

对于往寄存器里写数据，需要目标寄存器号（WriteRegister）、待写入数据（WriteData）、写允许信号（RegWrite）三个变量。图7.6中 5 位二进制译码器完成地址译码，其输出控制目标寄存器的写使能信号 EN，决定将数据 WriteData 写入哪个寄存器。

寄存器读取时是将寄存器 rs 和 rt 内容读出并写入寄存器 A 和 B 中。如果同一个周期内对同一个寄存器进行读写操作，那么会产生什么后果呢？即寄存器 A 或 B 中内容是旧值还是新写入的数据？请读者独立思考这个问题。

3. 存储单元（munit）的设计

存储单元模块的接口信息如表 7.11 所示。

表 7.11 munit 模块的输入/输出引脚说明

引脚名称	方 向	说 明
clk	Input	系统时钟
ALUOut[31:0]		来自执行模块，ALU 寄存器输出
WriteData[31:0]		来自执行模块，存储器的回写数据
PC[31:0]		指令指针
IorD		来自控制模块，决定 Register 回写时采用的地址（rt、rd）
MemRead		来自控制模块，存储器读信号，高电平有效
MemWrite		来自控制模块，存储器写信号，高电平有效
IRWrite		来自控制模块，指令写信号，高电平有效
Instruction[31:0]	Output	指令码
MemData[31:0]		数据存储器输出

存储器可用 Xilinx 的 IP 内核实现。由于 Virtex-II Pro 系列的 FPGA 芯片只能产生带寄存

器的内核 RAM，不符合图 7.2 所示的 Memory 要求，因此对 munit 进行以下三点处理。

（1）指令存储器和数据存储器分开。考虑到 FPGA 的资源，指令存储器和数据存储器容量各为 2^6×32 bit。因此，可用 Xilinx CORE Generator 实现产生一个双端口的 RAM，其中端口 A 用于指令存储器，端口 B 用于数据存储器。

（2）指令寄存器和数据存储器集成在 Xilinx CORE 存储器内核中。

（3）为了方便 CPU 的测试，将数据存储器 RAM 读写操作模式设置为 Read Before Write，如图7.7所示。特别指出，这仅为仿真和测试方便，不影响系统功能。

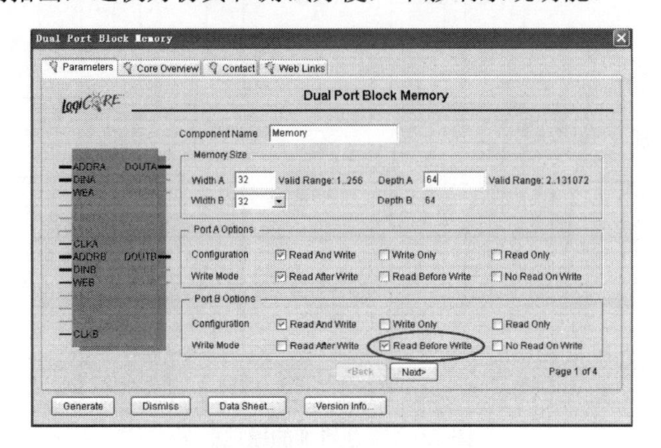

图 7.7　内核 RAM 生成器的参数设置

根据上述三点改进，存储单元（munit）的结构也需要进行相应变动，图7.8所示为存储单元的结构图。由于 MIPS 系统的 32 位字地址由 4 字节组成，“对齐限制”要求字地址必须是 4 的倍数，也就是说字地址的低两位必须是 0，所以字地址低两位可不接入电路。从图中可看出，由于地址的低两位未用，所以指令存储器字节地址为 0～ffh，数据存储器的字节地址为 100h～1ffh。

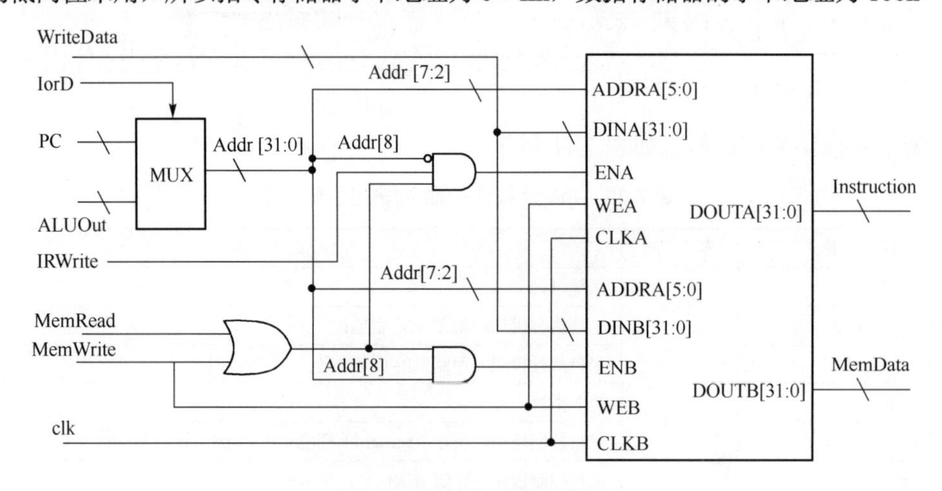

图 7.8　存储单元的结构图

另外，在生成双端口 RAM 时需将测试的机器码写入。提供一段简单测试程序的机器码，机器码存于 DEMO.coe 文件中，对应的测试程序为

```
addi  $t0, $0, 42
```

```
            j     later
earlier:    addi  $t1, $0, 4
            sub   $t2, $t0, $t1
            or    $t3, $t2, $t0
            sw    $t3, 10C($0)
            lw    $t4, 108($t1)
done:       j     done
later:      beq   $0, $0, earlier
```

4. 指令单元（iunit）的设计

指令单元模块的接口信息如表7.12所示。由于各功能模块均为数字电路的基本单元电路，所以这里不再介绍设计方法。

表 7.12　iunit 模块的输入/输出引脚说明

引脚名称	方向	说明
clk	Input	系统时钟
reset		复位信号，高电平有效
ALUResult[31:0]		ALU 运算结果
Instruction[31:0]		指令码
ALUOut[31:0]		ALU 寄存器输出
PCEnable		PC 寄存器写信号，高电平有效
PCSource[1:0]		来自控制模块，下一个 PC 值来源
PC[31:0]	Output	指令指针

5. 顶层文件的设计

按照图7.2所示的原理框图连接各模块即可。为了测试方便，需要将关键信号输出。关键信号有：指令指针 PC、指令码 Instruction、Outputs Control 的状态 state、ALU 输入输出（ALU_A、ALU_B、ALUResult、Z）和数据存储器的输出 MemData。

五、提供的文件

本实验工作量较大，为了减轻实验工作量，本书所附光盘为读者提供了 MIPS 微处理器的基本架构。文件夹 MipsCpu 中工程 MipsCpu.ise 采用图7.2所示 MipsCpu 架构，其文件结构如图7.9所示。但是除了 top 文件 mips_cpu.v 外，其他文件里只有端口说明和参数定义等，代码的关键部分还需读者认真设计。另外，在此文件夹中，还提供了 CPU 的测试文件。

若将工程 MipsCpu.ise 下载至 XUP Virtex-II Pro 开发系统，将无法直接观察到任何结果。因此，本书还提供 MIPS 微处理器的另外一个架构，存放在文件夹 MipsCpu_VGA 中。在该架构中，用 SVGA 显示微处理器内部的重要变量，该架构的文件结构如图7.10所示，工程文件名为 MipsCpu_VGA.ise，模块 CLKgen、svga_ctrl 和 disp_ctrl 代码是完整的，读者只需加入编写好的 cunit、iunit、eunit 和 munit 四个模块及它们的子模块即可。

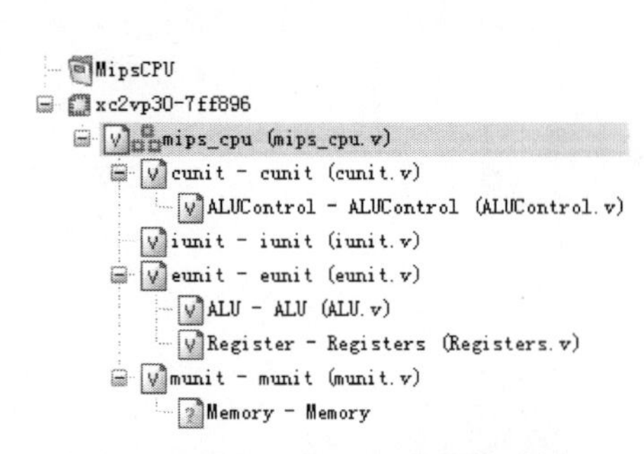

图 7.9　工程 MipsCpu.ise 的文件结构

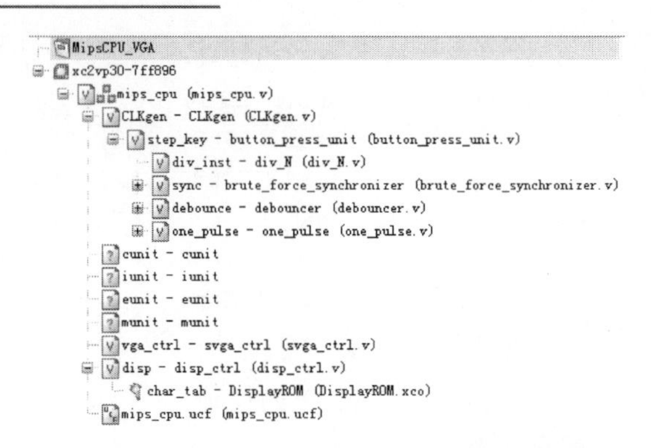

图 7.10　工程 MipsCpu_VGA.ise 的文件结构

图7.10中的模块 CLKgen 为 MIPS 微处理器提供的 25MHz 或单步时钟。CLKgen 模块的引脚图如图7.11所示，输入时钟 clk_in 接 100MHz 时钟，输入 step 接 XUP Virtex-II Pro 开发系统的 Up 按键。输出 vga_clk 为 50MHz 的 SVGA 像素时钟，输出 mipsclk 为 25MHz 的 MIPS 微处理器的工作时钟。另外，按一下 Up 可产生一个脉冲信号 step_pulse，使 CPU 工作在“单步”方式。本实验设置一个输入信号 run_mode 用来控制 CPU 的连续或单步工作方式。

本实验将程序指针的低 8 位 PC[7:0]、指令机器码 Instruction、状态 state、ALU 操作数 A 及 B、ALU 结果 ALUResult 以及 Z 和数据存储输出 MemData 送入 SVGA 显示，显示格式如图7.12所示。

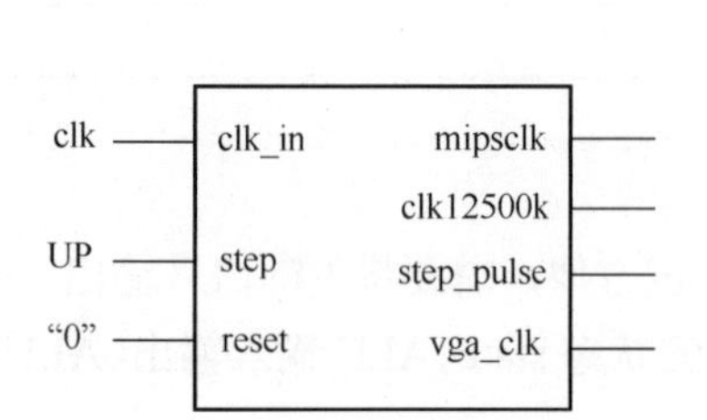

图 7.11　模块 CLKgen 引脚图

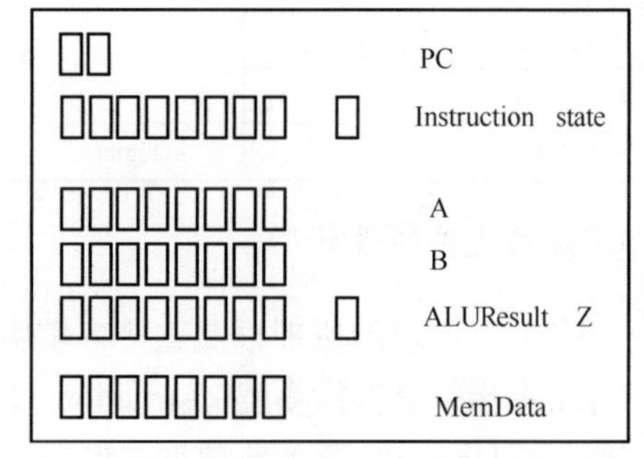

图 7.12　SVGA 显示格式

图 7.10 中的 mips_cpu.ucf 为时序约束、引脚约束文件，表 7.13 所示为与实验演示操作有关的按键，便于读者操作。

表 7.13　工程 MipsCpu_VGA 的输入引脚

引 脚 名 称	对应实验板按键或开关	引 脚 说 明
reset_n	Enter 按键	CPU 复位信号
reset_n_vga	Down 按键	VGA 复位信号
step	Up 按键	单次脉冲产生按键
run_mode	SW0	低电平时，“单步”工作方式 高电平时，CPU 工作在 25MHz 时钟下

六、实验设备

（1）装有 ISE、ModelSim SE 和 ChipScope Pro 软件的计算机。

（2）XUP Virtex-II Pro 开发系统一套。

（3）SVGA 显示器一台。

七、预习内容

（1）查阅 MIPS32 指令系统，充分理解 MIPS 指令格式，理解指令机器代码的含义。

（2）复习 MIPS 微处理器的工作原理和实现方案。

（3）查阅相关书籍，了解 CPU 的性能及其测试方法。

（4）查阅相关书籍，理解控制器的微程序设计方法。

八、实验内容

（1）将光盘中的 MipsCpu 文件夹复制到硬盘中，打开 MipsCpu.ise 工程文件。完成 cunit、eunit、munit 和 iunit 模块的 Verilog HDL 代码编写。

（2）编写 cunit、eunit、munit 和 iunit 模块及其子模块的测试代码，并用 ModelSim 进行功能仿真。

（3）对 MIPS 微处理器进行功能仿真，根据表 7.14 验证仿真结果。表格中显示的数据均为十六进制，表格中空白处表示此处值无意义。

（4）对工程进行综合、约束、实现，并生成 Modelsim 时序仿真所需的相关文件。

（5）对 MIPS 微处理器进行时序仿真。

（6）将光盘中的 MipsCpu_VGA 文件夹复制到硬盘中，打开 MipsCpu_VGA.ise 工程文件，加入上面编写好的 cunit、eunit、munit 和 iunit 模块及其子模块。对工程 MipsCpu_VGA 进行综合、约束、实现，下载工程文件到 XUP Virtex-II Pro 开发实验板中。

（7）接入 SVGA 显示器，将 SW0 置于 ON 位，使 MIPS CPU 工作在“单步”运行模式。复位后，每按一下 Up 按键，MIPS CPU 运行一步，记录下显示器上的结果，对照表 7.20 验证设计是否正确。

再次复位后，将 SW0 置于 OFF 位，使 MIPS CPU 工作在“连续”运行模式，测试 MIPS CPU 能否在 25MHz 时钟下正常工作。

注意：一般设计都采用同步复位，因此在“单步”运行模式时，如需要复位 CPU，应先按住“复位”按键（Enter 按键），再按 Up 按键才能复位。

表 7.14　测试程序的运行结果

reset	clk	PC	Instruction	state	ALU_A	ALU_B	ALUResult	Z	MemData
1	1	0	20080042	0	0	4	4		
0	2	0		0	0	4	4		
	3	4	20080042 (addi)	1	4	108	10c		
	4	4		a	0	42	42		
	5	4		b					
	6	4		0	4	4	8		
	7	8	08000008 (j)	1	8	20	28		
	8	8		c					
	9	20		0	20	4	24		
	10	24	1000fff9 (beq)	1	24	ffffffe4	8		
	11	24		d	0	0		1	
	12	8		0	8	4	c		
	13	c	20090004 (addi)	1	c	10	1c		
	14	c		a	0	4	4		

续表

reset	clk	PC	Instruction	state	ALU_A	ALU_B	ALUResult	Z	MemData
	15	c	2009 0004 (addi)	b					
	16	c		0	c	4	10		
	17	10	01095022 (sub)	1	10	14088	14088		
	18	10		6	42	4	3e		
	19	10		9					
	20	10		0	10	4	14		
	21	14	01485825 (or)	1	14	16094	160a8		
	22	14		6	3e	42	7e		
	23	14		9					
	24	14		0	14	4	18		
	25	18	Ac0b010c (sw)	1	18	430	448		
0	26	18		2	0	10c	10c		
	27	18		5					
	28	18		0	18	4	1c		
	29	1c	8d2c0108 (lw)	1	1c	420	43c		
	30	1c		2	4	108	10c		
	31	1c		3					
	32	1c		4					0000007e
	33	1c		0	1c	4	20		
	34	20	08000007 (j)	1	20	1c	3c		
	35	20		c					
	36	1c		0	1c	4	20		
	37	20		1	20	1c	3c		

（8）DEMO 测试程序只测试了 7 条指令，编写测试其他指令的测试程序并编译为机器码，修改内核 Memory。重复实验内容（3）～（8），测试其他指令的运行，全面验证设计结果。

九、实验报告要求

（1）写出设计原理、列出 Verilog HDL 代码并对设计作适当说明。

（2）记录 ModelSim 仿真波形，并对仿真波形作适当解释，分析是否符合预期功能。

（3）记录实验结果，分析设计是否正确。

（4）记录实验中碰到的问题和解决方法。

十、思考题

（1）表 7.6 中的 Microcode ROM 的地址 14、15 应写入什么内容？并说明原因。

（2）设计寄存器堆时，如果同一个周期内对同一个寄存器进行读、写操作时，且要求读出的值为新写入的数据，那么对图7.6所示的寄存器堆的原理框图应进行怎样改进？

（3）ALU 中如要求有算术运算溢出标志 ovf，应怎样设计？

（4）如果考虑未定义指令和算术溢出两种异常情况，那么电路结构、状态机等应作如何改进？

实验 28　流水线 MIPS 微处理器设计

一、实验目的

（1）了解提高 CPU 性能的方法。

（2）掌握流水线 MIPS 微处理器的工作原理。

（3）理解数据冒险、控制冒险的概念以及流水线冲突的解决方法。

（4）掌握流水线 MIPS 微处理器的测试方法。

二、实验任务

设计一个 32 位流水线 MIPS 微处理器，具体要求如下所述。

（1）至少运行下列 MIPS32 指令。

① 算术运算指令：ADD、ADDU、SUB、SUBU、ADDI、ADDIU。

② 逻辑运算指令：AND、OR、NOR、XOR、ANDI、ORI、XORI、SLT、SLTU、SLTI、SLTIU。

③ 移位指令：SLL、SLLV、SRL、SRLV、SRA。

④ 条件分支指令：BEQ、BNE、BGEZ、BGTZ、BLEZ、BLTZ。

⑤ 无条件跳转指令：J、JR。

⑥ 数据传送指令：LW、SW。

⑦ 空指令：NOP。

（2）采用 5 级流水线技术，对数据冒险实现转发或阻塞功能。

（3）在 XUP Virtex-II Pro 开发系统中实现 MIPS 微处理器，要求 CPU 的运行速度大于 25MHz。

三、实验原理

1. 总体设计

流水线是数字系统中一种提高系统稳定性和工作速度的方法，广泛应用于高档 CPU 的架构中。根据 MIPS 处理器指令的特点，将整体的处理过程分为取指令（IF）、指令译码（ID）、执行（EX）、存储器访问（MEM）和寄存器回写（WB）五级，对应多周期 CPU 的五个处理阶段。如图 7.13 所示，一个指令的执行需要 5 个时钟周期，每个时钟周期的上升沿来临时，此指令所代表的一系列数据和控制信息将转移到下一级处理。

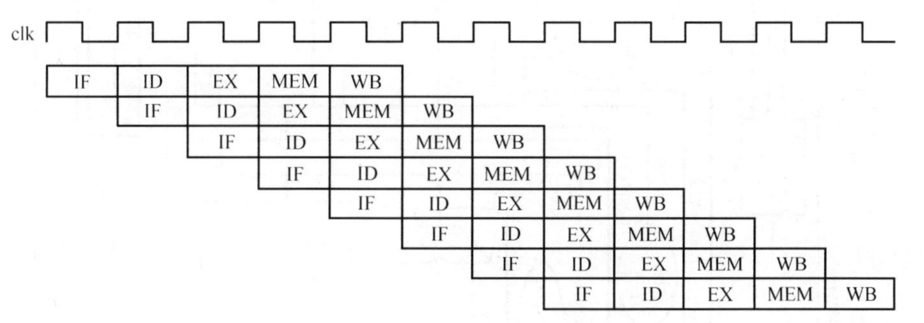

图 7.13　流水线流水作业示意图

图7.14所示为符合设计要求的流水线 MIPS 微处理器的原理框图，采用五级流水线。由于在流水线中，数据和控制信息将在时钟周期的上升沿转移到下一级，所以规定流水线转移的变量命名遵守如下格式：

名称_流水线级名称

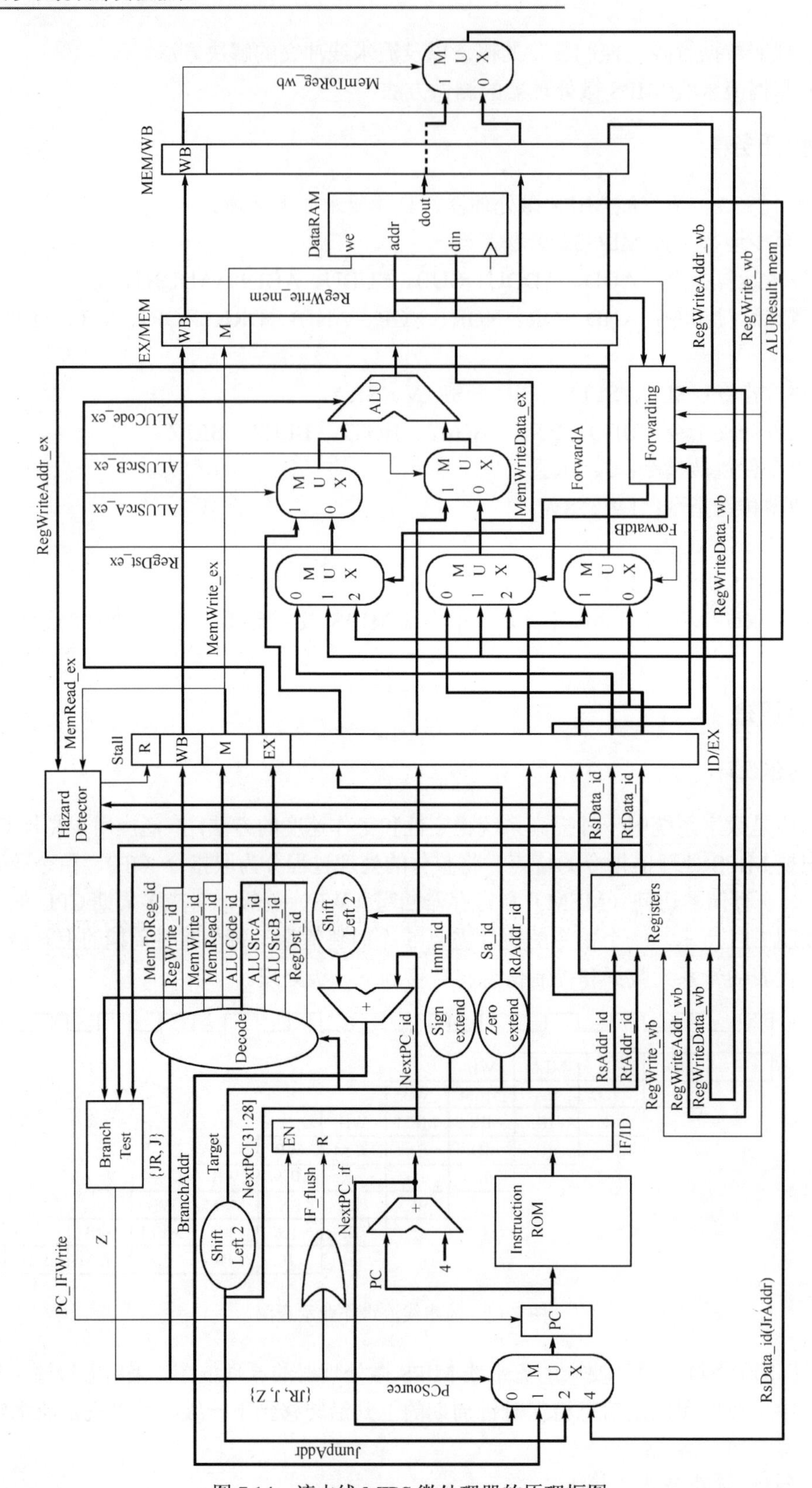

图 7.14　流水线 MIPS 微处理器的原理框图

例如，在ID级指令译码电路（Decode）产生的寄存器写允许信号RegWrite在ID级、EX级、MEM级和WB级上的命名分别为RegWrite_id、RegWrite_ex、RegWrite_mem和RegWrite_wb。在顶层文件中，类似的变量名称有近百个，这样的命名方式起到了很好的识别作用。

1）流水线中的控制信号

（1）IF级：取指令级。从ROM中读取指令，并在下一个时钟沿到来时把指令送到ID级的指令缓冲器中。该级控制信号决定下一个指令指针的PCSource信号、阻塞流水线的PC_IFwrite信号、清空流水线的IF_flush信号。

（2）ID级：指令译码级。对IF级来的指令进行译码，并产生相应的控制信号。整个CPU的控制信号基本都是在这级上产生。该级自身不需任何控制信号。

流水线冒险检测也在该级进行，冒险检测电路需要上一条指令的MemRead，即在检测到冒险条件成立时，冒险检测电路产生stall信号清空ID/EX寄存器，插入一个流水线气泡。

（3）EX级：执行级。此级进行算术或逻辑操作。此外LW、SW指令所用的RAM访问地址也是在本级上实现。控制信号有ALUCode、ALUSrcA 、ALUSrcA和RegDst，根据这些信号确定ALU操作、选择两个ALU操作数A、B，并确定目标寄存器。

另外，数据转发也在该级完成。数据转发控制电路产生ForwardA和ForwardB两组控制信号。

（4）MEM级：存储器访问级。只有在执行LW、SW指令时才对存储器进行读写，对其他指令只起到缓冲一个周期的作用。该级只需存储器写操作允许信号MemWrite。

（5）WB级：回写级。此级把指令执行的结果回写到寄存器文件中。该级设置信号MemToReg和寄存器写操作允许信号RegWrite，其中MemToReg决定写入寄存器的数据来自于MEM级上的缓冲值或来自于MEM级上的存储器。

2）数据相关与数据转发

如果上一条指令的结果还没有写入到寄存器中，而下一条指令的源操作数又恰恰是此寄存器的数据，那么，它所获得的将是原来的数据，而不是更新后的数据。这样的相关问题称为数据相关。如图7.15所示的五级流水结构，当前指令与前三条指令都构成数据相关问题。在设计中，采用数据转发和插入流水线气泡的方法解决此类相关问题。

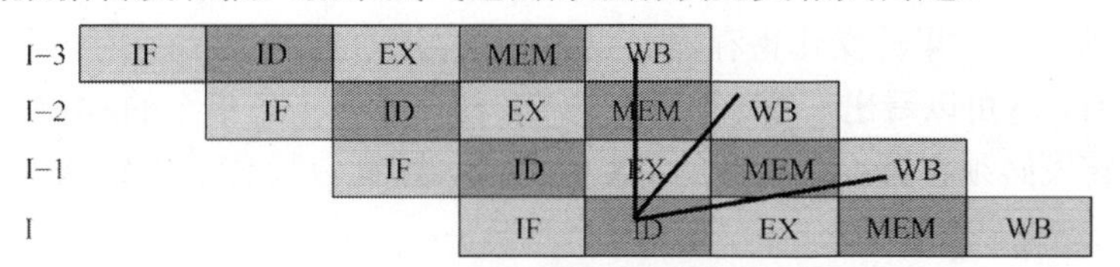

图7.15 数据相关性问题示意图

（1）三阶数据相关

图7.16所示为第I条指令与第I–3条指令的数据相关问题，即在同一个周期内同时读写同一个寄存器，将导致三阶数据有关。导致操作数A的三阶数据相关必须满足下列条件：

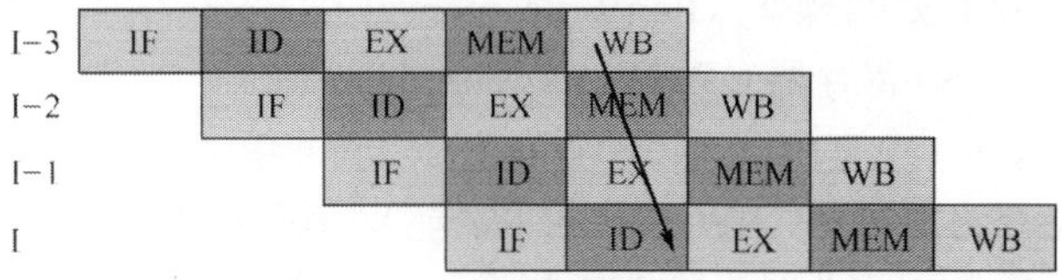

图7.16 三阶前推网络示意图

① 寄存器必须是写操作（RegWrite_wb =1）；

② 目标寄存器不是$0 寄存器（RegWriteAddr_wb ≠ 0）；

③ 读写同一个寄存器（RegWriteAddr_wb =RsAddr_id）。

同样，导致操作数 B 的三阶数据相关必须满足下列条件：

① 寄存器必须是写操作（RegWrite_wb =1）；

② 目标寄存器不是$0 寄存器（RegWriteAddr_wb ≠ 0）；

③ 读写同一个寄存器（RegWriteAddr_wb =RtAddr_id）。

该类数据相关问题可以通过改进设计寄存器堆的硬件电路来解决，要求寄存器堆具有 Read After Write 特性，即同一个周期内对同一个寄存器进行读、写操作时，要求读出的值为新写入的数据。具体设计方法将在后面介绍。

（2）二阶数据相关与转发（Mem 冒险）

如图7.15所示，如果第 I 条指令的源操作寄存器与第 I–2 条指令的目标寄存器相重，将导致二阶数据相关。导致操作数 A 的二阶数据相关必须满足下列条件：

① WB 级阶段必须是写操作（RegWrite_wb=1）；

② 目标寄存器不是$0 寄存器（RegWriteAddr_wb ≠ 0）；

③ 一阶数据相关条件不成立（RegWriteAddr_mem ≠ RsAddr_ex）；

④ 同一周期读写同一个寄存器（RegWriteAddr_wb=RsAddr_mem）。

导致操作数 B 的二阶数据相关必须满足下列条件：

① WB 级阶段必须是写操作（RegWrite_wb=1）；

② 目标寄存器不是$0 寄存器（RegWriteAddr_wb ≠ 0）；

③ 一阶数据相关条件不成立（RegWriteAddr_mem ≠ RtAddr_ex）；

④ 同一周期读写同一个寄存器（RegWriteAddr_wb=RtAddr_mem）。

当发生二阶数据相关问题时，解决方法是将第 I–2 条指令的回写数据 RegWriteData 转发至第 I 条指令的 EX 级，如图7.17所示。

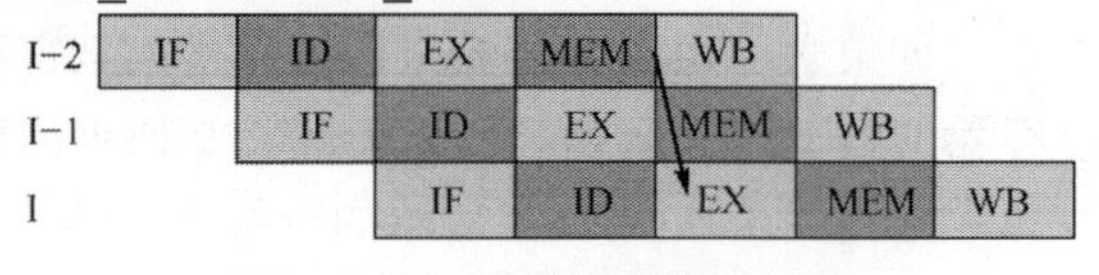

图 7.17 二阶前推网络示意图

（3）一阶数据相关与转发（EX 冒险）

如图 7.15 所示，如果源操作寄存器与第 I–1 条指令的目标操作寄存器相重，将导致一阶数据相关。从图7.15可以看出，第 I 条指令的 EX 级与第 I–1 条指令的 MEM 级处于同一时钟周期，且数据转发必须在第 I 条指令的 EX 级完成。因此，导致操作数 A 的一阶数据相关判断的条件为：

① MEM 级阶段必须是写操作（RegWrite_mem=1）；

② 目标寄存器不是$0 寄存器（RegWriteAddr_mem ≠ 0）；

③ 两条指令读写同一个寄存器（RegWriteAddr_mem=RsAddr_ex）。

导致操作数 B 的一阶数据相关成立的条件为：

① MEM 级阶段必须是写操作（RegWrite_mem=1）；

② 目标寄存器不是$0 寄存器（RegWriteAddr_mem ≠ 0）；

③ 两条指令读写同一个寄存器（RegWriteAddr_mem=RtAddr_ex）。

除了第 I–1 条指令为 LW 外（SW 没有回写功能），其他指令回写寄存器的数据均为 ALU 输出，因此当发生一阶数据相关时，除 LW 指令外，一阶数据相关的解决方法是将第 I–1 条指令的 MEM 级的 ALUResult_mem 转发至第 I 条 EX 级，如图7.18所示。LW 指令发生一阶数据相关的处理方法在下面介绍。

3）数据冒险与数据转发

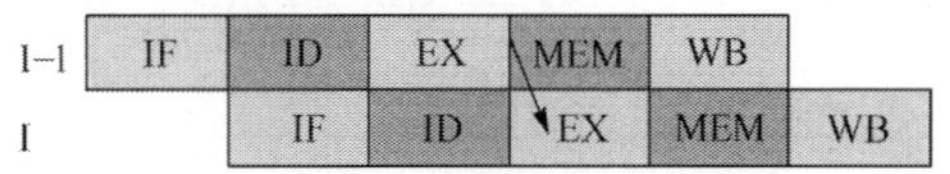

图 7.18 一阶前推网络示意图

如前分析可知，当第 I 条指令读取一个寄存器，而第 I–1 条指令为 LW，且与 LW 写入为同一个寄存器时，定向转发是无法解决问题的。因此，当 LW 指令后跟一条需要读取它结果的指令时，必须采用相应的机制来阻塞流水线，即还需要增加一个冒险检测单元（Hazard Detector）。它工作在 ID 级，当检测到上述情况时，在 LW 指令和后一条指令插入阻塞，使后一条指令延时一个周期执行，这样就可将一阶数据问题变成二阶数据问题，就可用转发解决。

冒险检测工作在 ID 级，前一条指令已处在 EX 级，冒险成立的条件为：

① 上一条指令必须是 LW 指令（MemRead_ex=1）；

② 两条指令读写同一个寄存器（RegWriteAddr_ex==RsAddr_id 或 RegWriteAddr_ex==RtAddr_id）。

当上述条件满足时，指令将被阻塞一个周期，Hazard Detector 电路输出的 stall 信号清空 ID/EX 寄存器，另外一个输出信号 PC_IFWrite 阻塞流水线 ID 级、IF 级，即插入一个流水线气泡。

2. 流水线 MIPS 微处理器的设计

根据流水线不同阶段，将系统划分为 IF、ID、EX 和 MEM 四大模块，WB 部分功能电路非常简单，可直接在顶层文件中设计。另外，系统还包含 IF/ID、ID/EX、EX/MEM、MEM/WB 四个流水线寄存器。

1）指令译码模块（ID）的设计

指令译码模块的主要作用是从机器码中解析出指令，并根据解析结果输出各种控制信号。ID 模块主要由指令译码（Decode）、寄存器堆（Registers）、冒险检测、分支检测和加法器等组成。ID 模块的接口信息如表 7.15 所示。

表 7.15 ID 模块的输入/输出引脚说明

引脚名称	方向	说明
clk	Input	系统时钟
Instruction_id[31:0]		指令机器码
NextPC_id[31:0]		指令指针
RegWrite_wb		寄存器写允许信号，高电平有效
RegWriteAddr_wb[4:0]		寄存器的写地址
RegWriteData_wb[31:0]		写入寄存器的数据
MemRead_ex		冒险检测的输入
RegWriteAddr_ex[4:0]		
MemToReg_id	Output	决定回写的数据来源（0:ALU；1:存储器）
RegWrite_id		寄存器写允许信号，高电平有效
MemWrite_id		存储器写允许信号，高电平有效
MemRead_id		存储器读允许信号，高电平有效
ALUCode_id[4:0]		决定 ALU 采用何种运算
ALUSrcA_id		决定 ALU 的 A 操作数的来源（0:rs；1:sa）
ALUSrcB_id		决定 ALU 的 B 操作数的来源(0:rt；1:imm)

续表

引脚名称	方向	说明
RegDst_id	Output	决定 Register 回写时采用的地址（rt/rd）
stall		ID/EX 寄存器清空信号，高电平插入一个流水线气泡
Z		分支指令的条件判断结果
J		跳转指令
JR		寄存器跳转指令
PC_IFWrite		阻塞流水线的信号，低电平有效
BranchAddr[31:0]		条件分支地址
JumpAddr[31:0]		跳转地址
Imm_id[31:0]		符号扩展成 32 位的立即数
Sa_id[31:0]		0 扩展成 32 位的移位立即数
RsData_id[31:0]		Rs 寄存器数据
RtData_id[31:0]		Rt 寄存器数据

（1）指令译码（Decode）子模块的设计

Decode 控制器的主要作用是根据指令确定各个控制信号的值，是一个组合电路。与多周期 MIPS CPU 一样，将指令分为 R_type1、R_type2、JR、J_type、Branch、I_type、LW、SW 八类。

① 只有 LW 指令读取存储器且回写数据取自存储器，所以有

$$\text{MemToReg\_id}=\text{LW} \tag{7.9}$$

$$\text{MemRead\_id}=\text{LW} \tag{7.10}$$

② 只有 SW 指令会对存储器写数据，所以有

$$\text{MemWrite\_id}=\text{SW} \tag{7.11}$$

③ 需要进行回写的指令类型有 LW、R_type1、R_type2 和 I_type。其中，R_type1 和 R_type2 回写寄存器地址为 RdAddr，LW 与 I_type 回写寄存器的地址为 RtAddr，所以有

$$\text{RegWrite\_id}=\text{LW} \parallel \text{R\_type1} \parallel \text{R\_type2} \parallel \text{I\_type} \tag{7.12}$$

$$\text{RegDst\_id}=\text{R\_type1} \parallel \text{R\_type2} \tag{7.13}$$

④ R_type2 类型的操作数 A 采用立即数 sa 字段；R_type1、JR、I_type 和 LW、SW 指令的操作数 A 采用 RsData；在流水线 CPU 中 Branch 类型指令没有使用 ALU，所以有

$$\text{ALUSrcA\_id}=\text{R\_type2} \tag{7.14}$$

⑤ I_type、LW 和 SW 类型操作数 B 采用立即数 Imm_id，其他类型采用 RtData 或没有使用 ALU，所以有

$$\text{ALUSrcB\_id}=\text{I\_type} \parallel \text{LW} \parallel \text{SW} \tag{7.15}$$

⑥ ALUCode 信号的功能表如表 7.16 所示。

表 7.16 ALUCode 的功能表

op	funct	rt	运算	ALUCode
BEQ_op	××××××	×××××	Z=(A==B)	5'd 10
BNE_op	××××××	×××××	Z=~(A==B)	5'd 11
BGEZ_op	××××××	5'd1	Z=(A≥0)	5'd 12

续表

op	funct	rt	运　算	ALUCode
BGTZ_op	××××××	5'd0	Z=(A＞0)	5'd 13
BLEZ_op	××××××	5'd0	Z=(A≤0)	5'd 14
BLTZ_op	××××××	5'd0	Z=(A＜0)	5'd 15
R_type_op	ADD_funct	×××××	加	5'd 0
	ADDU_funct	×××××		
	AND_funct	×××××	与	5'd 1
	XOR_funct	×××××	异或	5'd 2
	OR_funct	×××××	或	5'd 3
	NOR_funct	×××××	或非	5'd 4
	SUB_funct	×××××	减	5'd 5
	SUBU_funct	×××××		
	SLT_OP_funct	×××××	A<B?1:0	5'd 19
	SLTU_OP_funct	×××××	A<B?1:0（无符号数）	5'd 20
	SLL_funct	×××××	B << A	5'd 16
	SLLV_funct	×××××		
	SRL_funct	×××××	B >> A	5'd 17
	SRLV_funct	×××××		
	SRA_funct	×××××	B >>>A	5'd 18
	SRAV_funct	×××××		
ADDI_op	××××××	×××××	加	5'd 0
ADDIU_op	××××××	×××××		
ANDI_op	××××××	×××××	与	5'd 6
XORI_op	××××××	×××××	异或	5'd 7
ORI_op	××××××	×××××	或	5'd 8
SLTI_op	××××××	×××××	A<B?1:0	5'd 19
SLTIU_op	××××××	×××××	A<B?1:0（无符号数）	5'd 20
SW_op	××××××	×××××	加（计算地址）	5'd 0
LW_op	××××××	×××××		

（2）分支检测（Branch Test）电路的设计

分支检测电路主要用于判断分支条件是否成立。其中，BEQ、BNE为两个操作数RsData与RtData比较，而BGEZ、BGTZ、BLEZ和BLTZ指令则为RsData与常数0比较。因此，输出信号Z的表达式为

$$Z=\begin{cases}\&(\mathrm{RsData}[31:0]\sim\wedge\mathrm{RtData}[31:0]) & (\mathrm{ALUCode}=\mathrm{alu\_beq})\\ |(\mathrm{RsData}[31:0]\wedge\mathrm{RtData}[31:0]) & (\mathrm{ALUCode}=\mathrm{alu\_bne})\\ \sim\mathrm{RsData}[31] & (\mathrm{ALUCode}=\mathrm{alu\_bgez})\\ \sim\mathrm{RsData}[31]\ \&\&\ (|\mathrm{RsData}[31:0]) & (\mathrm{ALUCode}=\mathrm{alu\_bgtz})\\ \mathrm{RsData}[31] & (\mathrm{ALUCode}=\mathrm{alu\_bltz})\\ \mathrm{RsData}[31]\ \|\ \sim(|\mathrm{RsData}[31:0]) & (\mathrm{ALUCode}=\mathrm{alu\_blez})\\ 0 & (\mathrm{ALUCode}=\text{其他})\end{cases}\tag{7.16}$$

（3）寄存器堆（Regisers）子模块的设计

在流水线型CPU设计中，寄存器堆设计还应解决三阶数据相关的数据转发问题。当满足三阶数据相关条件时，寄存器具有Read After Write特性。

设计时，只需要在实验27设计的多周期CPU的寄存器堆中添加少量电路就可实现Read After Write特性，如图7.19所示。图中的MultiRegisters模块就是实验27设计的多周期CPU的寄存器堆。图中转发检测电路的输出表达式为

$$RsSel= RegWrite\_wb \&\& (\sim(RegWriteAddr\_wb==0)) \&\& (RegWriteAddr\_wb==RsAddr\_id) \tag{7.17}$$

$$RtSel= RegWrite\_wb \&\& (\sim(RegWriteAddr\_wb==0)) \&\& (RegWriteAddr\_wb==RtAddr\_id) \tag{7.18}$$

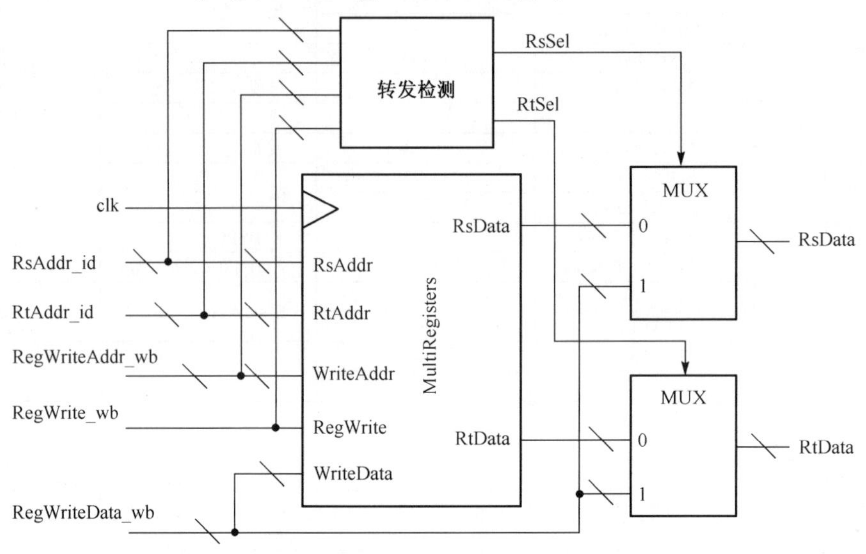

图 7.19 具有 Read After Write 特性寄存器堆的原理框图

（4）冒险检测功能电路（Hazard Detector）的设计

由前面分析可知，冒险成立的条件为：

① 上一条指令必须是 LW 指令（MemRead_ex=1）；

② 两条指令读写同一个寄存器（RegWriteAddr_ex==RsAddr_id 或 RegWriteAddr_ex= = RtAddr_id）。

当冒险成立应清空 ID/EX 寄存器并且阻塞流水线 ID 级、IF 级流水线，所以有

$$stall=((RegWriteAddr\_ex= =RsAddr\_id)\|(RegWriteAddr\_ex= =RtAddr\_id))\&\&MemRead\_ex \tag{7.19}$$

$$PC\_IFWrite= \sim stall \tag{7.20}$$

2）执行模块（EX）的设计

执行模块主要由 ALU 子模块、数据前推电路（Forwarding）及若干数据选择器组成。执行模块的接口信息如表 7.17 所示。

表 7.17 EX 模块的输入/输出引脚说明

引脚名称	方向	说明
RegDst_ex	Input	决定 Register 回写时采用的地址（rt/rd）
ALUCode[4:0]		决定 ALU 采用何种运算
ALUSrcA_ex		决定 ALU 的 A 操作数的来源（rs、ra）
ALUSrcB_ex		决定 ALU 的 B 操作数的来源(rt、imm)
Imm_ex[31:0]		立即数
Sa_ex[31:0]		移位位数（立即数）
RsAddr_ex[4:0]		Rs 寄存器地址，即 Instruction_id[25:21]
RtAddr_ex[4:0]		Rt 寄存器地址，即 Instruction_id[20:16]

续表

<table>
<tr><th>引脚名称</th><th>方向</th><th>说明</th></tr>
<tr><td>RdAddr_ex[4:0]</td><td rowspan="9">Input</td><td>Rd 寄存器地址，即 Instruction_id[15:11]</td></tr>
<tr><td>RsData_ex[31:0]</td><td>Rs 寄存器数据</td></tr>
<tr><td>RtData_ex[31:0]</td><td>Rt 寄存器数据</td></tr>
<tr><td>RegWriteData_wb[31:0]</td><td>写入寄存器的数据</td></tr>
<tr><td>ALUResult_mem[31:0]</td><td>ALU 输出数据</td></tr>
<tr><td>RegWriteAddr_mem[4:0]</td><td rowspan="2">寄存器的写地址</td></tr>
<tr><td>RegWriteAddr_wb[4:0]</td></tr>
<tr><td>RegWrite_mem</td><td rowspan="2">寄存器写允许信号</td></tr>
<tr><td>RegWrite_wb</td></tr>
<tr><td>RegWriteAddr_ex[4:0]</td><td rowspan="5">Output</td><td>寄存器的写地址</td></tr>
<tr><td>ALUResult_ex[31:0]</td><td>ALU 运算结果</td></tr>
<tr><td>MemWriteData_ex[31:0]</td><td>存储器的回写数据</td></tr>
<tr><td>ALU_A [31:0]</td><td rowspan="2">ALU 操作数，测试时使用</td></tr>
<tr><td>ALU_B [31:0]</td></tr>
</table>

（1）ALU 子模块的设计

ALU 子模块的设计与多周期 MIPS 微处理器基本一致。由于在流水线 CPU 设计中将分支测试放在 ID 级，因此在这里的 ALU 设计中，不必考虑分支比较判断电路，ALU 具体设计方法可参考实验 27。

（2）数据前推电路的设计

操作数 A 和 B 分别由数据选择器决定，数据选择器地址信号 ForwardA、ForwardB 的含义如表 7.18 所示。

表 7.18 前推电路输出信号的含义

地址	操作数来源	说明
ForwardA= 00	RsData_ex	操作数 A 来自寄存器堆
ForwardA= 01	RegWriteData_wb	操作数 A 来自二阶数据相关的转发数据
ForwardA= 10	ALUResult_mem	操作数 A 来自一阶数据相关的转发数据
ForwardB= 00	RtData_ex	操作数 B 来自寄存器堆
ForwardB= 01	RegWriteData_wb	操作数 B 来自二阶数据相关的转发数据
ForwardB= 10	ALUResult_mem	操作数 B 来自一阶数据相关的转发数据

由前面介绍的一、二阶数据相关判断条件，不难得到

$$\begin{cases} \text{ForwardA[0]} = \text{RegWrite\_wb} \ \&\& \ (\text{RegWriteAddr\_wb} != 0)\&\& \\ \qquad (\text{RegWriteAddr\_mem} != \text{RsAddr\_ex})\&\& \\ \qquad (\text{RegWriteAddr\_wb} == \text{RsAddr\_ex}) \\ \text{ForwardA[1]} = \text{RegWrite\_mem} \ \&\& \ (\text{RegWriteAddr\_mem} != 0)\&\& \\ \qquad (\text{RegWriteAddr\_mem} == \text{RsAddr\_ex}) \end{cases} \tag{7.21}$$

$$\begin{cases} \text{ForwardB}[0] = \text{RegWrite\_wb} \ \&\& \ (\text{RegWriteAddr\_wb}! = 0) \ \&\& \\ \qquad\qquad\qquad (\text{RegWriteAddr\_mem}! = \text{RtAddr\_ex}) \&\& \\ \qquad\qquad\qquad (\text{RegWriteAddr\_wb} == \text{RtAddr\_mem}) \\ \text{ForwardB}[1] = \text{RegWrite\_mem} \ \&\& \ (\text{RegWriteAddr\_mem}! = 0) \&\& \\ \qquad\qquad\qquad (\text{RegWriteAddr\_mem} == \text{RtAddr\_ex}) \end{cases} \tag{7.22}$$

3）数据存储器模块（DataRAM）的设计

数据存储器可用 Xilinx CORE Generator 实现，考虑到 FPGA 的资源，数据存储器可设计为容量各为 2^6×32bit 的单端口 RAM。

由于 Virtex-II Pro 系列的 FPGA 只能产生带寄存器的内核 RAM，所以存储器输出绕过流水线寄存器（MEM/WB）直接接入 WB 级的数据选择器，图 7.14 中虚线就表示这种含义。

4）取指令级模块（IF）的设计

IF 模块由指令指针寄存器（PC）、指令存储器子模块（Instruction ROM）、指令指针选择器（MUX）和一个 32 位加法器组成，IF 模块接口信息如表 7.19 所示。

表 7.19　IF 模块的输入/输出引脚说明

引脚名称	方　向	说　明
clk	Input	系统时钟
reset		系统复位信号，高电平有效
Z		分支指令的条件判断结果
J		跳转指令
JR		寄存器跳转指令
PC_IFWrite		阻塞流水线的信号，低电平有效
JumpAddr[31:0]		J 指令跳转地址
JrAddr[31:0]		JR 指令跳转地址
BranchAddr[31:0]		条件分支地址
Instruction [31:0]	Output	指令机器
NextPC_if [31:0]		下一个 PC 值

用 Xilinx CORE Generator 实现产生的 RAM 无法满足流水线 CPU 的指令要求，需要用 Verilog HDL 设计一个 ROM 阵列。考虑到 FPGA 的资源，指令存储器可设计为容量各为 2^6×32bit 的 ROM。设计 ROM 时需将测试的机器码写入，提供一段简单测试程序的机器码，机器码存于 PipelineDemo.coe 文件中，对应的测试程序为：

```
          j later
earlier:  addi $t0, $0,  42
          addi $t1, $0,  4
          sub  $t2, $t0, $t1          // 操作 B 一阶数据相关，操作 A 二阶数据相关
          or   $t3, $t2, $t0          // 操作 A 一阶数据相关，操作 B 三阶数据相关
          sw   $t3, 0C($0)
          lw   $t4, 08($t1)
          sll  $t0, $t4, 2            // 数据冒险
          lw   $t3, 08($t1)
          sltu $t3, $t1,$t2
```

```
done:     j done
later:    bne  $0,  $0, end        // 分支条件不成立
          beq  $0,  $0, earlier    // 分支条件成立
end:      nop
```

已设计好上述测试程序机器码的指令存储器，文件名为InstructionROM.v，存放在随书所附的光盘中。

最后说明一下，指令指针选择器（MUX）有三位地址信号{JR, J, Z}，应设计为8选1数据选择器。

5）流水线寄存器的设计

流水线寄存器负责将流水线的各部分分开，共有IF/ID、ID/EX、EX/MEM、MEM/WB四组，对四组流水线寄存器要求不完全相同，因此设计也有不同考虑。

EX/MEM、MEM/WB两组流水线寄存器只是普通的D型寄存器。

当流水线发生数据冒险时，需要清空ID/EX流水线寄存器而插入一个气泡，因此ID/EX流水线寄存器是一个带同步清零功能的D型寄存器。

当流水线发生数据冒险时，需要阻塞IF/ID流水线寄存器；若跳转指令或分支成立，则还需要清空ID/EX流水线寄存器。因此，IF/ID流水线寄存器除同步清零功能外，还需要具有保持功能（即具有使能EN信号输入）。

6）顶层文件的设计

按照图7.14所示的原理框图连接各模块即可。为了测试方便，可将关键变量输出，关键变量有：指令指针PC、指令码Instruction_id、流水线插入气泡标志stall、分支标志JumpFlag即{J, JR, Z}、ALU输入输出（ALU_A、ALU_B、ALUResult）和数据存储器的输出MemDout_wb。

四、提供的文件

本实验工作量较大，为了减轻工作量，本书所附光盘提供了流水线微处理器的基本架构。文件夹PipelineCPU中工程PipelineCPU.ise架构与图7.14相符，其文件结构的主要部分如图7.20所示。不过，除了指令存储器InstructionROM.v外，包括top文件MipsPipelineCPU.v在内的其他文件里只有端口说明和参数定义等，代码的关键部分还需读者认真设计。另外，在此文件夹中还提供了测试文件。

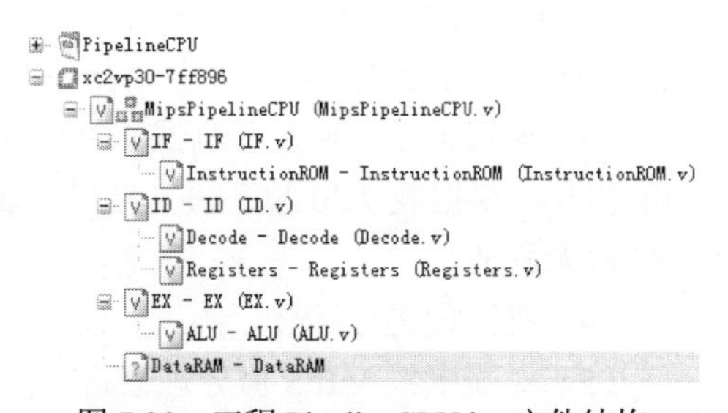

图7.20 工程PipelineCPU.ise文件结构

若将上述工程下载至XUP Virtex-II Pro开发系统，无法直接观察到任何结果。因此本书还提供流水线MIPS微处理器的另外一个架构，存放在文件夹PipelineCPU_VGA中。在该架构中，用SVGA来显示CPU内部重要变量，该架构的文件结构的主要部分如图7.21所示，工程文件为PipelineCPU_VGA.ise，只有模块CLKgen、svga_ctrl和disp_ctrl代码是完整的。其中前两个模块与实验27的文件相似，这里不再重复介绍。

模块disp_ctrl的代码与上一个实验略有不同，本实验关键变量的显示格式如图7.22所示。另外，图7.21中的顶层文件MipsPipelineCPU.v的代码是不完整的。

```
PipelineCPU_VGA
xc2vp30-7ff896
  MipsPipelineCPU (MipsPipelineCPU.v)
    CLKgen - CLKgen (CLKgen.v)
      step_key - button_press_unit (button_press_unit.v)
        div_inst - div_N (div_N.v)
        sync - brute_force_synchronizer (brute_force_synchronizer.v)
        debounce - debouncer (debouncer.v)
        one_pulse - one_pulse (one_pulse.v)
    IF - IF
    ID - ID
    EX - EX
    DataRAM - DataRAM
    vga_ctrl - svga_ctrl (svga_ctrl.v)
    disp - disp_ctrl (disp_ctrl.v)
      char_tab - DisplayROM (DisplayROM.xco)
    MipsPipelineCPU.ucf (MipsPipelineCPU.ucf)
```

图 7.21　工程 MipsCpu_VGA.ise 文件结构

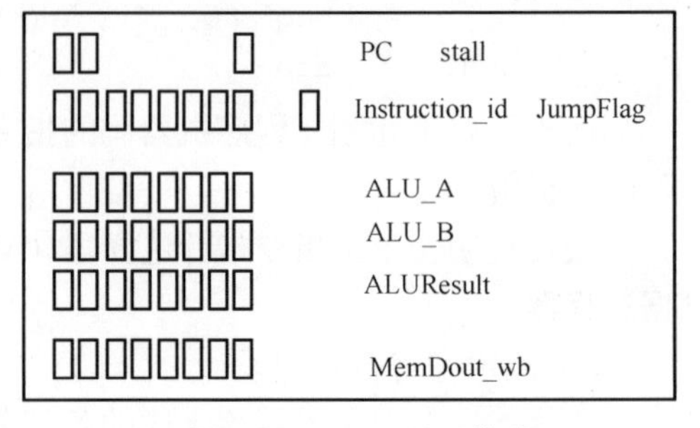

图 7.22　VGA 显示格式

时序约束、引脚约束文件和演示操作方法与实验 27 相同。

五、实验设备

（1）装有 ISE、ModelSim SE 和 ChipScope Pro 软件的计算机。

（2）XUP Virtex-II Pro 开发系统一套。

（3）SVGA 显示器一台。

六、预习内容

（1）查阅相关书籍，掌握流水线 MIPS CPU 工作原理。

（2）查阅相关书籍或资料，理解流水线数据相关和数据冒险的概念，掌握数据相关和数据冒险的解决方法。

七、实验内容

（1）将光盘中的 PipelineCPU 文件夹复制到硬盘中，打开 PipelineCPU.ise 工程文件。完成 IF、ID、EX 模块及其子模块的 Verilog HDL 代码编写和仿真测试。

（2）完成 DataRAM 内核存储器生成。

（3）编写顶层文件及其测试文件的 Verilog HDL 代码，并对流水线 MIPS 微处理器进行功能仿真，根据表 7.20 验证仿真结果。表格中显示的数据均为十六进制，表格中空白处表示此处值无意义。

（4）对工程进行综合、约束、实现，并生成 Modelsim 时序仿真所需的相关文件。

（5）对流水线 MIPS 微处理器进行时序仿真，根据表 7.20 验证仿真结果。

（6）将光盘中的 PipelineCPU_VGA 文件夹复制到硬盘中，打开 MipsCpu_VGA.ise 工程文件，完成设计。对工程 MipsCpu_VGA 进行综合、约束、实现，下载工程文件到 XUP Virtex-II Pro 开发实验板中。

（7）接入 SVGA 显示器，将 SW0 置于 ON 位，使 MIPS CPU 工作在“单步”运行模式。复位后，每按一下 Up 按键，MIPS CPU 运行一步，记录下显示器上的结果，根据表 7.20 验证设计是否正确。

再次复位后，将 SW0 置于 OFF 位，使 MIPS CPU 工作在“连续”运行模式，测试 MIPS CPU 能否在 25MHz 时钟下正常工作。

注意：一般设计都采用同步复位，因此在“单步”运行模式时，如需要复位 CPU，应先按住复位键（Enter 按键），再按 Up 按键才能复位。

（8）DEMO 测试程序只测试了 10 条指令，编写测试其他指令的测试程序并编译为机器码，修改指令存储器 InstructionROM.v。重复实验内容（3）～（8），测试其他指令的运行。

表 7.20 测试程序的运行结果

<table>
<tr><th>reset</th><th>clk</th><th>PC</th><th>Instruction（ID）</th><th>JumpFlag</th><th>Stall</th><th>ALU_A</th><th>ALU_B</th><th>ALUResult</th><th>MemDout（WB）</th></tr>
<tr><td>1</td><td>1</td><td>0</td><td>0</td><td>0</td><td>0</td><td>0</td><td>0</td><td>0</td><td></td></tr>
<tr><td rowspan="19">0</td><td>2</td><td>0</td><td>08000008
(j)</td><td>2</td><td>0</td><td></td><td></td><td></td><td></td></tr>
<tr><td>3</td><td>2c</td><td>0</td><td>0</td><td>0</td><td></td><td></td><td></td><td></td></tr>
<tr><td>4</td><td>30</td><td>14000001
(bne)</td><td>0</td><td>0</td><td></td><td></td><td></td><td></td></tr>
<tr><td>5</td><td>34</td><td>1000fff4
(beq)</td><td>1</td><td>0</td><td></td><td></td><td></td><td></td></tr>
<tr><td>6</td><td>04</td><td>0</td><td>0</td><td>0</td><td></td><td></td><td></td><td></td></tr>
<tr><td>7</td><td>08</td><td>20080042
(addi)</td><td>0</td><td>0</td><td></td><td></td><td></td><td></td></tr>
<tr><td>8</td><td>0c</td><td>20090004
(addi)</td><td>0</td><td>0</td><td>0</td><td>42</td><td>42</td><td></td></tr>
<tr><td>9</td><td>10</td><td>01095022
(sub)</td><td>0</td><td>0</td><td>0</td><td>4</td><td>4</td><td></td></tr>
<tr><td>10</td><td>14</td><td>01485825
(or)</td><td>0</td><td>0</td><td>42</td><td>4</td><td>3e</td><td></td></tr>
<tr><td>11</td><td>18</td><td>Ac0b010c
(sw)</td><td>0</td><td>0</td><td>3e</td><td>42</td><td>7e</td><td></td></tr>
<tr><td>12</td><td>1c</td><td>8d2c0008
(lw)</td><td>0</td><td>0</td><td>0</td><td>c</td><td>c</td><td></td></tr>
<tr><td>13</td><td>20</td><td rowspan="2">000c4088
(sll)</td><td>0</td><td>1</td><td>4</td><td>8</td><td>c</td><td></td></tr>
<tr><td>14</td><td>20</td><td>0</td><td>0</td><td>0</td><td>0</td><td>0</td><td>7e</td></tr>
<tr><td>15</td><td>24</td><td>8d2c0008
(lw)</td><td>0</td><td>0</td><td>2</td><td>7e</td><td>1f8</td><td></td></tr>
<tr><td>16</td><td>28</td><td>012a582b
(sltu)</td><td>0</td><td>0</td><td>4</td><td>8</td><td>c</td><td></td></tr>
<tr><td>17</td><td>2c</td><td>0800000a
(j)</td><td>2</td><td>0</td><td>4</td><td>3e</td><td>1</td><td></td></tr>
<tr><td>18</td><td>0</td><td>0</td><td>0</td><td>0</td><td>0</td><td>0</td><td>0</td><td></td></tr>
<tr><td>19</td><td>2c</td><td>0800000a
(j)</td><td>2</td><td>0</td><td>0</td><td>0</td><td>0</td><td></td></tr>
</table>

八、实验报告要求

（1）写出设计原理、列出 Verilog HDL 代码并对设计作适当说明。

（2）记录 ModelSim 仿真波形，并对仿真波形作适当解释，分析是否符合预期功能。

（3）记录实验结果，分析设计是否正确。

（4）记录实验中碰到的问题和解决方法。

九、思考题

（1）如果考虑未定义指令和算术溢出两种异常情况，那么电路结构应如何改进？

（2）怎样在流水线 MIPS CPU 中接入 I/O 设备？

附录A

XUP Virtex-II Pro 开发系统的使用

本书采用 Xilinx 公司的 XUP Virtex-II Pro 开发平台作为实验硬件平台。它基于高性能的 Virtex-II Pro FPGA 芯片，由 Xilinx 的合作伙伴 Digilent 设计，是一款用途广泛的 FPGA 技术学习与科研平台。该产品主板可以被用做数字设计训练器、微处理器开发系统、嵌入式处理器芯片或者复杂的数字系统的开发平台，因此 XUP Virtex-II Pro 开发系统几乎可被用于从入门课程到高级研究项目的数字系统课程的各个阶段。

XUP Virtex-II Pro 开发平台的实物结构如附图A.1所示。

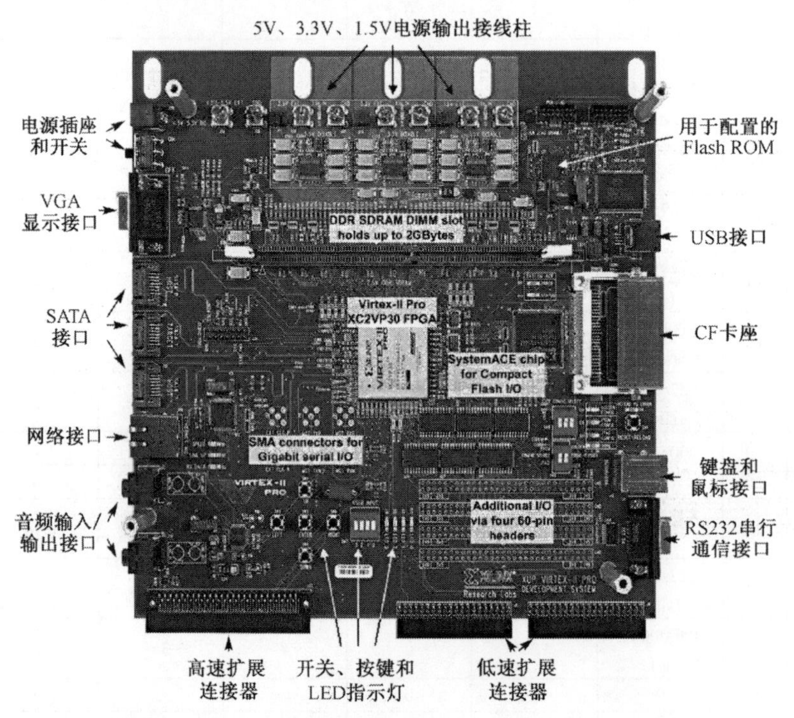

附图 A.1　XUP Virtex-II Pro 开发平台的实物结构示意图

开发平台的关键特性包括：

- 开发系统的主芯片 FPGA 采用 Virtex-II Pro 系列的 XC2VP20 或 XC2VP30；
- DDR SDRAM DIMM 可以支持高达 2GB 的 RAM；
- 1 路 10/100Mbit/s Base-TX 标准以太网接口；
- 1 路 USB 2.0 配置端口；
- System ACETM 控制器及 Compact Flash 接口；
- 1 路 XSGA 视频输出端口；
- AC97 音频编解码，有 4 个音频输入、输出端口：Line-in、Microphone-in、Line-out、和 AMP Out；

- 4 路吉比特串行端口，3 路为 SATA 接口，1 路为 SMA 接口；
- 2 个 PS2 端口，可接键盘与鼠标，1 个 RS232 DB9 串行接口；
- 提供 4 路 DIP 开关输入，5 个按键输入，4 个 LED 指示灯；
- 高速和低速的扩展连接器，用以连接 Digilent 的扩展板。

A.1　Virtex-II Pro FPGA 主芯片介绍

Virtex-II Pro 系列的 FPGA 芯片在 Virtex-II 的基础上，增强了嵌入式处理功能，内嵌了 PowerPC405 内核，还包括了先进的主动互连（active interconnect）技术，以解决高性能系统所面临的挑战。此外，还增加了高速串行收发器，提供了千兆位以太网的解决方案。有 XC2VP20 和 XC2VP30 两款型号的 FPGA 芯片适用于开发系统，这两款型号的 FPGA 芯片的主要技术特征如附表 A.1 所示。该芯片为 FF896 BGA 封装，如附图A.2所示。

附表 A.1　XC2VP30 和 XC2VP30 芯片的主要技术特征

特　性	XC2VP20	XC2VP30
Slices	9280	13969
Array Size	56×46	80×46
Distributed RAM	290 Kb	428 Kb
Multiplier Blocks	88	136
Block RAMs	1584 Kb	2448 Kb
DCMs	8	8
PowerPC RISC Cores	2	2
Multi-Gigabit Transceivers	8	8

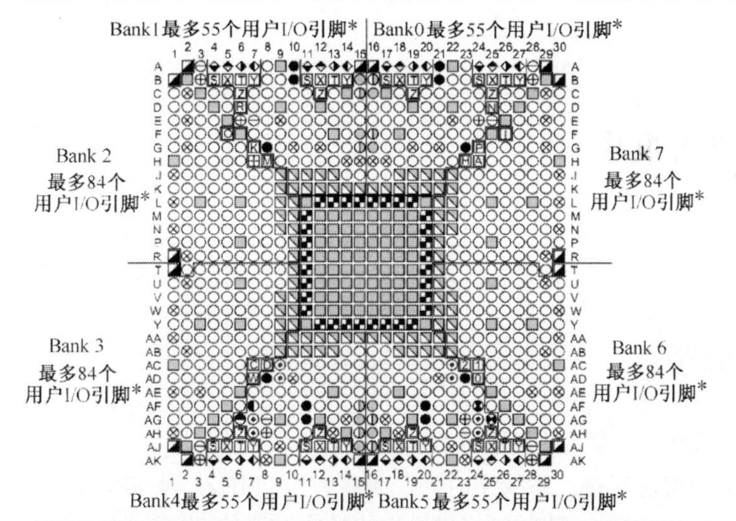

*引脚的功能标记如右表所示

用户I/O引脚	专用引脚	其他引脚	
IO_LXXY_#	CCLK	DXN	AVCCAUXRX
Dual-Purpose Pins:	PROG_B	DXP	VTRXPAD
DIN/D0-D7	DONE	VBATT	AVCCAUXTX
CS_B	M2, M1, M0	RSVD	VTTXPAD
RDWR_B	HSWAP_EN	VCCO	GNDA
BUSY/DOUT	TCK	VCCAUX	RXNPAD
INIT_B	TDI	VCCINT	RXPPAD
GCLKx (P)	TDO	GND	TXPPAD
GCLKx (S)	TMS	NO CONNECT	TXNPAD
VRP	PWRDWN_B		
VRN			
VREF			
No Pair			

附图 A.2　XC2VP30 引脚图

为了适应多种外围设备的电气标准，FPGA 的 I/O Bank 的接口电压 V_{CCO} 是不同的，附图 A.3 所示为 I/O Bank 与外围设备的连接方法和 I/O Bank 的接口电压。特别注意，只有相同电气标准的端口才能连接在一起。XUP Virtex-II Pro 开发系统的低速扩展连接器的接口电压为 3.3 V，因此外接扩展电路必须具有相同 3.3 V 端口的电气标准。

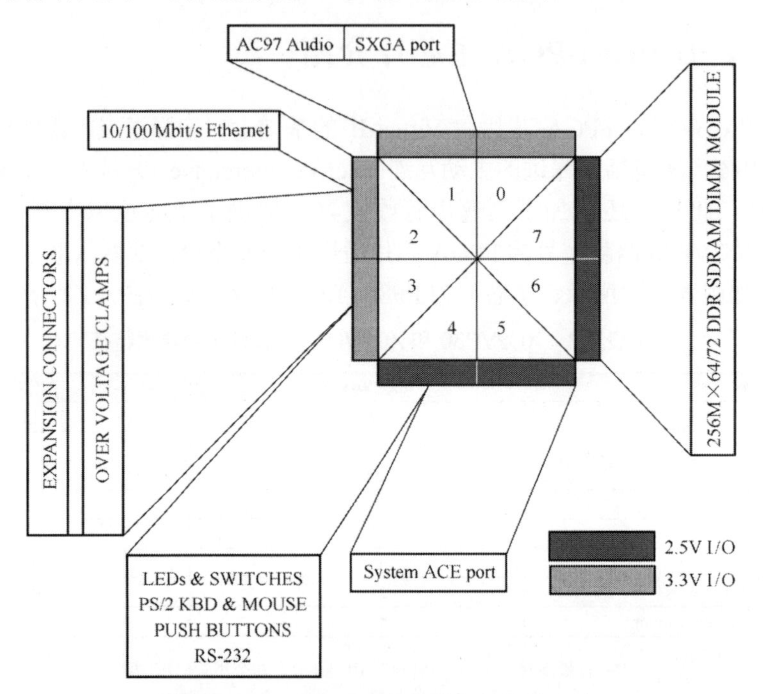

附图 A.3 I/O Bank 与外围设备的连接方法

A.2 电源供电模块

XUP Virtex-II Pro 开发系统由 5V 电源适配器供电，由电路板上的开关电源产生 3.3V、2.5V 和 1.5V 给 FPGA 及其外围设备供电。5V 电源由端口 J26 输入，SW11 为电源开关。

A.3 时钟电路

XUP Virtex-II Pro 开发系统提供 6 种时钟源。

（1）1 个 100MHz 时钟：系统主时钟，频率为 100MHz，从 FPGA 的 AJ15 脚输入。

（2）1 个 75MHz 时钟：该时钟提供给吉比特收发器的 SATA 口，该时钟为差分时钟，分别接入 FPGA 的 G16、F16 引脚。

（3）用户备用时钟：接入 FPGA 的 AH16 引脚。

（4）外接差分时钟源：专为吉比特收发器提供时钟，MGF_CLK_P、MGF_CLK_N 分别接入 FPGA 的 G15、F15 引脚。

（5）1 个 32MHz 时钟：该时钟提供给配置控制芯片 ACE，接入 FPGA 的 AH15 引脚。

（6）专为高速扩展提供接口提供的时钟：从高速扩展接口（J37）的 B46 脚输入，接入 FPGA 的 B16 脚。

A.4　SVGA 视频模块

XUP Virtex-II Pro 开发系统内含视频 D/A 转换器和一个标准 15 针 VGA 输出端口，视频模块的原理框图如附图A.4所示。视频 D/A 转换器工作频率达 180MHz，这样允许 VGA 图像格式最高可达到 1280×1024@75Hz 或 1600×1200@70Hz。

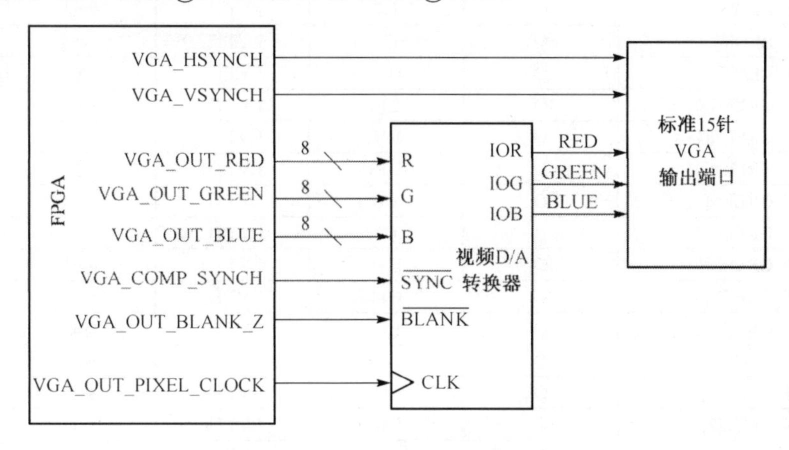

附图 A.4　视频模块的原理框图

设计时，主芯片 FPGA 除了产生 8 位三基色信号外，还需要产生行（VGA_HSYNCH）和帧（VGA_VSYNCH）同步信号、复合同步信号（VGA_COMP_SYNCH）、像素时钟信号（VGA_OUT_PIXEL_CLOCK）和消隐信号（VGA_OUT_BLANK_Z）。由于系统的主时钟为 100MHz，所以像素时钟需要由 FPGA 中的 DCM 内核合成产生。附表 A.2 为常用 VGA 显示格式的 DCM 设置参数和行、帧定时参数。

附表 A.2　常用 VGA 显示格式的 DCM 的参数和行、帧定时参数

输出格式	像素频率/MHz	DCM 参数		行定时参数/像素				
		M	D	有效区间	前肩	同步	后肩	总像素
640×480@75Hz	31.25	5	16	640	18	96	42	796
800×600@75Hz	50.00	1	2	800	16	80	168	1064
1024×768@75Hz	80.00	8	10	1024	24	96	184	1328
1280×1024@75Hz	135.00	27	20	1280	16	144	248	1688
1600×1200@70Hz	180.00	18	10	1600	40	184	256	2080
输出格式	像素频率/MHz	DCM 参数		帧定时参数/行				
		M	D	有效区间	前肩	同步	后肩	总行数
640×480@75Hz	31.25	5	16	480	11	2	31	524
800×600@75Hz	50.00	1	2	600	1	2	23	626
1024×768@75Hz	80.00	8	10	768	2	4	29	803
1280×1024@75Hz	135.00	27	20	1024	1	3	38	1066
1600×1200@70Hz	180.00	18	10	1200	1	3	38	1242

视频接口模块与主芯片 FPGA 的引脚连接关系如附表 A.3 所示。

附表 A.3 视频接口模块与主芯片 FPGA 的引脚连接关系

信号	I/O	FPGA 引脚	I/O 类型	驱动能力	Slew
VGA_OUT_RED[0]	O	G8	LVTTL	8mA	SLOW
VGA_OUT_RED[1]	O	H9	LVTTL	8mA	SLOW
VGA_OUT_RED[2]	O	G9	LVTTL	8mA	SLOW
VGA_OUT_RED[3]	O	F9	LVTTL	8mA	SLOW
VGA_OUT_RED[4]	O	F10	LVTTL	8mA	SLOW
VGA_OUT_RED[5]	O	D7	LVTTL	8mA	SLOW
VGA_OUT_RED[6]	O	C7	LVTTL	8mA	SLOW
VGA_OUT_RED[7]	O	H10	LVTTL	8mA	SLOW
VGA_OUT_GREEN[0]	O	G10	LVTTL	8mA	SLOW
VGA_OUT_GREEN[1]	O	E10	LVTTL	8mA	SLOW
VGA_OUT_GREEN[2]	O	D10	LVTTL	8mA	SLOW
VGA_OUT_GREEN[3]	O	D8	LVTTL	8mA	SLOW
VGA_OUT_GREEN[4]	O	C8	LVTTL	8mA	SLOW
VGA_OUT_GREEN[5]	O	H11	LVTTL	8mA	SLOW
VGA_OUT_GREEN[6]	O	G11	LVTTL	8mA	SLOW
VGA_OUT_GREEN[7]	O	E11	LVTTL	8mA	SLOW
VGA_OUT_BLUE[0]	O	D15	LVTTL	8mA	SLOW
VGA_OUT_BLUE[1]	O	E15	LVTTL	8mA	SLOW
VGA_OUT_BLUE[2]	O	H15	LVTTL	8mA	SLOW
VGA_OUT_BLUE[3]	O	J15	LVTTL	8mA	SLOW
VGA_OUT_BLUE[4]	O	C13	LVTTL	8mA	SLOW
VGA_OUT_BLUE[5]	O	D13	LVTTL	8mA	SLOW
VGA_OUT_BLUE[6]	O	D14	LVTTL	8mA	SLOW
VGA_OUT_BLUE[7]	O	E14	LVTTL	8mA	SLOW
VGA_OUT_PIXEL_CLOCK	O	H12	LVTTL	8mA	SLOW
VGA_COMP_SYNCH	O	G12	LVTTL	8mA	SLOW
VGA_OUT_BLANK_Z	O	A8	LVTTL	8mA	SLOW
VGA_HSYNCH	O	B8	LVTTL	8mA	SLOW
VGA_VSYNCH	O	D11	LVTTL	8mA	SLOW

A.5 AC97 音频编解码系统

XUP Virtex-II Pro 开发系统内含 AC97 CODEC 音频系统，包含多路立体声输入通道（LINE_IN、MIC_IN）、混合器、A/D 转换器、D/A 转换器、立体声功率放大器和多路立体声输出通道（LINE_OUT、AMP_OUT）。AC97 音频编解码原理框图如附图A.5 所示。

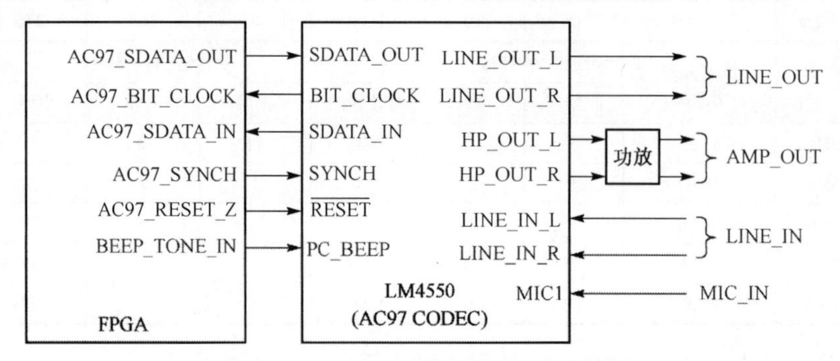

附图 A.5 AC97 音频编解码原理框图

主芯片 FPGA 与 AC97 CODEC 连接关系如附表 A.4 所示。AC97 音频系统的核心器件是 PCM 编解码集成电路 LM4550，其工作原理请查阅 LM4550 的数据手册。

附表 A.4　FPGA 与 AC97 CODEC 连接关系

信　号	I/O	FPGA 引脚	I/O 类型	驱动能力	Slew
AC97_SDATA_OUT	O	E8	LVTTL	8 mA	SLOW
AC97_SDATA_IN	I	E9	LVTTL	—	—
AC97_SYNCH	O	F7	LVTTL	8 mA	SLOW
AC97_BIT_CLOCK	I	F8	LVTTL	—	—
AUDIO_RESET_Z	O	E6	LVTTL	8 mA	SLOW
BEEP_TONE_IN	O	E7	LVTTL	8 mA	SLOW

A.6　RS232 串行接口模块

RS232 是美国电子工业联盟（EIA）制定的串行数据通信的接口标准，被广泛用于计算机串行接口外设连接。XUP Virtex-II Pro 开发系统中的 RS232 的主要作用是实现开发板与计算机的数据通信。RS232 模块由电平转换和一个标准的 DB9 针 RS232 端口组成，如附图A.6所示。

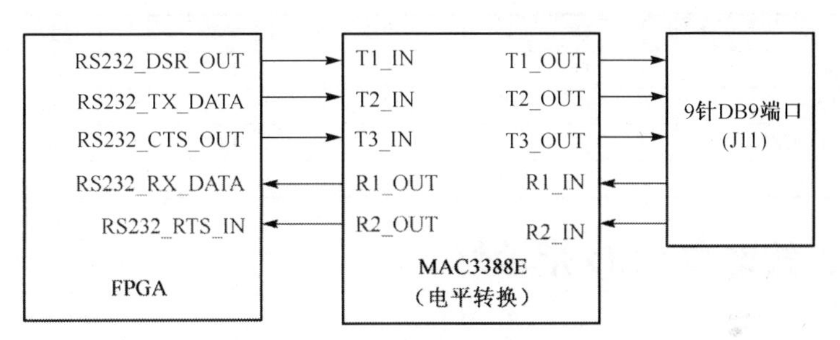

附图 A.6　RS232 模块组成

主芯片 FPGA 与 RS232 模块的连接关系如附表 A.5 所示。

附表 A.5　FPGA 与 RS232 模块的连接关系

信　号	I/O	FPGA 引脚	I/O 类型	驱动能力	Slew
RS232_TX_DATA	O	AE7	LVCMOS25	8 mA	SLOW
RS232_RX_DATA	I	AJ8	LVCMOS25	—	—
RS232_DSR_OUT	O	AD10	LVCMOS25	8 mA	SLOW
RS232_CTS_OUT	O	AE8	LVCMOS25	8 mA	SLOW
RS232_RTS_IN	I	AK8	LVCMOS25	—	—

A.7　PS2 接口模块

XUP Virtex-II Pro 开发系统中有两个用于连接键盘和鼠标的 PS2 端口。PS2 是一种双向同步串行通信协议，通信的两端通过 CLOCK（时钟脚）同步，并通过 DATA（数据脚）交换数据。数据和时钟都是集电极开路或漏极开路，因此时钟和数据线需要一上拉电阻。PS2 键盘或鼠标的数据和时钟端口都采用 5V 的电气标准，而开发板上的 FPGA 端口都采用 3.3V 的电气标准，因此，开发板必须进行电平变换后才能与 PS2 键盘或鼠标连接。附图A.7所示为 FPGA 与键盘的连接电路图，其中 U24 用于电平变换。

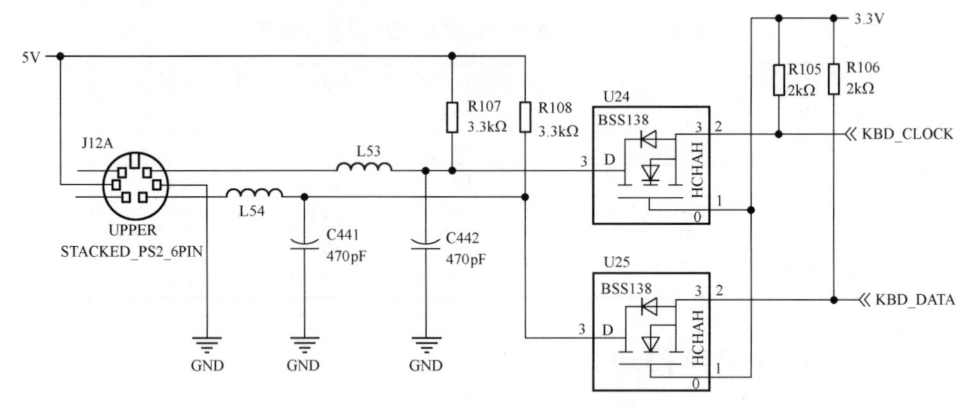

附图 A.7 FPGA 与键盘的连接电路图

J12 上面的 6 针端口（J12A）用于连接 PS2 键盘，下面的 6 针端口（J12B）用于连接 PS2 鼠标。主芯片 FPGA 与 PS2 键盘、鼠标的连接关系如附表 A.6 所示。

附表 A.6 FPGA 与 PS2 键盘、鼠标的连接关系

信 号	I/O	FPGA 引脚	I/O 类型	驱动能力	Slew
KBD_CLOCK	I/O	AG2	LVTTL	8 mA	SLOW
KBD_DATA	I/O	AG1	LVTTL	8 mA	SLOW
MOUSE_CLOCK	I/O	AD6	LVTTL	8 mA	SLOW
MOUSE_DATA	I/O	AD5	LVTTL	8 mA	SLOW

A.8 开关、按键和 LED 指示灯

XUP Virtex-II Pro 开发系统提供 1 个 4 位 DIP 开关，5 个按键，4 个 LED 指示灯。DIP 开关和按键供用户进行逻辑输入使用。DIP 开关处于 ON 或按键按下时，输入低电平逻辑“0”，否则为输入高电平逻辑“1”。LED 指示灯用于逻辑输出指示，低电平时点亮。开关、按键和 LED 指示灯与 FPGA 的连接关系如附表 A.7 所示。

附表 A.7 FPGA 与开关、按键和 LED 指示灯的连接关系

信 号	I/O	FPGA 引脚	I/O 类型	驱动能力	Slew
LED_0	O	AC4	LVTTL	12 mA	SLOW
LED_1	O	AC3	LVTTL	12 mA	SLOW
LED_2	O	AA6	LVTTL	12 mA	SLOW
LED_3	O	AA5	LVTTL	12 mA	SLOW
SW_0	I	AC11	LVCMOS25	—	—
SW_1	I	AD11	LVCMOS25	—	—
SW_2	I	AF8	LVCMOS25	—	—
SW_3	I	AF9	LVCMOS25	—	—
PB_ENTER	I	AG5	LVTTL	—	—
PB_UP	I	AH4	LVTTL	—	—
PB_DOWN	I	AG3	LVTTL	—	—
PB_LEFT	I	AH1	LVTTL	—	—
PB_RIGHT	I	AH2	LVTTL	—	—

A.9 下载配置模块

A.9.1 配置基本概念

Xilinx FPGA 的配置数据是易失的，因为它们是基于 SRAM 工艺的，所以器件在被关电后将会丢失配置。FPGA 通常使用一个外部的存储器件，如 PROM，防止在生产场合下电源掉电后丢失配置数据。

配置是用外部的数据源（如 PROM、CPLD 或微处理器）将配置数据下载到 FPGA 中的一个过程，编程是将配置数据或编程数据载入到 CPLD 或 PROM 的过程。Xilinx FPGA 支持的下列 4 种配置模式。

1）JTAG 或边界扫描模式

JTAG 或边界扫描模式是一个工业界标准（IEEE 1149.1 或 1532）的串行编程模式。来自电缆、微处理器或其他器件的外部逻辑被用来驱动特定的 JTAG 引脚：测试数据输入（TDI）、测试模式选择（TMS）和测试时钟（TCK）。由于它的标准化性，可以通过 4 个 JTAG 引脚编程 FPGA、CPLD、PROM，所以这种模式非常流行。在这种模式下，每个 TCK 周期载入 1 位的数据。

2）SelectMAP/从并模式

Virtex 系列支持 SelectMAP 模式，而 Spartan-II 系列支持从并模式。SelectMAP/从并模式允许通过 1 字节宽的端口并行读和写。这种模式需要一个外部的时钟源、微处理器、下载电缆或其他 FPGA。在这种模式下，每个 CCLK 周期载入 1 字节数据。当配置速度是一个关键因素时，可以选择这种模式。这种模式通常被用做 Virtex-E/Virtex-II 或 Spartan-II 器件的配置模式。

3）主串模式

Xilinx 所有的 FPGA 系列器件支持主串模式。这是 FPGA 配置的一个最简单的方法。FPGA 下载来自串行 PROM 的配置数据。可以利用 FPGA 提供时钟，也可以利用驱动配置时钟的内部振荡器自行下载。FPGA 提供所有的控制逻辑。在该模式下，在每个 CCLK 周期载入 1 位数据。

4）从串模式

像主串模式一样，从串模式也被 Xilinx 所有的 FPGA 系列器件支持。它利用外部时钟，允许以菊花链方式配置。在这种模式下，需要一个外部的时钟、微处理器、下载电缆或另外的 FPGA。在该模式下，在每个 CCLK 周期载入 1 位数据。

A.9.2 XUP Virtex-II Pro 开发系统的配置

当 FPGA 上电或按 RESET_RELOAD 按键（SW1）2s 后，FPGA 开始配置。XUP Virtex-II Pro 开发系统支持 SelectMAP 和 JTAG 两种配置模式，配置的数据通道如附图A.8所示。下面介绍开发系统两种配置模式的使用方法。

1）配置模式的选择

Config Source 开关（SW9 的左边）选择配置模式。若 Config Source 开关位于 ON 位置则选择 SelectMAP 配置模式；若 Config Source 开关位于 OFF 位置则采用 JTAG 配置模式。

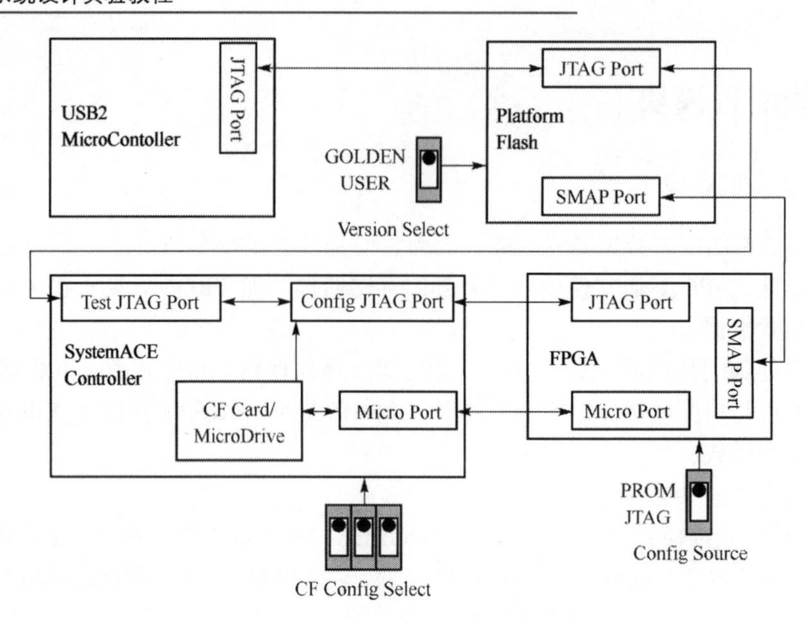

附图 A.8 FPGA 选择配置数据通道

2）JTAG 配置模式

JTAG 配置模式的配置数据来源有三种：CF 卡、PC4 并行配置接口和 USB 配置接口。PC4 并行配置接口的配置前提是 JTAG 配置电缆。

JTAG 配置模式的默认数据来源为 CF 卡。System ACE 控制器首先检查 CF 卡的数据，如果 CF 卡上存储配置数据，那么 CF 卡上的数据即为配置数据。CF 卡可存储 8 个配置数据文件，由“CF Config Select”DIP 开关（SW8）选择其中一个配置数据文件。

如果 System ACE 控制器在 CF 卡上没有找到配置数据，那么 SYSTEMACE ERROR 指示灯闪烁，System ACE 控制器将 FPGA 接到外接 JTAG 配置口。

外接 JTAG 配置默认为 USB 配置接口，若计算机主机没有将 USB 配置接口作为配置数据来源，则 PC4 并行配置接口将用做配置装置。

3）SelectMAP 配置模式

选择 SelectMAP 配置模式，开发板上的 Platform Flash ROM（U3）为 FPGA 提供配置数据。Platform Flash ROM 支持两种配置方式：GOLDEN 和 USER，由 Version Select 开关（SW9 的右边）选择配置方式。

若 Version Select 开关处于 ON 位置，则 FPGA 选择 GOLDEN 配置方式，这种方式的配置数据为 Xilinx 提供的开发板应用测试程序。

若 Version Select 开关处于 OFF 位置，则 FPGA 选择配置 USER 方式。不过，这种方式必须先将配置数据通过 USB 配置接口编程至开发板上的 Platform Flash ROM。

A.10 高速和低速的扩展连接器

扩展连接器主要用来连接各种外接板卡。XUP Virtex-II Pro 开发系统具有三类扩展端口：第一类是 4 个 60 脚的扩展接口（J1～J4）；第二类是 2 个 40 脚的低速扩展接口（J5~J6）；第三类是 1 个高速的 FPGA 扩展接口。本书只采用了一个低速扩展接口 J5，用来与 DigitIO 扩展板连接。附表 A.8 列出 J5 扩展接口与 FPGA 引脚、DigitIO 扩展板的连接关系。

附表 A.8　J5 扩展接口与 FPGA 引脚、Digit IO 扩展板的连接关系

J5 引脚	信 号 名 称	FPGA 引脚	对应扩展板的引脚	I/O 类型
1	GND	—	GND	—
3	VCC3V3	—	VCC3V3	—
5	EXP_IO_9	N5	DPLL_fout	LVTTL
7	EXP_IO_11	L4	clk6MHz	LVTTL
9	EXP_IO_13	N2	fx（clk1）	LVTTL
11	EXP_IO_15	R9	signal_a	LVTTL
13	EXP_IO_17	M3	Signal_b	LVTTL
15	EXP_IO_19	P1	—	LVTTL
17	EXP_IO_21	P7	a	LVTTL
19	EXP_IO_23	N3	—	LVTTL
21	EXP_IO_25	P2	c	LVTTL
23	EXP_IO_27	R7	d	LVTTL
25	EXP_IO_29	P4	e	LVTTL
27	EXP_IO_31	T2	f	LVTTL
29	EXP_IO_33	R5	g	LVTTL
31	EXP_IO_35	R3	dp	LVTTL
33	EXP_IO_37	V1	Data7	LVTTL
35	EXP_IO_39	T6	Data6	LVTTL
37	EXP_IO_35	T4	Data5	LVTTL
39	EXP_IO_37	U3	Data4	LVTTL
2	VCC5VO	—	—	—
4	EXP_IO_8	N6	B0	LVTTL
6	EXP_IO_10	L5	B1	LVTTL
8	EXP_IO_12	M2	B2	LVTTL
10	EXP_IO_14	P9	B3	LVTTL
12	EXP_IO_16	M4	B4	LVTTL
14	EXP_IO_18	N1	B5	LVTTL
16	EXP_IO_20	P8	—	LVTTL
18	EXP_IO_22	N4	Sw3	LVTTL
20	EXP_IO_24	P3	—	LVTTL
22	EXP_IO_26	R8	Sw2	LVTTL
24	EXP_IO_28	P5	Sw1	LVTTL
26	EXP_IO_30	R2	Sw0	LVTTL
28	EXP_IO_32	R6	—	LVTTL
30	EXP_IO_34	R4	DPLL_fr	LVTTL
32	EXP_IO_36	U1	—	LVTTL
34	EXP_IO_38	T5	Data0	LVTTL
36	EXP_IO_40	T3	Data1	LVTTL
38	EXP_IO_4 2	U2	Data2	LVTTL
40	EXP_IO_44	U7	Data3	LVTTL

除了上述模块外，XUP Virtex-II Pro 开发系统还有 DDR SDRAM 接口（支持高达 2GB 的 RAM）、8Gbit/s 收发器模块、10/100Mbit/s 以太网接口模块和 PowerPC405 CPU 调试端口，由于本书未涉及上述模块，所以这里不再介绍。

附录 B

DigitIO 型扩展板的使用

根据实验需要，作者自行设计了 DigitIO 型扩展板。DigitIO 型扩展板可与 XUP Virtex -II Pro 开发系统的低速扩展连接器（J5）相连，主要包括 6 位 LED 数码显示器、4 位逻辑输入开关和脉冲信号产生电路三大功能模块。DigitIO 型扩展板的组成如附图 B.1 所示，扩展板的实物图如附图B.2 所示。

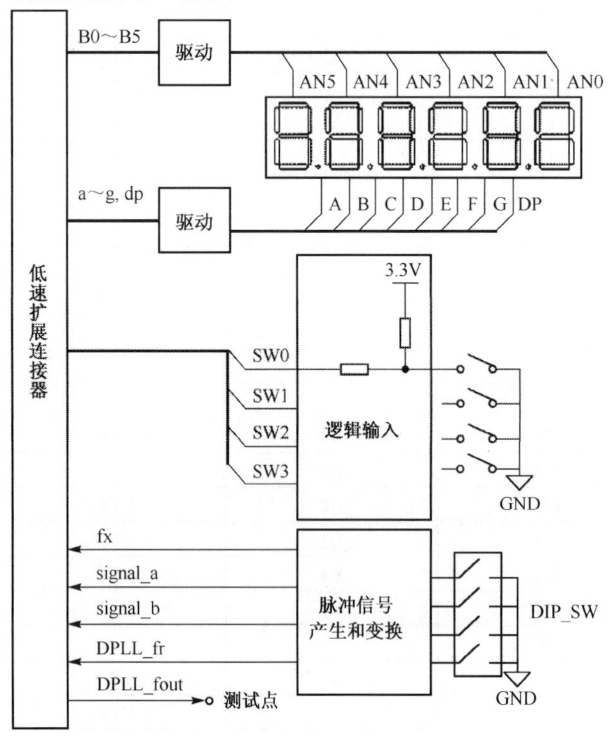

附图 B.1　DigitIO 型扩展板的组成框图

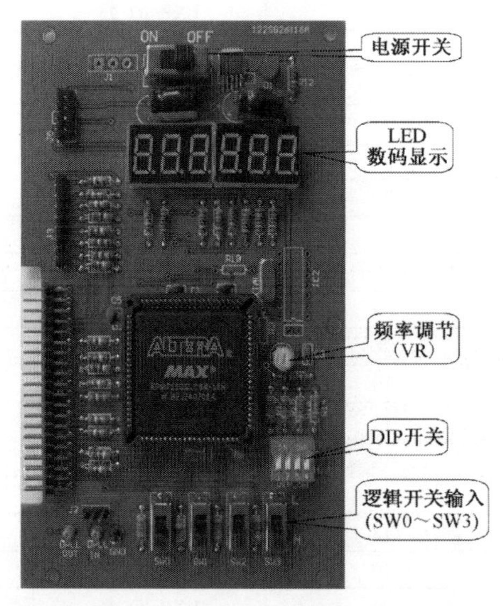

附图 B.2　DigitIO 型扩展板的实物图

1. 三大功能模块介绍

1）6 位 LED 数码显示器

6 位 LED 数码显示器为共阳极数码管，采用动态显示驱动方式。驱动的时序要求如附图 B.3 所示，B0～B5 轮流输出高电平，依次点亮 6 位 LED 数码管。同时，要求在相应数码管点亮时输出该位数据的七段笔划码。

为了使所有数码管稳定不闪烁地显示，每个数码管必须每隔 5～16 ms 点亮一次（刷新频率 60～200 Hz）。

2）4 位逻辑输入开关

与 XUP Virtex-II Pro 开发系统一致，开关处于 ON 位（拨向上方）时，SW0～SW3 为低电平，开关处于 OFF 位（拨向下方）时，SW0～SW3 为高电平。

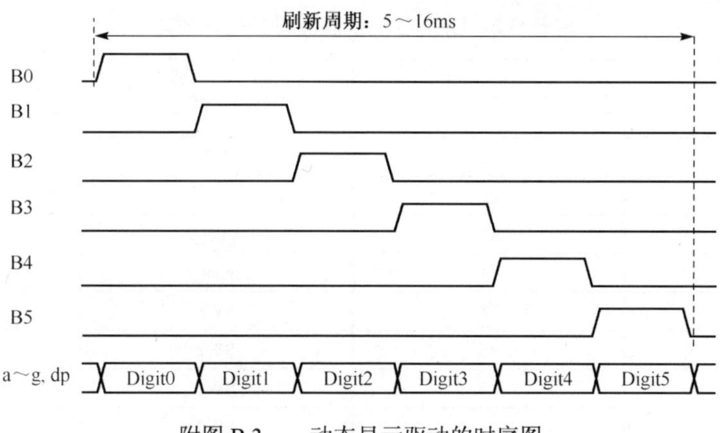

附图 B.3 动态显示驱动的时序图

3）脉冲信号产生电路

脉冲信号产生和变换电路产生部分实验需要的脉冲信号，各个信号的作用如附表B.1 所示。

附表 B.1 脉冲信号的作用

信号名	作用	说明
fx	频率测试输入	频率由拨码开关 DIP_SW 决定，详见附表 B.2
signal_a	相位测试输入	两个占空比为 50%的同频信号，频率范围为 15～25kHz，由可调电阻 VR 调节。两信号相位差由拨码开关 DIP_SW 决定，详见附表 B.2
signal_b		
DPLL_fr	全数字锁相频率环基准	占空比为 50%，频率为 15.625kHz 的频率基准信号

fx 的频率和 signal_a、signal_b 的相位差与四位拨码开关 DIP_SW 有关，其关系见附表 B.2。表中的 $\Delta\varphi$ 列的负号表示 signal_a 相位滞后 signal_b。注意，拨码开关 DIP_SW 开关处于 ON 位时为低电平逻辑 0，处于 OFF 位时为高电平逻辑 1。

附表 B.2 频率、相位与 DIP_SW 的关系

DIP_SW	fx	Δφ	DIP_SW	fx	Δφ
0000	6MHz	0°	1000	15.625kHz	180°
0001	2MHz	22.5°	1001	7.813kHz	−22.5°
0010	1MHz	45°	1010	3.906kHz	−45°
0011	500kHz	67.5°	1011	1.953kHz	−67.5°
0100	250kHz	90°	1100	977Hz	−90°
0101	125kHz	112.5°	1101	488Hz	−112.5°
0110	62.5kHz	135°	1110	244Hz	−135°
0111	31.25kHz	157.5°	1111	122Hz	−157.5°

2. DigitIO 型扩展板与低速扩展连接器

DigitIO 型扩展板通过低速扩展连接器（J5）与 XUP Virtex-II Pro 开发平台连接，扩展板与 FPGA 引脚的连接关系如附表B.3 所示。

附表 B.3　DigitIO 型扩展板与 FPGA 的连接

信 号 名 称	FPGA 引脚	信 号 名 称	FPGA 引脚
a	P7	B4	M4
b	P3	B5	N1
c	P2	fx	N2
d	R7	signal_a	R9
e	P4	Signal_b	M3
f	T2	SW3	N4
g	R5	SW2	R8
dp	R3	SW1	P5
B0	N6	SW0	R2
B1	L5	fout	N5
B2	M2	fin	R4
B3	P9	—	—

附录 C

ASCII 码表

附表 C.1 列出了 ASCII 字符集，包含每一个字符的 ASCII 值助记名和 ASCII 控制字符定义。附表 C.2 为部分控制字符的含义。

附表 C.1　ASCII 码表

ASCII 值	控制字符	ASCII 值	控制字符	ASCII 值	控制字符	ASCII 值	控制字符
0	NUL	32	(space)	64	@	96	`
1	SOH	33	!	65	A	97	a
2	STX	34	"	66	B	98	b
3	ETX	35	#	67	C	99	c
4	EOT	36	$	68	D	100	d
5	ENQ	37	%	69	E	101	e
6	ACK	38	&	70	F	102	f
7	BEL	39	'	71	G	103	g
8	BS	40	(	72	H	104	h
9	HT	41	)	73	I	105	i
10	LF	42	*	74	J	106	j
11	VT	43	+	75	K	107	k
12	FF	44	,	76	L	108	l
13	CR	45	-	77	M	109	m
14	SO	46	.	78	N	110	n
15	SI	47	/	79	O	111	o
16	DLE	48	0	80	P	112	p
17	DC1	49	1	81	Q	113	q
18	DC2	50	2	82	R	114	r
19	DC3	51	3	83	X	115	s
20	DC4	52	4	84	T	116	t
21	NAK	53	5	85	U	117	u
22	SYN	54	6	86	V	118	v
23	ETB	55	7	87	W	119	w
24	CAN	56	8	88	X	120	x
25	EM	57	9	89	Y	121	y
26	SUB	58	:	90	Z	122	z
27	ESC	59	;	91	[	123	{
28	FS	60	<	92	\	124	|
29	GS	61	=	93	]	125	}
30	RS	62	>	94	^	126	~
31	US	63	?	95	-	127	DEL

表 C.2 ASCII 控制字符的含义

控制字符	含 义	控制字符	含 义	控制字符	含 义
NUL	空	VT	垂直制表	SYN	空转同步
SOH	标题开始	FF	走纸控制	ETB	信息组传送结束
STX	正文开始	CR	回车	CAN	作废
ETX	正文结束	SO	移位输出	EM	纸尽
EOT	传输结束	SI	移位输入	SUB	换置
ENQ	询问字符	DLE	空格	ESC	换码
ACK	承认	DC1	设备控制 1	FS	文字分隔符
BEL	报警	DC2	设备控制 2	GS	组分隔符
BS	退一格	DC3	设备控制 3	RS	记录分隔符
HT	横向列表	DC4	设备控制 4	US	单元分隔符
LF	换行	NAK	否定	DEL	删除

附录 D

Xilinx 仿真库的建立

ModelSim 是目前应用最广泛的 FPGA 仿真器之一，由 Mentor Graphics 的子公司 Model Technology 开发。因为 ModelSim 好学易用，调试方便，仿真速度快，功能强大，所以很多芯片厂商的开发系统都集成了 ModelSim 仿真器，包括 Xilinx、Altera、Lattice 和 Actel 等。ModelSim 是一个单内核仿真器，同一个内核可以进行 VHDL 仿真、Verilog HDL 仿真和 VHDL/Verilog HDL 混合仿真；支持所有的 VHDL 和 Verilog HDL 标准；采用直接编译技术（direct-compiled），大大提高了 HDL 编译和仿真速度。

ModelSim 支持三个层次的仿真：RTL 仿真、综合后仿真和布局布线后仿真。为了加快仿真速度，一般情况下设计中调用的库都是已经进行编译过的，在仿真时仿真器直接调用库中已经编译过的单元，而不是再次对设计中的单元模块进行编译。因此，如果要对设计进行综合后仿真和布局布线后仿真，必须先对设计中调用的库进行编译处理。每个厂商的库不一样，本书只对 Xilinx 公司的芯片的库问题进行探讨。

ModelSim 在对 Verilog HDL 进行仿真时需要下列 3 个仿真库。

① Simprim_ver：用于布局布线后的仿真。

② Unisim_ver：如果要进行综合后的仿真，需要编译这个库。

③ Xilinxcorelib_ver：如果设计中调用了 CoreGen 产生的核，则还需要编译这个库。

要为 ModelSim 生成的库应当是标准库。所谓标准库就是指 ModelSim 运行后，会自动加载的库。虽然说会自动加载，但在后仿真时，最好还是要为仿真指定库的路径，以免 ModelSim 找不到。仿真库的建立步骤如下。

（1）在 ModelSim 环境下，新建工程，工程的路径与仿真库存储的路径一致，如附图 D.1 所示，单击 OK 按钮。

（2）新建库，库名为 simprim_ver。选择菜单 File⇨New⇨Library 命令，弹出附图 D.2 所示 Create a New Library 对话框，在 Library Name 文本框中填写库名 simprim_ver，单击 OK 按钮。

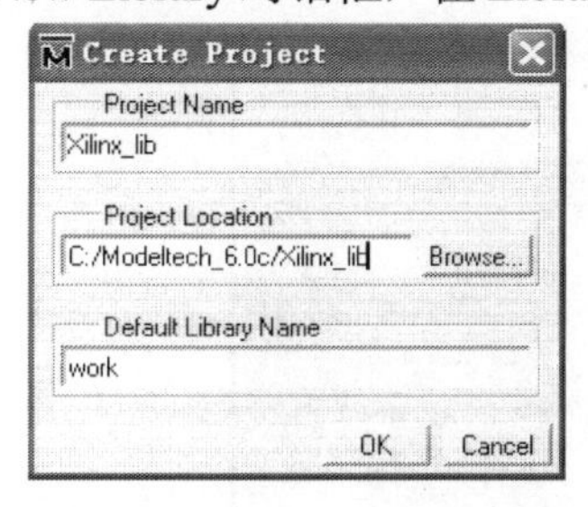

附图 D.1　新建 MdoelSim 工程

附图 D.2　新建库对话框

（3）在 ModelSim 的命令栏中，输入如下命令。

```
vlog -work  simprim_ver  C:/Xilinx92i/verilog/src/simprims/*.v
```

其中，“C:/Xilinx92i”是作者的 Xilinx 安装路径，读者只需要把它改成本人的 Xilinx 安装路径即可。以下凡是要根据自己系统环境改变的内容，作者都会用斜体加以提示。编译完成后，会发现工程文件夹下出现了一个 simprim 文件夹，里面又有很多个文件夹，这些就是所需要的 simprim_ver 仿真库。

（4）按照上面步骤（1）～（3），编译另外两个库。所需要键入的命令如下：

```
vlog-work unisim_ver C:/Xilinx92i /verilog/src/unisims/*.v
vlog-work xilinxcorelib_ver C:/Xilinx92i/verilog/src/XilinxCoreLib/*.v
```

另外，Xilinx 仿真库文件也可在 Xilinx 的网站下载，本书光盘也提供 Xilinx 仿真库文件。

（5）库建好后，接下来的事情就是使它成为 ModelSim 的标准库。这只要修改 ModelSim 安装目录下的 modelsim.ini 文件就可以了。修改后的内容如下：

```
[Library]
std = $MODEL_TECH/../std
ieee = $MODEL_TECH/../ieee
verilog = $MODEL_TECH/../verilog
vital2000 = $MODEL_TECH/../vital2000
std_developerskit = $MODEL_TECH/../std_developerskit
synopsys = $MODEL_TECH/../synopsys
modelsim_lib = $MODEL_TECH/../modelsim_lib
simprim_ver = C:/Modeltech_6.0c/Xilinx_lib/simprim_ver
unisim_ver = C:/Modeltech_6.0c/Xilinx_lib/unisim_ver
xilinxcorelib_ver = C:/Modeltech_6.0c/Xilinx_lib/xilinxcorelib_ver
;vhdl_psl_checkers = $MODEL_TECH/../vhdl_psl_checkers // Source files only for this release
;verilog_psl_checkers = $MODEL_TECH/../verilog_psl_checkers // Source files only for this release
```

上面斜体的三行为新添加的内容。注意，modelsim.ini 文件是只读属性，修改之前要把这个属性去掉。

（6）关掉工程，重启电脑。如附图D.3所示，单击工作区中 Library 标签，查看这 3 个库是否在 Library 框里面。如果看到了，那么 ModelSim 仿真环境的建立就已经完成。值得说明的是，这些操作过程是一劳永逸的，仿真库一旦完成建立，下次就不再需要重复这些步骤了。

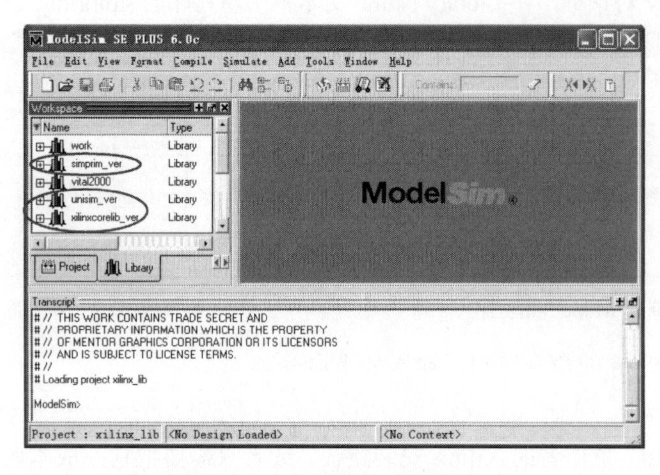

附图 D.3　查看加入的新建库

参 考 文 献

陈邦媛．2002．射频通信电路．北京：科学出版社
陈尚松，雷加 等．2006．电子测量与仪器．北京：电子工业出版社
方建中，屈民军．2007．电子线路综合实验．杭州：浙江大学出版社
何小艇．2008．电子系统设计．4 版．杭州：浙江大学出版社
蒋焕文，孙续．1998．电子测量．北京：中国计量出版社
田耘，徐文波．2008．Xilinx FPGA 开发实用教程．北京：清华大学出版社
王金明．2006．数字系统设计与 Verilog HDL．2 版．北京：电子工业出版社
谢自美．2000．电子线路设计实验测试．武汉：华中理工大学出版社
薛小刚，葛毅敏．2007. Xilinx ISE 9.x FPGA/CPLD 设计指南．北京：人民邮电出版社
Ciletti M D. 2008. Verilog HDL 高级数字系统设计．张雅绮 等译．北京：电子工业出版社
Hennessy J L，Patterson D A. 2007．计算机系统结构–量化研究方法．4 版．白跃彬 译．北京：电子工业出版社
Navabi Zainalabedin. 2007. Verilog 数字系统设计-RTL 综合、测试平台与验证．夏宇闻 改编．北京：电子工业出版社
Patterson D A，Hennessy J L. 2008．计算机组成与设计–硬件/软件接口．郑纬民 等译. 北京：机械工业出版社
Proakis J G. 2001．数字通信．3 版．张力军 等译．北京：电子工业出版社
Floyd T L. 2002．Digital Fundamentals. 7th ed．北京：科学出版社
Wakerly J F. 2001. Digital Design-Principles & Practices. 3rd ed．北京：高等教育出版社